商管 **全華圖書**
叢書 BUSINESS MANAGEMENT

● 適用於美國 SOLE－CPL 物流管理師 DL（Demonstrated Logistician）國際認證課程
● 本認證是唯一通過「教育部科技院校取得民間︙︙︙定證書採認計畫」

U0045058

物流與運籌管理

第7版

◄◄◄ **Logistics**
Management

美國SOLE 國際物流協會台灣分會
SOLE-The International Society of Logistics
Taiwan (Taipei) Chapter

社團法人台灣全球商貿運籌發展協會
The Global Logistics & Commerce Council of Taiwan

自序

　　在現今快速變遷的全球市場中，物流管理扮演了一個非常重要的角色。甚至對於企業及產業，保持物流的最新動態是極為必要的。但「物流」就單只是物流嗎？又為何它會如此重要呢？

　　對於物流的了解，可以從物流的定義來看。「Logistics」這個字是源自於希臘文，而其中「logos」是指「將天地萬物聯繫在一起」，也就是說所有的事物都與物流有關。幾乎每一個企業組織和活動的組成都會受到物流的影響。物流及物流工程不僅對於各產業是必不可少的，甚至對航太、製造業以及運輸都極為重要。

　　SOLE（The International Society of Logistics）起初是為了美國太空計畫的需求所設計，曾經重大的工程像是阿波羅計畫，其萬無一失的關鍵是在於物流師在整個工程中扮演一個很重要的角色。

　　然而，今日仍有許多對物流錯誤的解讀，最大的誤解應該算是有人認為供應鏈就是物流。如果您去檢視 SOLE 對於物流的定義，就能理解供應鏈管理其實只是整個物流鏈的一部分。物流早已是一門科學，整個系統包含了物流的各方面，包含物流工程、製造業、供應、維修、運輸與配送等等。物流是最具機能性之專業的學科之一，也是與企業各方面接觸最多的領域之一。就是說，每個人都需奠定一基線並運用方法持續地發展和了解物流這門專業。不論是否作為 SOLE 會員之全球物流師，皆必須要透過專業認證與認可之課程以進入他們未來的職場。

　　為何物流師需要尋求認可與獲取認證呢？由於對專業物流師的嚴格要求，SOLE 於 2005 年創立了 Demonstrated Logistician Program，並於 2007 年與台灣全球商貿運籌發展協會（GLCT）一同發展此課程以達到台灣的物流專業需求。目前 Demonstrated Logistician Program 中有三個階段的課程，第一階為 Demonstrated Logistician（DL），其次為 Demonstrated Senior Logistician（DSL），最高階則為 Demonstrated Master Logistician（DML）。SOLE 與 GLCT 課程所提供給各學員的是一

個具有國際權威與高專業的認證技能，期能帶給企業價值且傳遞物流的重要性，使組織能將專業物流置入於企業中。今日，如果物流是所有經濟活動的基礎且變化於全球市場中，那麼基本原則就是要將良好的訓練、經驗以及實務的物流專業結合在一起。

美國 SOLE 國際物流協會
執行總監 Sarah R.James

FOREWORD ──●

In today's fast-paced global marketplace, logistics management plays a vital role, so much so that it is imperative for companies, regardless of their industry, to keep apprised of the latest developments in logistics. But just what is "logistics," and why is it so important?

To fully understand this need, let's look at the definition of the word. The word 'logistics' comes from the Greek word, 'logos' which means, '···that which underpins and ties the universe together.' You could say that it's all about logistics. Almost every company, organization or activity is affected by logistics in one form or another. Logistics and logistics engineering is vital in just about every industry, from energy to aeronautics and space, to manufacturing and transportation.

SOLE - The International Society of Logistics ("SOLE") was formed as a direct result of the demand for sustainment and supportability in design for the US space program. Given the magnitude of projects like the Apollo program, there was no room for error, and logisticians played a vital role during that time.

Today, however, there are some misconceptions about what logistics entails. Probably the biggest one is that supply chain management is 'logistics'. If you examine SOLE's definition of logistics, one can begin to see that supply chain management is only one portion of the total 'logistics chain' for a hardware or software system. Logistics has long been the science, the total system, the overarching 'umbrella' under which the aspects of logistics are carried out. Those aspects include logistics engineering, manufacturing, supply, maintenance, transportation and distribution, among other areas.

Logistics is one of the most dynamic of the professional disciplines, and the one area that touches all aspects of an enterprise. As such, there is a need for an individual to establish a baseline of understanding and to be given the tools to continue to grow in the profession. Individual credentialing and recognition is

PREFACE

the mechanism that SOLE uses for both establishing a professional baseline and for conveying those tools. Logisticians world-wide – whether SOLE members or not – have access to professional certification and recognition programs to further their career. But why should logisticians seek to be credentialed or obtain certification?

Because of the critical requirement for the development of professional logisticians, in 2005 SOLE initiated its Demonstrated Logistician Program. In 2007, building upon that focus, SOLE joined with the Global Logistics Council of Taiwan to adapt the program to Taiwan's specific needs.

There are three levels of designations in the Demonstrated Logistician Program. The first is the Demonstrated Logistician (DL), next is the Demonstrated Senior Logistician (DSL) and the highest level is the Demonstrated Master Logistician (DML). Having been granted the designation of DL, DSL or DML the individual demonstrates to the world his/her logistics proficiency and expertise.

The SOLE-GLCT program provides an internationally-acknowledged formal, public and high-level recognition of the accomplishments of the individual logistics practitioner. It brings value to an organization, in that it conveys the importance that the enterprise places on professional logistics. For at the end of the day, if logistics is the foundation for all economic activity and transformation in the global marketplace, then the mortar that holds that foundation together is the well-trained, experienced and demonstrated logistics professinal.

Sarah R. James, DML
Executive Director and Past President
SOLE – The International Society of Logistics

V

自序

　　在撰寫本篇序文之時，國際經貿環境與 11 年前相比，已有翻天覆地的變化，各種黑天鵝事件（冠狀病毒、油價崩盤、中美貿易戰……等等）讓全球經濟更倚賴物流供應鏈的建置。因此，先恭喜選擇「物流與供應鏈管理」課程的學員，這將是相當值得的投資。在此亦提醒大家，面對未來更多變及不穩定的經濟體系，更要主動尋找打破既有陳規整頓供應鏈物流的辦法，於此當下，試問自己：

1. 是否有歸零的勇氣？能不滿足於現在所擁有的專業能力，持續學習新知識與新能力，讓自己隨時具備創新力？

2. 是否能藉由思考擴展新模式以進行危機處理？藉由重新定位自身商業模式，進而營造新的客戶需求？

3. 是否具有尋找潛在的異業合作夥伴，以共創多贏商業模式的能力？

4. 是否能善用資源與破壞性創新模式，審視自身崗位或企業，以重新設計有利企業運行的供應鏈？

5. 是否能無縫接軌整合線上與線下的商業運營模式？

　　幸運的是，若您已開始關注上述議題，SOLE 將是加速知識融會貫通的最好工具！

　　SOLE 是全球最具權威的物流及供應鏈認證體系，從 16 年前引進台灣至今：

- 已累積超過 40,000 人取得認證

- 全台灣超過 65 所技職與高校合作導入認證學程

- 唯一國際物流認證榮獲教育部採認

- 唯一國際物流團體在台註冊正式組織，而學員除台灣外，亦有來自海外僑生或海外學校

- 獲得人力銀行專業認證推薦

我一直相信台灣具有成為國際化運籌中心的條件，是協助亞太區域經濟發展的關鍵，而未來 10 年（2020 - 2030），亦將會是「危機」與「轉機」的轉捩點。因此，在大量引進機器人與 AI 提升作業效率的商業模式趨勢下，亦必須持續學習提升自我，以獲取更多突破與創新的機會。

在電商全球化的趨勢下，物流與供應鏈管理人才仍無法被取代，市場不會因為互聯網化或大數據化而改變大環境及客戶需求。勉勵大家繼續研讀 SOLE 所研發的物流與供應鏈管理知識體系，並將所學應用於產業中，若能如此，其競爭力必當不可限量！

喬治亞理工學院，國際事務亞太區負責人 & 執行長

美國 SOLE 國際物流協會 亞太區副總裁

詹斯敦 謹識

自序

　　面對廿一世紀全球化的發展與地緣政經環境的變遷、消費者需求的改變，以及電子商務、跨境電商等各種商貿活動的成長，企業的分工佈局與產銷模式不斷尋求優化，再加上「工業 4.0」、「生產力 4.0」等內外在環境的創新與進化，乃至極端氣候、甚至 2020 年新冠病毒疫情對產業供應鏈脆弱度（vulnerability）與復原能力（resilience）的挑戰，企業供應鏈只有不斷調整以為因應；而在此過程中，做為一切運作關鍵核心的「物流」，當然也不斷在作業、內容與服務各方面，追求最大幅度的協作、整合、精進與創新。

　　對於企業的經營管理而言，不論將物流作業委外或自營，物流人才的培育是提昇整體績效最要緊的工作。有鑑於此，美國 SOLE 國際物流協會提供物流專業人才認證，讓企業能夠真正找到最適任的物流專業人才；在台灣，我們也持續與大專校院及業界合作引進國際物流認證課程，推廣各級物流專業人才的培訓與認證工作，希望為業界提供最好的、取得專業證照的物流專業人才，在新的國際運籌與商貿發展過程中，能具備核心競爭能耐，讓企業面對各種創新服務與挑戰時，都能發揮物流運籌專業知能，創造最佳的營運實績。

　　本協會於 2009 年邀集國內多位物流界專家、學者出版「物流與運籌管理」一書，迄今隨著物流技術與環境的發展，已多次改版。2020 年，協會鑑於物流技術與整體商貿環境的變遷，再次增補教材內容，務期本書提供的物流知識能與時俱進，為我國物流專業之發展及企業國際競爭力之提升，奠定良好的基礎。在歷時近年、新版完稿付梓之際，我們相信有了這本最好、最新的教材，加上 SOLE 最具權威的物流專業培訓與認證，必能持續為業者培育最佳物流人才，創造多方共榮之價值，開創物流商貿更寬廣的發展空間。

美國 SOLE 國際物流協會台灣分會 理事長
東吳大學海量資料研究中心 主任

賈凱傑 謹識

自序

跳脫框架、摒除慣性

社團法人台灣全球商貿運籌發展協會與美國 SOLE 國際物流協會，在台灣推動物流經營管理之國際認證已逾 13 載，其中取得國際認證的人士已超過 4 萬餘人，包含學生、教師、政府官員、物流專業經理人與對物流產業有興趣之社會人士，可說是我國最受肯定之國際物流認證機制。

本協會經常參與政策建言，與學界密切接觸、多次舉辦論壇與研討會，儼然已成為台灣最具規模與影響力的物流團體，而引領產業變革是本協會成立之使命，故以「跳脫框架、摒除慣性」，總是念茲在茲，並落實在具體之行動上。

有感於物流活動在不同階段之經濟發展歷程，皆展現了不同的面貌，特別是在科技創新與運用影響產業深遠，並對人類生活與消費型態帶來改變。我們看到在「聯網社會」形成的趨勢下，如果無法有效對應，將形成「亂流」與「頻流」之現象，例如：交通阻塞、空氣汙染、交通事故等，這些問題之產生，先進國家無不透過前瞻的物流政策給予解決，並有「生態物流」之倡議！

物流產業被定位為「策略性產業」舉世皆然，而我國政府在此一面向上，尚待強化；因此本協會認為在經濟活動的過程，如何前瞻思維、創新突破、與時俱進，應從觀念之啟迪及人才之培育著手，至為的重要！而一本能與時代接軌的物流運籌培訓書籍，除須兼顧理論與實務之平衡，亦須納入科技運用並提出創新的營運模式。

本書第七版先修訂能符合物流業現況與未來發展趨勢之章節，未來將著手進行全面改版之規劃，結合學界與產業資源，以「五流合一」的「商貿運籌」模式切入，期能一新耳目，提供給參與本會國際認證課程之學員，在職業生涯服務的過程，能具足影響力與競爭力！

社團法人台灣全球商貿運籌發展協會 理事長

蘇隆德 謹識

編輯群的話

　　物流與運籌管理這一門專業領域，近年來受到各級產業全球策略佈局的趨勢影響，重要性與日俱增廣泛受到重視，世界各國全力發展物流與運籌管理的同時，產業對物流與運籌人才需求殷切，使得許多大專院校陸續設立相關課程，然而教授這門新興管理知識需要一本全面性專業教材。有鑒於此，美國 SOLE 國際物流協會臺灣分會與台灣全球商貿運籌發展協會參酌 SOLE 指定的國際教材與本土物流實務的應用經驗，共同支援本書之完成。

　　我們深信一本專業的物流教材，需要有堅實穩固的架構來支撐學習的主軸與藍圖，如此方能協助學習者聚焦而不流於空泛，故率先提出「物流決策系統」架構來作為本書的學習地圖。

物流決策系統（Logistics Decision－Making System）

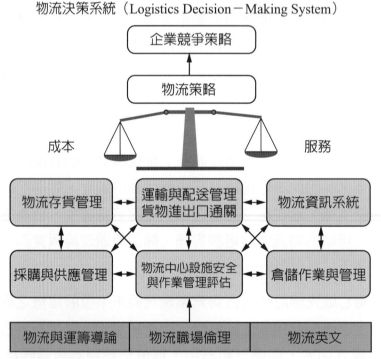

　　「物流決策系統」架構由上而下俯之，由於現今物流策略已成為企業競爭策略重要的一環，而各企業物流策略的建立，其實就是取決於服務與成本的權衡（Trade-off，在不可同時兼得時的平衡與折衷），而服務與成本的平衡與折衷，乃進一步受到搜源（Sourcing）、設施（Facilities）、庫存（Inventory）、訂單（Order）、運輸（Transportation）、資訊情報

（Information）等六種物流因子的交互作用影響，所以各家企業藉由對這些物流因子的控制與決策，就會形成具不同特色的物流策略，進而來支援各企業的競爭策略。

另外，「物流決策系統」架構由下而上仰之，係以「物流與運籌導論」、「物流職場倫理」與「物流英文」為最重要的基礎，也就是企盼有志於物流與運籌的學習者，除需具備物流與運籌專業及物流英文能力外，仍需培養負責任的做事態度、涵養及忠誠的團隊精神，這也是呼應現今各產業對於物流與運籌人才最最冀盼的特質。故本書便是以此為最重要的基礎，再協助學習者往上建構物流與運籌的專業知識，這才是對有意投入物流與運籌領域的學習者最佳學習方式。

綜觀任何學習，都必須「先見林、再見樹」。也就是需先站在高處，俯瞰並綜觀這座物流與運籌森林有多廣闊後，再進入森林逐一認識每棵樹木，慢慢建立對整座森林的瞭解。同樣地，藉由「物流決策系統」所架構的學習藍圖，讓學習者先見林、再見樹，以俯瞰的角度循序漸進地來研讀物流與運籌管理，然後再經由認識每棵樹木，逐漸累積並建立對整座物流與運籌森林的整體知識。經過這樣具有系統觀的訓練後，我們深信一定能對物流與運籌管理有最佳的學習成效，而不會發生只見樹而不見林，且不知身在何處之憾。

編輯群針對各章節內容逐一細心撰寫斧正外，搭配國內外物流實務照片，讓學習者馬上瞭解物流的實務操作，而非只有枯燥的文字敘述與想像，讓學習物流與運籌管理的過程，能與日常生活相結合而感到親切有趣與實用。另外，本書也蒐羅最新物流趨勢、國際標竿、臺灣典範及國內外實務案例，讓學習者融會貫通物流與運籌管理的精華所在，掌握學習方向、趨勢與目標。

本教材內容已被美國 SOLE 國際物流協會所審定認可，除適用於美國 SOLE－CPL 物流管理師（DL－Demonstrated Logistician）國際物流認證課程外，也可作為各界對物流運籌學習之工具書。本書於 2010 年更是通過「教育部技專校院師生取得民間職業能力鑑定證書採認執行計畫」之

採認【證書編號 1340】，是唯一國際物流認證通過教育部採認的認證。本書內容理論與實務兼具，可提供行銷與流通管理、工業工程管理、流通管理、企業管理、運籌管理、交通管理、國際貿易、航運管理以及其他管理科系等開設物流與運籌相關課程之技專校院、大學及研究所師生使用。另外，本書也導入 SOLE – CPL 國際認證進階課程於教材中，可提供物流產業之從業人員研讀，相信可從中獲得到更多的新興物流知識。

　　本書能夠付梓，要感謝各界物流人的協助與付出，提供許多寶貴的實務經驗，讓內容更具價值與實用性。良師興國！國家強盛靠教育，教育靠良師，良師靠優質的專業教材，期望本書能持續對我國的物流發展有所貢獻，大家一齊攜手共進，產業與國家皆生生不息，物流強，國家一定強。

美國 SOLE 國際物流協會台灣分會

社團法人台灣全球商貿運籌發展協會　謹識

目錄

目錄

04 物流中心設施安全與作業管理評估

05 物流存貨管理

CONTENTS

目錄

09　物流職場倫理與溝通應對態度

10　物流英文

A　考試辦法

CHAPTER 01

物流與運籌導論
Introduction of Logistics

學 習 目 標

1. 物流的起源及演進
2. 物流的定義與範圍
3. 物流的合作類型
4. 物流管理與供應鏈管理的區別
5. 物流在企業的角色與國家經濟的作用
6. 物流管理的新趨勢

⊞ 臺灣典範

　　七大產業「生產力 4.0」啟動

⊞ 趨勢雷達

　　創造通路，物流產業創新發展：商貿運籌

⊞ 物流故事

　　聯合利華：小包裝服務，創造商機

⊞ 國際標竿

　　沃爾瑪：全球最大零售業的物流體系

物流決策系統（Logistics Decision－Making System）

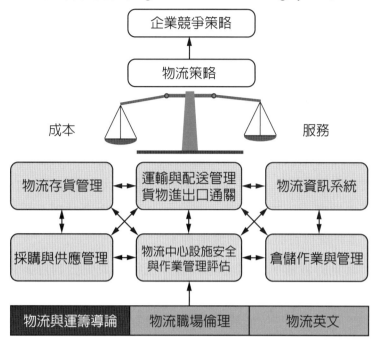

　　由於現今物流策略已成為企業競爭策略重要的一環，而各企業物流策略的建立，其實就是取決於服務與成本的權衡（Trade-off，在不可同時兼得時的平衡與折衷），而服務與成本的平衡與折衷，乃進一步受到搜源（Sourcing）、設施（Facilities）、庫存（Inventory）、訂單（Order）、運輸（Transportation）、資訊情報（Information）等六種物流因子的交互作用影響，所以各家企業藉由對這些物流因子的控制與決策，就會形成具不同特色的物流策略，進而來支援各企業最高的競爭策略。此為「物流決策系統」架構的重要精神。

　　「物流決策系統」架構的基礎，係由「物流與運籌導論」與「物流英文」所構成。「物流與運籌導論」為「物流決策系統」架構的重要基礎之一，本章將所有讀者們應具備的物流與運籌知識詳盡於此，例如：物流的起源及演進、物流的定義與範圍、物流的合作類型、物流管理與供應鏈管理的區別、物流在企業的角色與國家經濟的作用、物流管理的新趨勢等，相信只要熟讀本章，定能釐清物流與運籌的重要觀念，讓讀者們將物流與運籌知識瞭然於心，為後續的學習奠定最扎實的基礎。

1 物流的起源及演進

英文的「Logistics」可以代表後勤，可以代表物流，也可以代表運籌。

「後勤」用於軍事等物資進行的供應，在第二次世界大戰期間，美國首先採用了後勤管理（Logistics Management）這一名詞，泛指支援前線作戰部隊所需要的實體物質，如人員、物資、裝備及相關之保養維護與支援等。

「物流」多是用來代表專業的通路成員，這些通路成員常支援各企業實體物質的流通來收取服務費，例如：新竹物流、嘉里大榮物流等。1894 年國父孫中山先生在上書總理大臣李鴻章的文件中，提出「物盡其用，貨暢其流」的主張，便可以描述實體物質流通的物流精神。

「運籌」首見於我國，見《史記・卷一三〇・太史公自序》內的「運籌帷幄，決勝千里」，指在軍旅的帳幕中謀劃策略，比喻居於幕後謀劃、決策。係指秦末漢初之際，出現了一位能夠「運籌於帷幄中，決勝千里之外」的智謀家，也就是漢代開國功臣張良。運籌的概念多是用來代表擁有財貨，並承擔商業風險的企業，這些通路成員中的企業常是製造商、批發商或是零售商，例如：製造商華碩電腦的全球運籌管理部門、通路商聯強國際的全球運籌規劃部門等，來統控全球各地的經營發展。

本書在此不特別區分後勤、物流和運籌三者，而全書通以物流來代表。物流作為一門新學科的誕生，是社會經濟發展的必然結果，透過對物流這一門新學科的起源和演進進行探索，可以認識物流的發展歷程。

1.1 物流的起源

如果從實體物質的物理性運動來理解，物流是一種古老又與日常生活息息相關的現象，自從人類社會有了商品交換，就開始有了物流活動（如：裝卸搬運、倉儲、運輸等）。物流是研究生產、流通和消費領域中的物流活動過程及其規律的科學，是一門綜合性、應用性、系統性和拓展性很強的科學。在 20 世紀 70 年代以來，物流在世界受到廣泛重視並獲得迅速發展與成長，所以可將物流視為一門又古老卻又十分嶄新的學科。

物流是隨著環境變化和交易對象而發展的，因此需要從歷史的角度來考察。1894 年國父孫中山先生在上書總理大臣李鴻章的文件中，提出「物盡其用，貨

暢其流」的主張。1918 年第一次世界大戰，英國利費哈姆勳爵成立「即時送貨股份有限公司」，公司宗旨是在全國把商品及時送到批發商、零售商以及客戶的手中，此一商業模式被一些物流學者譽爲是有關物流活動的早期文獻記載。

物流的概念在英文中最初爲 Physical Distribution（實體配銷）。1912 年 Arch. Dreary 在《市場流通中的若干問題》（Some Problem in Market Distribution）一書中提出物流是與創造需求不同的一個議題，並提到物資經過時間或空間的轉移，會產生附加價值，這裡指的是商品完成後，在銷售過程所進行的物流。後來此術語被認爲不應只限於完成品的配銷，原料、半成品也可以納入，而漸以物流的概念來取代實體配銷。

1935 年，美國銷售協會最早對 Physical Distribution（實體配銷）進行定義：是包含於銷售之中的物質資料和服務，從生產地到消費地點流動過程中伴隨的種種活動。上述歷史被物流界較普遍地認爲是物流的早期階段。

在第二次世界大戰期間，美國對軍火等物資所進行的供應中，首先採取後勤管理這一名詞，對軍火等物資的運輸、補給、屯駐等進行全面管理。從此，逐漸形成單獨的學科，並不斷發展爲後勤工程、後勤管理和後勤分配等。

在 50 年代到 70 年代期間，人們研究的對象主要是狹義的物流，是與商品銷售有關的物流活動，是流通過程中的商品實體運動。因此通常採用的仍是 Physical Distribution 一詞。

1960 年代起，開始出現「Logistics」的有關用語。日本在 1964 年開始使用物流這一觀念，當時日本的企業已將物流相關業務列爲獨立的編制部門。在使用物流這個術語以前，日本把與商品實體有關流通的各項業務，統稱爲「流通技術」。1956 年日本派出流通技術專門考察團，由早稻田大學教授宇野正雄等一行去美國考察，弄清楚了日本以往叫做流通技術的內容，相當於美國叫做 Physical Distribution 的內容，從此便把流通技術按照美國的簡稱，叫做「P.D.」，並使 P. D. 這個術語得到廣泛的使用。1964 年，日本池田內閣的五年計畫制定小組認爲把 P. D. 改爲「物的流通」將更貼切。故於 1965 年，日本在政府文件中，正式開始採用物的流通這個術語，簡稱爲「物流」。

1981 年，日本綜合研究所編著的《物流手冊》，對物流的表述是：物質資料從供給者向需要者的物理性移動，是創造時間性、場所性價值的經濟活動。從物流的範圍來看，包括：包裝、裝卸、保管、庫存管理、流通加工、運輸、配送等各種活動。

1963 年成立的美國實體配銷管理協會（National Council of Physical Distribution Management, N. C. P. D. M.）於 1986 年改名為物流管理協會（The Council of Logistics Management, C. L. M.），並將 Physical Distribution 改為 Logistics，其理由是因為 Physical Distribution 的領域較狹窄，Logistics 的概念則較寬廣、連貫而整體。隨著企業之間物流的擴大與需要，物流行業所包括的範圍越來越大，供應鏈在企業中扮演的角色越來越關鍵，故該協會於 2005 年正式更名為供應鏈管理專業協會（Council of Supply Chain Management Professionals, CSCMP），代表物流進入供應鏈時代。

創立於 1966 年，總部設於美國的國際物流協會總會（The International Society of Logistics, SOLE），是一歷史悠久的國際性物流專業非營利事業單位，也是重要的物流教育研究機構，成立的宗旨在提升物流方面之管理、教育、人文及社會科學的技術。SOLE 在全球有 120 多個分會，遍佈 50 幾個國家，其會員皆是來自物流相關之業界人士，SOLE 於 1991 年取得台灣分會的資格，並於 2009 年正式登錄在內政部，是唯一國際物流組織在臺灣有登記在案的團體。

 臺灣典範

七大產業「生產力 4.0」啟動

行政院將推出臺版「生產力 4.0 計畫」，目標是十年內可讓一個人領兩份薪水、完成三份工作。十年期計畫上路初期，將優先在工具機、金屬加工、3C、食品、醫療、物流、農業等七領域，導入物聯網、智慧機器人及大數據。

該計畫旨在因應當前產業面臨的挑戰主要有二，一是缺工問題嚴重、二是勞動人口快速減少，將導致整體產值下降，臺灣的趨吉避凶之道，就是希望十年內讓各行各業的生產力能夠成長一倍。

行政院表示，國際間的製造業大國，像是美國、德國，近年分別推出「美國先進製造合作夥伴計畫」（AMP）與「工業 4.0 計畫」，目標都是在導入智慧自動化技術，美、德才剛起步沒多久，臺灣作為後進者也要快速追趕。

臺版生產力 4.0 計畫同樣是以智慧自動化做基礎，盼協助包括製造業、農業與服務業等各行各業，做到「虛（網路）實（生產線）整合」，加強運用智慧機器人、物聯網與大數據，目前經濟部初步選定七大應用領域。

在生產力提升後，未來的理想情境是，一個人可領兩份薪水、完成三份工作，擺脫現在三個人領兩份薪水，完成一份工作的窘境。

資料來源：取材修改自經濟日報，林安妮。

1.2　物流的演進

　　就物流的演進來看，從農業社會進展到工業社會，工業社會早期著重於內部的工作站物流、設施（場所）物流，以達成準時且具成本效率的服務。1980年代整合性物流興起，透過公司物流來適時、適地將高品質產品送至客戶手中。而1990年代以後，企業爲了在競爭激烈的環境中成長，開始和上下游廠商進行策略聯盟，共同合作以追求雙贏，爲客戶與本身創造更大的價值，故開始將經營範圍向供應鏈作延伸整合。2000年以後，當供應鏈管理跨越區域與國境時，爲掌握全球化的市場，並因應區域不同、供應商不同及客戶的需求不同，就漸漸形成以全球運籌管理爲中心的經營模式。物流的演進如圖1.1所示。

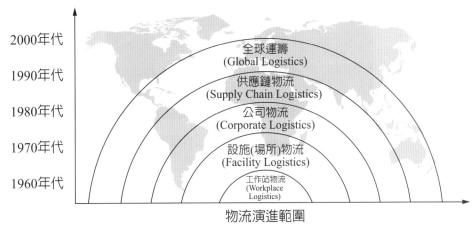

▶ 圖 1.1　物流的演進

資料來源：修改自 Edward H. Frazelle, 2006

1.3　工作站物流

　　工作站物流（Workplace Logistics）是指單一工作站內的物料、半成品和成品的流動。對工作站物流的分析方法，稱爲工作研究（Work Study）或是人因工程學（Human Factor Engineering），Sanders 與 McCormick（1987）定義人因工程旨在發現關於人類的行爲、能力、限制和其他特性等知識，而應用於工具、機器、系統、任務、工作和環境等的設計，使人類對於它們的使用能更具生產力、安全、舒適與有效。

因此運用人因工程學的方法,來使生產線上的機器操作人員、或裝配站上的人員,在工作時的動作順序與物料流動可以更為舒適、流暢與安全。例如:物流中心的流通加工站人員負責貼標籤或是封膜作業;貨車物流士的駕駛座設計;裝卸貨作業等設計,都會牽涉到單一工作站上的物料、半成品和成品的流動等。圖 1.2 為某物流中心的品質稽核站,工作站人員正在檢查最後出貨的商品品質。

▶ 圖 1.2　物流中心的工作站物流

1.4　設施(場所)物流

設施(場所)物流(Facility Logistics)是指同一設施(場所)內,各工作站之間的物料、半成品和成品的流動,這裡的場所可以是工廠、倉庫、物流中心、便利商店和郵局等等。對設施(場所)物流的分析方法稱為設施規劃(Facility Planning),設施規劃的方法可運用在從投入到產出的生產活動中,將人員、物料及所需相關之設備等,做最有效的組合、協調與規劃,使設施(場所)內各工作站之間的佈置地點、物料、半成品和成品的流動距離與動線可以更有效率,以期獲致最經濟安全的操作。例如:運用設施規劃的技術可協助物流中心的倉儲商品在停留過程中得到最完善之照顧;商品能順暢進出倉庫,沒有延滯;依商品性質,妥善安排擺放位置、使達到最佳的利用率;使操作人員能達成最佳之作業效率等,都與設施(場所)物流的流動規劃有關。圖 1.3 為某物流中心內部,各工作站之間的物料、半成品和成品的流動動線。

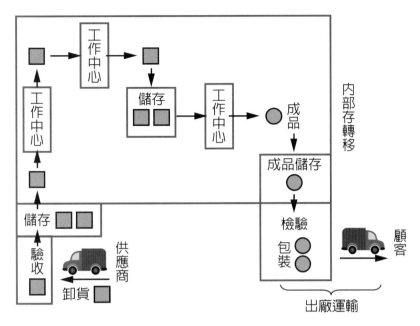

▶ 圖 1.3 物流中心的設施（場所）物流

1.5 企業物流

　　企業物流（Corporate Logistics）是指同一公司之內，不同設施（場所）間的物料、半成品和成品的移動。例如：製造商關注的企業物流，是工廠生產的商品，如何運到企業位於各地區的工廠或倉庫；零售商關注的企業物流，是物流中心的商品，如何運到各地區的便利商店等。例如：Ybbstaler 公司是奧地利一具有悠久歷史的果汁廠，除奧地利總部的工廠外，波蘭有兩個廠，位於奧地利的總廠生產蘋果汁及濃縮梨汁，波蘭的 Polska 廠生產各種莓果汁，Lukta 廠以蘋果汁為主。果實採收後通過檢測，運入工廠進行嚴格的收貨檢查，品管負責人以目測確認果實外觀後，合格的果實才能放行入庫，存入倉庫及入庫時間均要詳細記錄、整理保管。最後總部的蘋果汁及濃縮梨汁成品，可運送到波蘭廠，再用於製造各種莓果類的混合果汁，這就是企業物流的一個實例。

1.6 供應鏈物流

　　供應鏈物流（Supply Chain Logistics）係指在企業與企業之間、公司與公司之間的物料、半成品和成品的移動，如圖 1.4 所示的供應鏈物流。例如：總部位於瑞士的大昌華嘉集團（DKSH Group），超過 2 萬名員工活躍於全球 35 個國

家，協助下游客戶在醫療保健、科技、消費品、精品以及特殊原料等領域的需求，提供全球特殊原料與產品的替代來源與管道、市場規劃分析、專業物流、倉儲管理、產品行銷、配送以及售後服務等，形成一個複雜的供應鏈物流實例。

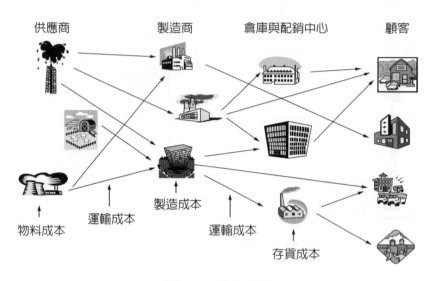

▶ 圖 1.4　供應鏈物流

1.7　全球運籌

全球運籌（Global Logistics）指在國家與國家之間的各種原料、資訊或金錢的流動。台灣全球商貿運籌發展協會對全球運籌的定義為：「係指企業為因應全球化之趨勢，以『營運總部』之概念，運用通訊與資訊科技，驅動物流機制，整合區域與全球資源，並強化核心能力，形成一堅實的供應體系，用以快速生產、及時交貨，並分享衍生的資訊情報，滿足客戶需求、創造價值的一種經營模式」。

2　物流的定義與範圍

物流在不同文獻及不同專家發表的定義，將會得到各種不同的答案。為什麼呢？原因就在於定義會因為應用的環境不同而改變，也會根據不同類型的人以及在生活及產業中的扮演角色不同而改變，所以物流可以從無數個角度來定義。例如：製造業和零售業的定義就不盡相同，在汽車製造業的角度，認為物流是從汽車的原材料或零組件的採購開始起算，一直到最後成品汽車被製造完

成為止，其相關的整個流動過程就是物流；但在零售業的角度，物流則主要集中於商品從批發商到零售商銷售給客戶的過程中，所發生有關儲存、搬運以及配送等活動。

2.1 定義

深入去了解「物流」這兩個字的涵意，物流中的「物」是指物質世界中同時具備實體物質特點和可以進行物理性位移的物質；「流」則是指物理性運動，這種運動就是相對於地球發生的「位移」，流的範圍可以是地理性的大範圍，也可以是在同一地域、同一環境中的小範圍位移，故「物」和「流」的組合，就是人類基於經濟利益和實物交換為目的，而產生實體物質的物理性運動。

物流的基本目的是為了滿足客戶的需求，以最適當的成本與服務，通過裝卸搬運、包裝保護、倉儲保管、流通加工、運輸配送以及資訊情報等功能，將原材料、半成品、成品及相關資訊，將商品由供應端送到消費端所進行的計畫、實施和管理的加值服務過程。

物流也有以下三種不同意義的意涵：

1. **狹義**：商品從供應者到使用者的物理性移動，能夠創造時間性與地利性（空間性）的效用。

2. **廣義**：資源從開發取得到轉移使用者手上，一連串價值創造的過程。

3. **精義**：物流是一種系統性服務（System Service），它結合物流的各種功能，提供快速回應、滿足客戶需求的服務系統，有效地縮短商品流通的時間與路徑，提升企業競爭力。

顧名思義【系統】

系統（System）泛指由一群有關聯的個體組成，根據預先編排好的規則工作，能完成個別元件不能單獨完成工作的群體。系統分為自然系統與人為系統兩大類。自然系統，例如：生態系統、大氣系統與太陽系系統。人為系統，例如：電話系統、公車系統與物流服務系統。

在此將各物流相關組織對於物流的重要定義介紹如下：

日本日通綜合研究所對物流的定義是：「所謂物流就是將有形財從供給者到需求者間，克服空間及時間的分隔而做的物流經濟活動。其中包括裝卸、運輸、倉儲、流通加工及資訊等各項活動的相結合。」

日本物流系統協會（Japan Institute of Logistics Systems）對物流的定義是：「物流是一種同步協調如採購、生產、銷售、需求配銷等行動的管理方式。目的是藉由瞭解和實現客戶的滿意、減少無益的存貨、最少的轉移和降低供應成本，來提升企業競爭力和增加企業價值。」

美國供應鏈管理專業協會對物流的定義是：「物流管理是供應鏈管理的一部分，其透過資訊科技，對物料由最初的原料，一直到配送成品，以至最終消費者整體過程中，所牽涉的原料、半成品以及成品的流通與儲存，以最有效益的計畫、執行與控制，來滿足並符合消費者的需求。」

中國大陸國家標準對物流的定義是：「物品從供應地到接收地的實體流動過程，根據實際需要，將運輸、儲存、裝卸、搬運、包裝、流通加工、配送、信息處理等基本功能，實施有機結合。」

美國國際物流協會（SOLE）對物流的定義是：「物流乃縱觀全局，從商品概念到最終處置。物流是一門保證商品在它整個生命中可以獲得成功支持的專業學科。從設計工程、製造、原料、包裝、行銷、流通到最終處理，物流涵蓋了支援商品流程的每個可能階段。」英文原文如下：

「Logistics looks at the big picture -- product concept through disposal. By definition, logistics is a professional discipline that ensures the successful support of the product throughout its life. From design engineering to manufacturing and materials, packaging and marketing, and distribution and disposition, logistics involves every possible phase of the product support process.」

社團法人台灣全球商貿運籌發展協會對物流的定義是：「透過資源有效整合，讓貨物在集中分散的過程中，創造多方共享的價值。」

由於產業型態與企業營運模式日新月異，為使物流業者不再只能被動地等待客戶的訂單與處理訂單，而是積極主動地讓供應商的存倉商品可以被下訂單，送到顧客手中，這就是商貿運籌的概念，化被動為主動。原先定義的物流運籌已經提升至「商貿運籌」的境界了。因此社團法人台灣全球商貿運籌發展協會

對商貿運籌給予定義：所謂商貿運籌，即為「五流合一」的概念，以混合通路商的 Hybrid Channel 型態，從趨勢掌握（潮流）、商品行銷（商流）、物流運籌（物流）、資金收付（金流）為骨架，資訊整合（資訊流）為底蘊，透過「掌握需求、創造需求、滿足需求」，所建構的 O2O「Online to Offline 虛實整合」五流合一，企業創新的營運模式。

2.2 物流的範圍

依據物流活動涉及的範圍（國際物流、區域物流、城市物流）與服務對象（社會物流、企業物流、供應物流、生產物流、銷售物流、逆物流）予以劃分，依序分述如下：

2.2.1 依據物流活動涉及的範圍劃分

2.2.1.1 國際物流

國際物流是現代物流系統發展最快、規模最大的一個物流領域，國際物流是伴隨和支撐國際間經濟交往、貿易活動和其它國家交流所發生的物流活動。隨著國際間貿易的急劇擴大，國際分工日益深化，以及如歐洲等地一體化速度的加快，例如：歐盟的成立，國際物流也成了現代物流研究的熱門議題。

2.2.1.2 區域物流

相對於國際物流而言，一個國家範圍內的物流，一個城市的物流，一個經濟區域（共同市場）的物流都處於同一法律、規章和制度之下，都受相同文化及社會因素影響，處於基本相同的科技水準和設備水準之中，因而，都有其獨特的區域特點，稱之區域物流。研究各個國家的物流，找出其區別及差異所在、連結點和共同因素等，這也是研究國際物流的重要基礎。物流有共同性，但不同國家也有其特性。例如：日本的物流其特點為，由於國土狹長，鐵路與內海海運覆蓋全日本的運輸配送系統；在美國物流活動多仰賴大型拖車、內河航運與鐵路的運輸配送系統。這種區域物流的研究不但對認識各國的物流特點會有所幫助，而且對促進互相學習、促進發展方面作用巨大。日本便是在研究美國物流基礎上，吸收、消化、發展出具有特色的物流。

2.2.1.3　城市物流

　　另外在區域物流研究的一個重點是城市物流。世界各國的發展，一個非常重要的共同點是社會分工。國際合作的加強，以致一個城市及周邊地區，都逐漸形成小的經濟地域，產生了社會分工，而城市物流是重要的微觀基礎，城市經濟區域的發展也有賴於物流系統的建立和運行。

　　城市物流研究的問題很多，例如：一個城市的發展規劃，不但要直接規劃物流設施及物流項目，如興建公路、橋樑、物流園區與場站設施等，而且需要以物流為思考重點，來規劃整個市區，如住宅、工廠、車站、機場與港口等。物流已成了世界上各大城市規劃和城市建設研究的一項重點。在城市形成後，整個城市的經濟活動、人民生活等活動也是以物流為依托，所以城市物流還要研究城市生產、生活所需物資如何的流入，物流如何更有效來供應給每個工廠、每個機關、每個學校和每個家庭，而城市巨大耗費所形成的廢棄物，其廢棄物物流也是城市物流考量重點，因此，城市物流可以說內涵十分豐富，很具有發展價值。

創造通路，物流產業創新發展：商貿運籌

　　新加坡政府在世界各地的港口扶持了 25 個保稅物流中心、日韓政府也積極整合中、小企業資源，拿著完整的整合資源藍圖向大陸要土地、談資源。擁有「物流教父」美名的社團法人台灣全球商貿運籌發展協會理事長蘇隆德指出，臺灣政府應該整合國內、海外台商資源，成立商貿運籌中心，不要讓台商單兵作戰，並有長期發展的遠見。

　　蘇隆德提出並定義「商貿運籌」，是五合一的概念，就是以混合通路商的型態，從趨勢掌握、商品行銷、物流運籌、資金流通為骨幹，資訊整合為底蘊，透過「掌握需求、創造需求、滿足需求」，所建構的 O2O「虛實整合」五流合一，創新營運模式之企業。

　　「韓國在大陸擁有 9 個類似的商貿運籌中心，臺灣就只有 2 個。」蘇隆德指出，一定要拋棄舊有「物流倉庫等於擺放物品倉庫」的觀念。同樣身為亞洲 4

小龍的韓國是由政府整合企業，在一個工業園區內，所有零組件廠商一次到位，在該園區的物流中心內，除了貨品的中轉外，還設立展示中心，以複合式經營模式，將物流中心效益發揮到最大。

資料來源：取材修改自旺報，翁路易。

2.2.2　依據物流服務對象的範圍劃分

2.2.2.1　社會物流

社會物流的範圍是社會經濟的大領域，是指以一個社會為範圍，面向服務社會大眾為目的之物流活動。這種社會性很強的物流，往往是由政府部門或是專門的物流企業來承擔。社會物流主要研究內容是：在生產過程中，隨之發生的社會物流活動；國民經濟的物流活動；如何形成服務於社會、面向社會大眾又在社會環境中運行的物流，因此社會物流帶有整合和廣泛性。

2.2.2.2　企業物流

物流是實體物質的物理性運動，而企業物流則是指企業內部實體物質的流動，它從企業角度來研究企業內部有關的物流活動。

企業物流又稱為「廣義的物流」，可涵蓋不同階段的物流活動，包括從上游採購的供應物流、工廠內部製造的生產物流、商品行銷販賣的銷售物流及逆物流等。如圖 1.5 所示為企業物流的範圍。

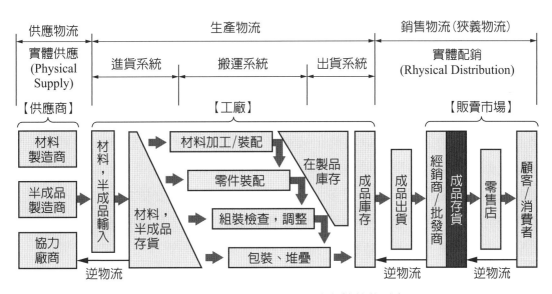

▶ 圖 1.5　企業物流的範圍（廣義的物流）

資料來源：經濟部商業司 (2000)

物流與運籌管理

2.2.2.3 供應物流

供應物流又稱之為實體供應（Physical Supply），為保證企業的生產不中斷，透過上游提供原料、零部件、燃料、輔助材料來供應的物流活動，這種物流活動對企業的正常生產具有非常重要的作用。供應物流除了追求保證供應的目標外，還必需對企業、社會或環境，以最低成本、最少消耗來供應生產，因此有很大的難度，例如：供應來源、供應方式、庫存問題等，都是必須面對與考慮的問題。供應物流在企業物流的範圍與發展過程，如圖 1.5 與圖 1.6 所示。

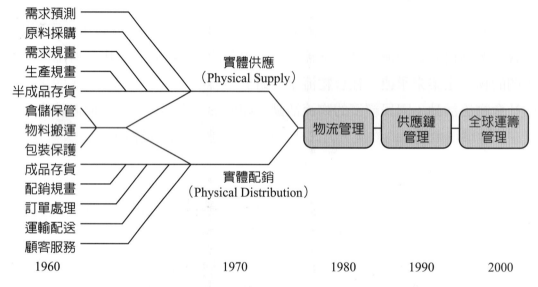

▶ 圖 1.6　物流管理、供應鏈管理與全球運籌管理的發展過程

資料來源：修改自 Center for Supply Chain Research, Penn State University

2.2.2.4 生產物流

生產物流係指企業在生產過程中所產生的物流活動。企業生產物流的過程為原料、半成品從企業倉庫或門口開始，進入到生產線的開始端，再隨著生產過程流動與加工，到最後生產完成，再流至倉庫，便完成生產物流的過程。實務上，在流動的過程中，原料真正被實際加工的時間常常低於 10% 或更少，反而是流動所耗費的時間大於 90% 以上，遠多於被加工的時間，所以從物流角度來看，生產物流的研究方向很多，例如：生產流程如何安排？如何縮短整個生產的物流時間？各生產活動環節如何銜接方能最有效？有關的搬運裝備如何選用配合才最合理，以上生產物流的問題也是工業工程與管理所研究的範圍。

2.2.2.5　銷售物流

　　銷售物流又可稱之為實體配銷（Physical Distribution），為「狹義的物流」。是指生產企業、流通企業出售商品時，商品在供給方與需求方之間的實體流動，它常常伴隨銷售活動，將商品所有權轉給客戶的物流活動。涵蓋裝卸搬運、商品儲存、流通加工、商品包裝、貨物運輸與配送、訂單及資訊處理、銷售物流網路規劃與設計等。銷售物流的起點，一般情況下是生產企業的成品倉庫，經過運輸，完成長距離的物流活動，再經過配送完成較小區域範圍的物流活動後，再到達客戶手上。

　　銷售物流是一個逐漸發散的物流過程，與供應物流是鏡子的一體兩面且相互對稱，通過這種發散的物流，使資源得以廣泛地整合與配置。由於現在的市場環境是一個完全的買方市場，銷售物流便需要帶有極強的服務性，以滿足買方的需求，所以商品在送達客戶並經過售後服務後才算終止。因此銷售物流的範圍很大，這也是銷售物流的難度所在，因而其研究領域是很寬廣的。有關銷售物流在企業物流的範圍與發展過程如圖 1.5 與圖 1.6 所示。

2.2.2.6　逆物流

1. 回收物流

　　企業在原料供應、生產、銷售的物流活動中，各種原料、半成品與成品基於某些原因而產生需要回收的物流活動。在一個企業中，若回收的商品處理不當，除會占用很大空間而造成浪費，往往也會影響整個企業的內外部環境，甚至影響商品品質。例如：購買的印表機如果故障，一定要送回原廠維修，這就會產生回收物流；超商的報紙雜誌如果過期，也要進行回收；菸酒公司空酒瓶的回收也是回收物流的實例。

2. 廢棄物物流

　　廢棄物物流是針對企業排放的無用物，對它進行裝卸、運輸、處理等的物流活動。大到國家、企業，小到家庭，廢棄物都是每天會產生的，例如：企業不要的廢棄燈管和空碳粉匣等廢棄物，要經由特定的管道回收；家家戶戶每天所產生的垃圾，也要經由垃圾車來共同裝運處理等。

　　雖然圖 1.5 表示爲一家大企業的內部物流的範圍，但臺灣企業 95% 以上都是中小企業，並不是每家中小企業都能夠大到可以完全涵蓋供應物流、生產物流、銷售物流與逆物流，中小企業至多只能專精於某階段的物流角色，例如：華碩電腦上游的供應物流是來自於英特爾的 CPU，下游的銷售物流則是聯強國際，而逆物流則是可回收廢棄電腦的超商或是資源回收商，如此鏈結了上下游的各個企業節點，因此企業物流又可稱爲「廣義的物流」。

　　企業物流的服務目標是由 8 個 Right（正確）組成（可翻譯爲準確、適合），即 8R，來實現企業對客戶的服務價值，即企業有能力將正確的商品（Right Product）、在正確的時間（Right Time）、依正確的品質（Right Quality）、正確的數量（Right Quantity）和正確的狀態（Right Status）送達正確的地點（Right Place），交給正確的客戶（Right Customer），並使整體總成本最小（正確適當的成本 Right Cost）。這 8 個 Right 描述企業物流的服務目標，強調空間和時間的重要性，也強調成本與服務的重要性。

物流故事

聯合利華：小包裝服務，創造商機

　　印度 11 億人口的龐大市場，僅次於中國大陸，但印度還有七成人住在農村，而且有高達 25% 的人民生活在貧窮線下。隨著印度經濟起飛，這群金字塔最底層消費者，過去不受企業青睞，現在卻是各國企業最大的商機所在。

　　由於一窮二白的農民，實在負擔不起大包裝的產品，如何激發他們的購買力？聯合利華做了最好的示範，爲了迎合所得極度有限的印度消費者，聯合利華推出 1 盧比（約新台幣 0.8 元）的小包裝洗髮精，以小量低價迎合市場，現在印度已經成爲聯合利華最大市場。因此許多小包裝、低價位的產品開始橫掃印度，不少的消費品廠商將商品改爲小包裝販售，包括煙草、洗髮精、化妝乳液等。而這些商品都是先以大桶裝進口至印度，再經由流通加工改成小包裝以利販售。

資料來源：取材修改自《看印度消費力》，遠見雜誌第 262 期。

3 物流的合作類型

3.1　第一方物流

第一方是指供應端，而第一方物流又稱爲自營物流。早期位於供應鏈上游的供應端企業對一切與物流相關的服務、活動的需求，包括在廠區內建庫房、生產過程中保有庫存、在銷售環節建立物流網路、建立車隊、送貨到商店、訂單收發以及運輸配送管理等，都是由企業本身自行完成，其優點是企業的利潤在內部流動，不會依賴其他物流服務商，在整體上可以保證公司的物流控制與效益，但缺點是企業本身必需投入龐大心力、時間與資金來建立物流系統。1970 年代，老牌金蘭醬油建立自己的車隊，司機兼業務員挨家挨戶配送小桶裝醬油即是一例。

3.2　第二方物流

第二方是指需求端。位於供應鏈下游的需求端企業對一切與物流相關的服務、活動的需求，如下游批發商自行到上游工廠取貨、自建物流網路、保有庫存等，都是由需求端企業本身自行完成，在交易達成的同時，供應端對於商品沒有運輸的義務。其優缺點與第一方物流相同，都是必需投入龐大心力、時間與資金來建立物流系統。例如：2003 年 SARS 期間口罩供不應求，需求端必須自行開車到上游口罩生產工廠搶貨也是一例。

3.3　第三方物流

第三方物流（Third-Party Logistics, 3PL）是由商品的供應端和需求端以外的第三方專業物流企業來提供物流服務的運作模式，也可稱爲委外物流（Logistics Outsourcing）或是合約物流（Contract Logistics）。

供應端或需求端企業將物流作業由專業的第三方物流服務商來經營管理，對供應端或需求端企業的優點爲只要專注於核心能力、可降低物流投資資金、降低雇用人數與提升物流品質等。由於物流作業漸漸被認同爲一門專業技術，且物流成本佔企業內部作業的成本越來越高，許多企業已開始尋求專業第三方物流服務商來進行物流規劃與服務。第三方物流需具備與使用者之間有正式的

合約、努力強化雙方關係以及客製化服務，並主動尋求可能的改善與服務，以達雙贏。第三方物流可以協助在供應鏈上的供應物流、生產物流、銷售物流與逆物流的企業或公司作好物流服務，有關第三方物流可支援企業物流的關係如圖 1.7 所示。

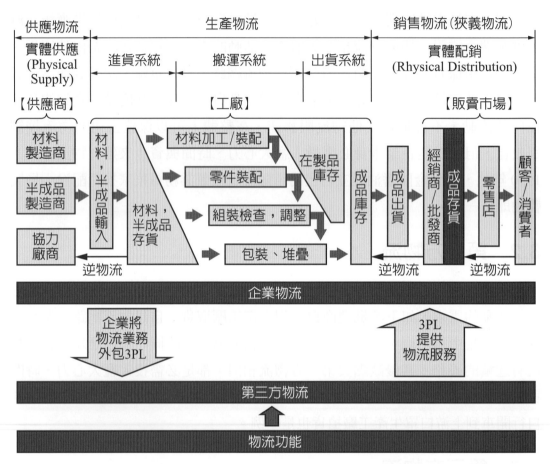

▶ 圖 1.7　第三方物流可支援企業物流的關係

3.4　第四方物流

第四方物流（Fourth Party Logistics, 4PL）是專門為第一方物流、第二方物流和第三方物流提供物流規劃、諮詢、物流資訊系統、供應鏈管理等服務，因應第三方物流而產生的一種新營運模式，在全球競爭的壓力下，企業不只需要第三方物流的物流服務，更需要能提供物流、資訊、供應鏈管理和夥伴關係管理等專業能力的整合服務，而第四方物流與第三方物流的差別在於第三物流只單純的提供物流服務，第四方物流則必須要領導一個具備不同專長的服務團隊，

其中包括 3PL、顧問諮詢、資訊科技、金融服務等，第四方物流是物流系統與供應鏈解決方案的設計與整合者。第四方物流示意圖，如圖 1.8，第一、二、三、四方物流的關係如圖 1.9 所示。

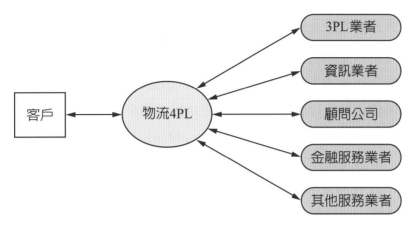

▶ 圖 1.8　第四方物流示意圖

資料來源：第四方物流的緣起與涵意 (韓復華)

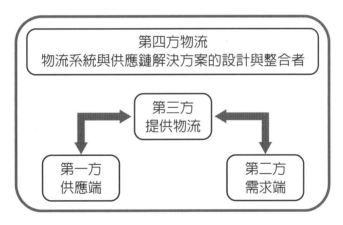

▶ 圖 1.9　第一、二、三、四方物流的關係

4 物流管理與供應鏈管理的區別

　　近年來，供應鏈管理的發展已經蔚為企業管理的主流，但是許多實務與學術人士常將物流管理（Logistics Management）與供應鏈管理（Supply Chain Management）混為一談，以致造成行業間溝通、管理或進行研究時的一些困擾。雖然兩者有著密不可分的關係，但其定義與運用範圍並不相同。

4.1　學術觀點

　　本書參考 Mentzer, Stank & Esper（2008）年的研究，以圖 1.10 之結構圖闡述供應鏈管理與幾個企業界所熟知的管理功能之關係，並就物流管理與供應鏈管理間之差異進行更深入的討論。

　　物流管理對企業的功用為有效的客戶服務、降低總成本、增加競爭優勢以及改進組織績效。而行銷管理（Marketing Management）對企業的功用為依組織內部資源和市場機會制定行銷目標，並計畫執行活動來實現這些目標，且評估進度及成果的過程。至於生產管理（Production Management）對企業的功用則包括了製造商品、維護及修理和操作、產品和服務設計以及品質管理。由此可知，物流、行銷和生產管理位於圖 1.10 的第一層級，屬功能管理層級，其範圍領域較狹窄，目標僅集中於檢視並提高企業內部功能部門活動執行與控制的效率。

　　作業管理（Operations Management）直接牽涉到改進企業內所有功能活動效率，為跨功能整合與協調的企業管理程序。因此，作業管理位於圖 1.10 的第二層級，扮演檢視物流、行銷以及生產管理間互動關係的整合性管理角色。供應鏈管理則是企業對外與上游供應商和下游客戶的協調合作功能，其策略的制定是橫跨組織界線範圍，包括制定供應商和顧客關係管理機制、資訊系統連貫性和跨組織的績效評估與管理，並延伸至創造供應鏈夥伴價值、終端消費者價值以及社會價值。供應鏈管理位於圖 1.10 的第三層級，負責檢視企業間之供應鏈互動關係的有效管理。

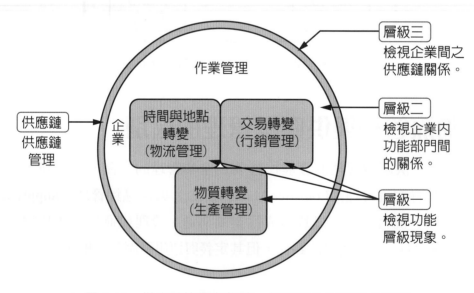

▶ 圖 1.10　供應鏈管理與物流、行銷和生產管理之關聯

資料來源：Mentzer, Stank & Esper（2008）

　　由以上闡述可知，物流管理僅為供應鏈管理程序上的一部分。物流管理的定義範圍較為狹窄，著重在企業內物流的管理；而供應鏈管理的範圍領域則是針對企業對外部所有利害關係人之間的互動關係，著重在企業之間包括物流等各項功能之協同合作與整合，屬於一個整體的宏觀角度。物流與供應鏈的區別如圖 1.11 所示。

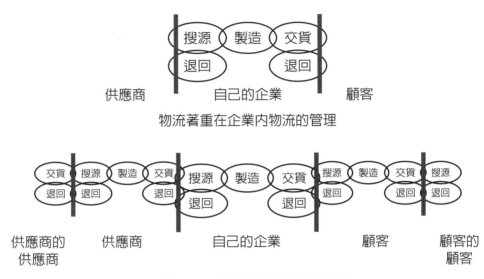

▶ 圖 1.11　物流與供應鏈的區別

　　美國愛荷華州立大學商學院是成長最快的一個老科系，最近更改了系名，從原來的物流與作業管理學系（Department of Logistics and Operations）與資訊管理系統學系合併，更改為供應鏈與資訊系統學系（Department of Supply Chain and Information Systems），這個轉型主要也是看到整個產業趨勢的改變，而做出的重大變革，希望在教學與研究方向上可以更符合產業的需求。

　　但是改系名並不意謂要將過去教授的課程放棄，這個學系仍然教授物流管理、運輸管理等重要的物流專業知識，甚至開始評估要開設倉儲管理等課程。因為物流管理可以說是供應鏈管理的重要基礎，不論是理論或是實務，欠缺對物流管理的充分掌握與專業認知，是無法在專業領域更上層樓的。

4.2　實務觀點

　　列舉以下案例，可以認知物流與供應鏈管理對企業的影響：

在一場愛荷華州立大學所舉辦的供應鏈創新研討會上，可口可樂中西部供應鏈主管提到，北美市場目前正在進行一個重大的供應鏈網路組織變革。過去，可口可樂透過兩層配銷系統供應北美市場，第一層是原料廠，第二層是裝瓶廠。原料加工成為飲料後，再分送到各地的裝瓶廠裝瓶後送給客戶。但卻造成許多聯繫上與物流上的問題，無法有效掌握整體市場的變化，且因分屬兩家公司，在商業程序整合上常常產生問題。所以，最近幾年，可口可樂陸續將裝瓶廠收回到公司內部體系，並成立中央供應鏈管理部門，設立執行副總經理職務，進行供應鏈網路變革，將朝縮減原料廠到客戶的實際與虛擬距離的目標努力，整併許多小規模的裝瓶與配銷廠房，使用具策略位置的大規模裝瓶配銷設施來更快速提供市場需求以降低整體的配銷成本。

3M 進行供應鏈管理的發展更早於可口可樂，近年來更積極將工廠效率改善非常成功的精實生產原理引用於供應鏈與物流相關活動的改善上，獲得許多的成效與經驗。目前 3M 營運組織中的金三角分別為生產製造、行銷與供應鏈，三者均直接回報給事業部門的總經理，在總公司也設置一位全球供應鏈執行副總經理，顯示供應鏈管理在 3M 公司的重要位階。

過去 10 年美國電子商務市場呈現平均 20% 的成長，完全沒受到經濟不景氣與金融風暴的影響，對於物流服務的需求愈來愈大。電子商務供應鏈創新的趨勢，其中一個稱之為 E-commerce Supply Chain 2.0，要點為電子商務的發展將傳統通路的中間商一階一階地消除掉，但是如果沒有效率化的物流來支持電子商務業者的供應鏈策略的話，電子商務將無法有重大發展與成長。

愛荷華州西方自由食品公司（West Liberty Foods）肉品處理加工廠的 8 成加工肉品，可以在加工後一週內由緊鄰工廠旁的一家冷鏈物流公司配送到北美數萬家 SUBWAY 連鎖速食店，確保速食店肉品的新鮮度與配送過程的安全性。這家食品公司供應鏈經理（Supply Chain Director）主管的部門有採購部、配銷部、倉儲部及加工廠的生產排程，而這家公司配銷部的英文名稱為 Logistics（應屬銷售物流）。這些物流相關部門都有專業主管，讓供應鏈經理有更多時間來與客戶及供應商做溝通與探討提升供應鏈價值的機會。

愛荷華附近一家倉儲外包的物流公司傑克波森集團（Jacobson Companies）在北美高度競爭市場中，專注於倉儲委外市場的發展，為許多知名國內外大企業提供專業的倉儲與配送服務。近年更積極配合客戶需求，發展連結歐洲

與亞洲進入北美市場的海外業務。該公司不再強調其倉儲專業，而是將層次拉高到端對端供應鏈解決方案的提供者（End-to-End Integrated Supply Chain Solutions），訴求 CAN DO 精神，也就是客人要什麼，我就可以做到的態度。這家物流公司其實是美國許多較積極的物流公司縮影，朝多元、整合及國際化物流服務的方向發展。

顧名思義【精實生產】

　　精實生產（Lean Production）由美國麻省理工學院教授 James P. Womack 及 Daniel T. Jones，在研究日本豐田汽車的豐田生產方式後，於 1990 年出版《The Machine that Changed the World》書中首先提出。以 Just In Time 理念為主幹，強調以客戶需求為出發點，徹底排除企業內部一切的「浪費」，不斷追求低成本、零缺點、零庫存、產品的多樣化，使企業內部管理更為流暢，以提高企業的競爭力。之後，此理念更延伸應用於物流與供應鏈上，而有精實物流管理與精實供應鏈管理。

　　回顧物流管理與供應鏈管理的發展過程，可知在上個世紀由供應物流的實體供應（Physical Supply）與銷售物流的實體配銷（Physical Distribution），兩者漸漸整合為物流管理，再由重視企業內部活動的物流管理，慢慢擴大為重視企業之間互動關係的供應鏈管理，這更證明了物流管理是供應鏈管理的基石，而供應鏈管理的範圍涵蓋了物流管理。

5 物流在企業的角色與國家經濟的作用

5.1 物流在企業的角色

　　「企業」係指一群具有共同目標的個人，共同參與並透過一連串可重複進行的活動程序，為實現目標而持續努力與創造價值，從事生產商品（Goods）或提供服務（Service）以創造令客戶滿意的組織。企業管理（Business Management）涵蓋兩套系統性的知識，即「企業功能」（Business Function）與「管理功能」（Management Function）。企業功能係指一個企業創造產品或

服務時，所需具有的基本功能，主要包含生產功能（Production Function）、行銷功能（Marketing Function）、人力資源功能（Human Resource Function）、研究發展功能（Research and Development Function）、財務功能（Finance Function）及其他等；管理功能為企業運用各項資源創造價值而達成目標的管理性活動，包含計畫、組織、用人、領導、控制等。

　　傳統的企業功能多半只強調生產功能、行銷功能、人力資源功能、研究發展功能、財務功能等，但從圖 1.6 物流管理的發展過程中，可看出物流與其他功能其實都有關係，加上現今物流越來越重要，物流已經成為企業很重要的一個功能，故可將物流功能也納入企業功能之一，並進一步將所有的企業功能和管理功能整合成企業管理矩陣，如表 1.1 所示。整個矩陣就代表企業組織整體的作業，矩陣中的每一個方格代表在各功能上，企業管理者的工作內容和責任所在，例如：就物流功能而言，企業管理者藉由做好物流計畫、物流組織、物流用人、物流領導、物流控制等，來支持企業實現目標與創造價值，使之產出令客戶滿意的商品或服務。

▶ 表 1.1　涵蓋物流功能的企業管理矩陣

	生產	行銷	人力資源	研究發展	財務	物流
計畫						
組織						
用人						
領導						
控制						

　　過去傳統的企業比較強調在生產、行銷、人力資源、研究發展、財務等五管功能，但這些功能在企業組織運作時，各功能部門常常會有衝突的地方，例如：生產部門會希望商品形式少變化，以利大量生產，但財務部門則希望不要生產太多，方能降低存貨，而行銷部門則會希望商品形式多變化，最好能隨時供應不要缺貨，研究發展部門常常會沒有依據行銷部門的銷售情報或生產部門的生產能力來設計新商品，導致設計出來的商品不是客戶所需求或生產不出來，而人力資源部門也無法適時提供實際的需求人力等。從圖 1.6 可看出物流管理的

發展過程中與其他功能都有關係,所以現在這些衝突,都可以經由物流功能來做為協調與控制的溝通介面,進一步透過資源的有效整合,讓貨物在集中分散的過程中,創造多方共榮的價值。如圖 1.12 所顯示的,物流可作為企業各功能協調與控制的溝通介面。

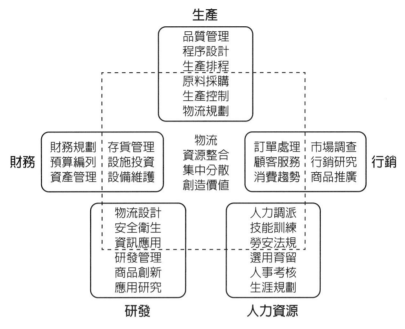

▶ 圖 1.12　物流可作為企業各功能的溝通介面

　　從前面的企業管理矩陣可得知,行銷功能也是運用計畫、組織、用人、領導及控制的一連串過程,來制訂產品(Product)、價格(Price)、促銷(Promotion)與通路(Place)等 4P 決策,進而創造能滿足個人和組織目標的交換活動。另一方面,什麼是行銷?就字面上來說,行銷的英文是「Marketing」,若把 Marketing 這個字拆成 Market(市場)與 ing(英文的現在進行式)兩個部分,則行銷便可以用「市場的現在進行式」來表達產品、價格、促銷、通路會因隨時的變動,導致供需雙方不停變化的微妙關係。

　　物流除可作為企業各功能的溝通介面外,也可以扮演支援行銷功能的重要角色,因為行銷要做得好,背後一定要有強大的物流支援,從行銷與物流整合的角度,物流是落實行銷功能的重要過程之一,因此企業若能整合行銷與物流,即可滿足對時間及地域需求較高的客戶,企業將具有較高之競爭力。行銷類似人的兩隻手用來擁抱客戶,但更需要兩隻腳(物流)把東西送到客戶手

上，如能妥善整合，方可為客戶創造更多附加價值並將物流成本最小化。例如：7-ELEVEn 成功善用強大的物流體系，使許多商品的行銷組合無往不利，為整合物流與行銷的成功典範。物流與行銷功能的關係如圖 1.13 所示。

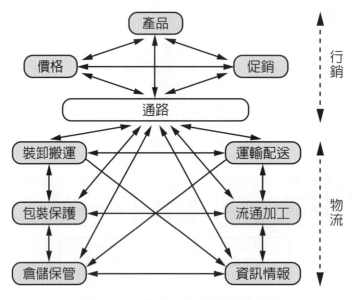

▶ 圖 1.13　物流與行銷功能的關係

資料來源：修改自 Management of Business Logistics: A Supply Chain Perspective by John J. Coyle, Edward J. Bardi and C. John Langley (2002).

5.2　物流在國家經濟的作用

物流是伴隨著商品流通的產生而出現，物流在國家經濟有以下幾個作用：

5.2.1　物流是保證商流順暢進行，提升商品價值和使用價值的基礎

在商品流通中，商流的目的在於轉換商品的所有權（包括支配權和使用權），而物流則是提供商品轉換過程的支援服務，沒有物流，就無法完成商品的流通；沒有物流，商品的使用價值就不能實現。商流和物流的關係，如同車身（商流）和四個車輪（物流）一樣，車身和車輪運作順暢，才可以跑的又安全又舒適，方能提升整體的商品價值。

物流功能的發揮與否，包括裝卸搬運、包裝保護、倉儲保管、運輸配送、流通加工、資訊情報等功能是否發揮，其強弱直接決定商品流通的規模和速度。如果物流能力過小，整體商品的流通就會不順暢，就無法適應整個經濟發展的速度與要求，最後就會大大影響國民經濟的協調、穩定和持續增長。因此，自古以來都非常強調「貨暢其流」，就是這個道理。

5.2.2　物流是開拓市場的基礎，決定著市場的發展規模、廣度與方向

　　從市場發展來看，由於商品運輸方式的變革，為近代全球市場的開拓創造了巨大商機。在 16 世紀前，原始商品的運輸工具和運輸方式，使國內貿易難以發展，海上貿易也很難進行，使國際市場難以擴大。16 世紀後，隨著運輸工具的改善和新航線的發現，促進了世界市場的迅速發展。在現代，從國內市場來看，物流能力直接影響市場商品的供應狀況，並且限制民眾消費需求的滿足程度。再者，任何一個國家在日益激烈的競爭中，想要擴大自己的市場版圖，就必須重視物流的改善，否則商品運不出去、速度太慢或品質不佳，很容易就會在競爭中失敗。

5.2.3　物流的強大限制力量

　　物流直接限制社會生產力能否合理流動，也限制社會資源的利用程度和利用水準，影響社會資源的配置，因而大大地決定商品生產發展和商品化程度。例如：水果的保鮮，在儲存技術沒有解決以前，水果的流通時間就有很大的限制，特別是某些易腐的水果品種，其保存期往往只有幾天的時間，從而對流通的範圍和速度形成限制，這時水果商品不得不被物流能力來決定，這就說明若資源因物流條件的限制而無法轉化為商品優勢進入市場，就會形成阻礙，可見物流已經成為生產和產品商品化程度的重要條件。

 顧名思義【生產力】

　　生產力（Production）一般將生產力界定為產出與投入之比率，即生產力 = 產出量 / 投入量。

5.2.4　物流為「第三利潤源」，也是「降低成本的最後手段」

　　在當前市場經濟條件下，企業用於物流的費用支出已越來越大，已成為決定生產成本和流通成本高低的主要因素。從 1962 年美國管理學大師彼得 · 杜拉克 Peter Drucker 發表《經濟領域的黑暗大陸》的文章，加上一些發達國家如美國、日本等國家，通過對各種商品物流費用及其在零售價格構成中的比重分析，看到物流存在著巨大潛力，因此物流被視為「第三利潤源」，也是「降低成本的最後手段」。

利潤都是企業得以持續經營的根本，要有利潤就要找到利潤源。日本早稻田大學教授，權威物流成本研究學者西澤修先生 1970 年提出的「第三利潤源」的觀念，西澤修教授在他的著作《物流——降低成本的關鍵》中談到，企業的利潤源隨著時代的發展和企業經營重點的轉移而變化。1950 年代，日本因韓戰受到美國的經濟和技術支持，很快實現了自動化生產，當時正處於大量生產時期，日本企業的經營重點放在降低製造成本上，這便是第一個利潤源。1960 年代，依靠自動化生產製造出來的大量商品，引起了市場泛濫，日本企業於是從美國引進市場行銷技術，經營重點放在增加銷售額上，這便是第二個利潤源。1970 年開始，降低製造成本與增加銷售額已經有限，日本企業的經營重點放在物流成本的降低，日本便進入物流發展時代，物流便是第三個利潤源。

另一方面，傳統商業模式造就傳統物流作業模式，如圖 1.14 所示，供應商必須自行配送商品到每一個消費者手上或是消費者雖然向不同的供應商購買，但卻在不同的時間收取不同供應商所送達的商品，在這種傳統物流作業模式下，會造成資源的浪費及時間成本的增加。

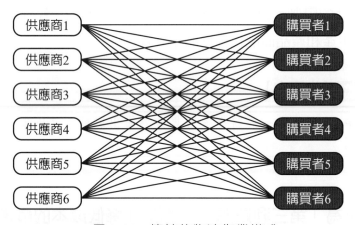

▶ 圖 1.14　傳統的物流作業模式

現今資訊情報發達及商業發展不斷演進的結果，造成激烈的競爭，如何快速又有效率的將商品送交客戶，降低自己的庫存成本，因而現代化的物流作業模式因應而生了，如圖 1.15 所示。同一產業或異業結合並利用共同的物流中心進行商品的配送，以節省物流中心的建置成本及人力費用，並運用群體議價的方式降低配送費用，尤其目前企業正進入「微利時代」，微利意謂著利潤很薄，

而物流成本的降低正是淨利的增加。當然，要做到現代化的物流作業，也必須仰賴資訊情報系統的配合。

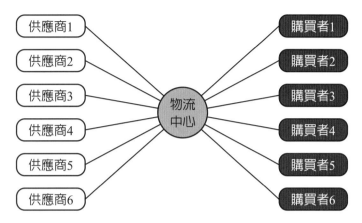

▶ 圖 1.15　現代化物流作業模式

國際標竿

沃爾瑪：全球最大零售業的物流體系

背景介紹

　　沃爾瑪的創始人山姆 ‧ 沃爾頓在 1962 年開設第一家沃爾瑪商場。沃爾瑪以低廉的價格提供日常用品，同時也賣食品，因為在商場中所有東西都可買到，可為客戶提供一站式的消費服務。沃爾瑪在許多國家都有設店，由於未來業務增長，故在物流方面的投資也要持續擴充與建設。

物流中心的規劃與功用

　　沃爾瑪的物流中心相當大，且都位於一樓，可從一個門進，另一個門出，讓商品能夠順暢流動，因為電梯會阻礙流動，故都以非常大的底層建築作為物流中心，並使用輸送帶、產品代碼、自動補貨系統和雷射識別系統等先進科技，讓商品能有效流動，此無縫連接能節省相當多的成本。

　　沃爾瑪物流中心的功用有：

1. 調節商品數量，自動補貨

　　每項商品都需要一定的庫存，例如：飲料、尿布等，每一天或每一週根據庫存量的增減，來進行自動的補貨。

2. 提供流通加工的增值服務

例如：在服裝銷售前，需要加訂標籤，為了不損害商品品質，加訂標籤可在物流中心進行比較細緻的手工作業。

3. 轉運

把物流中心的商品集中以及轉運配送，大多是在一天當中完成進出作業。

4. 新商場開業準備

在對於新商場開業的處理上，在開業前，要對這些商品進行最後一次檢查，然後運輸到這些新商場。

物流系統的特色

沃爾瑪龐大的物流配送系統因實施嚴格有效的管理，方能精確掌握市場、快速傳遞商品和滿足客戶需求，確保在效率和規模成本的競爭優勢。沃爾瑪現代化的物流配送體系，表現在以下幾個特色：

1. 設立運作高效的物流中心

沃爾瑪意識到有效的商品配送是達到最大銷售量和最低成本的存貨周轉及費用的重點。故建立自己的配送組織，包括物流中心和送貨車隊，不僅使公司可大量進貨，而且要求供應商將商品集中送到物流中心，再由公司統一接收、檢驗、配貨、送貨。

2. 實現物流中心自動化管理

每種商品都有條碼，可通過幾十公里長的輸送帶傳送商品，還有雷射掃描器和電腦追蹤每件商品的儲存位置及運送情況，故每天能處理 20 萬箱的貨物配送。

3. 採用先進的配送作業方式

在配送運作時，大宗商品通常經鐵路送達物流中心，再由公司卡車送達商店。每店每週收到 1-3 卡車貨物，60% 的卡車在返回物流中心的途中，又沿途從供應商處載回購買的商品，為公司節約了大量的資金。

4. 具有完善的配送組織結構

為了進行更好地配送工作，非常注意企業配送流程的改善。其中一個重要的方法是建立自己的車隊來進行商品的配送，以保持靈活性和為一線商店提供最好的服務，這使沃爾瑪享有極大競爭優勢，其運輸成本也總是低於競爭對手。

物流配送體系的運作

1. 注重與協力廠商物流公司形成合作夥伴關係

   在美國本土，沃爾瑪做自己的物流和配送，擁有自己的卡車運輸車隊，使用自己的後勤和物流的團隊。但是在國際上的其他地方，沃爾瑪就只能求助於專門的物流服務提供者，飛馳公司就是其中之一。飛馳公司是一家專門提供物流服務的公司，它在世界上的其他地方為沃爾瑪提供物流方面的支持。飛馳成為了沃爾瑪大家庭的一員，並百分之百獻身於沃爾瑪的事業，雙方是一種合作夥伴的關係，它們共同的目標就是努力做到最好。

2. 零售連結系統

   沃爾瑪還有一個非常有效的系統，叫做零售連結系統，可以使供應商們直接進入到沃爾瑪的系統。任何一個供應商都可以進入來瞭解商品賣得怎麼樣，昨天、今天、上一週、上個月和去年賣得怎麼樣，可以知道這種商品賣了多少，而且系統可以在 24 小時內就進行更新。

3. 挑戰「無縫點對點」物流系統

   為客戶提供快速服務。在物流方面，沃爾瑪盡可能降低成本。沃爾瑪提出要建立一個無縫點對點的物流系統，能夠為商店和客戶提供最迅速的服務。

4. 自動補發貨系統

   每家店都有這樣的系統，使得沃爾瑪在任何一個時間點都可知道，目前某個商店中有多少貨物，有多少貨物正在運輸過程中，有多少是在物流中心等。同時自動補發貨系統也可以瞭解某種商品上週賣了多少，去年賣了多少，而且可以預測將來的銷售情況。

   資料來源：取材修改自福建物流交易網。

物流與運籌管理

6 物流管理的新趨勢

6.1 綠色物流

綠色物流（Green Logistics）就是以降低對環境的污染、減少資源消耗為目標的物流活動。隨著世界經濟的不斷發展，人類生存環境也在不斷惡化，例如：能源危機、資源枯竭、臭氧層空洞擴大、環境遭受污染和生態系統失衡等。加上環境壁壘逐漸興起，例如：為了應付日漸增加的廢電子電機廢棄物，減輕掩埋場及焚化爐的負擔，防止廢電子電機廢棄物中所含之有害物質進入環境，歐盟於 2003 年通過「廢電子電機設備指令」（Directive on the Waste Electronics and Electrical Equipment, WEEE），要求製造商必須負起收集、回收並妥善處置廢電子電機產品；同年並通過「危害性物質限制指令」（Restriction of Hazardous Substances Directive, RoHS）規範商品在製造時不得使用鉛、汞、鎘、六價鉻、聚溴二苯、聚溴二苯醚等六種化學物質；歐盟於 2005 年再通過「能源使用產品生態化設計指令」（Directive of Eco-design Requirements of Energy-using Products, EuP）鼓勵生產者在商品的整個產品生命週期，設計減少對環境衝擊的商品，以提升能源使用產品之環境績效為主，內容包括：減少能源需求、提高能源效率，採用更優勢的法規等。在此以「綠色裝卸搬運功能」和「綠色包裝保護功能」為例來說明。

「綠色裝卸搬運功能」是對包裝保護、倉儲保管、運輸配送、流通加工等物流功能進行銜接的中間環節，以及在物流活動中進行檢驗、維護、保養所進行的裝卸與搬運活動。實施綠色裝卸搬運是要求企業在裝卸搬運的過程中，進行小心的裝卸與安全的搬運，避免商品實體損壞與人員受傷，從而減少資源浪費、生產力降低以及廢棄物造成環境的污染，另外，綠色裝卸搬運還要求企業盡量避免無效搬運，並合理運用現代化機械來代替人力進行裝卸搬運，以保持物流裝卸搬運的順暢。

另外，「綠色包裝保護功能」是倉儲保管與運輸配送功能能夠發揮的重要條件。採用節約資源、保護環境的包裝，有以下方向：

1. **可反覆使用**：採用可多次反覆使用，如菸酒公司的酒瓶回收等。

1-34

2. **標準化**：包裝標準可以和倉庫設施、運輸設施的尺寸標準來統一，如此可實現物流的合理化。一旦確定包裝標準的尺寸後，各種商品在進入流通領域時，由於有標準尺寸可方便人員掌握、安排、倉儲與搬運，數量少的商品可以安排小包裝，數量多的商品可利用貨櫃（集裝箱）及托盤來裝，有利於物流系統在裝卸搬運、倉儲保管、運輸配送等過程的機械化，保護商品並加快作業速度，並可以節約包裝材料和包裝費用。

3. **開發新包裝材料**：例如：用較少的材料來實現多種包裝功能，或使用不傷害環境的可分解包裝，用紙袋取代塑膠容器也是一例。

綠色物流不僅是追求降低成本，更重要的是物流的綠色化和節能、高效、少污染，由此也可以帶來物流經營成本的大幅度下降。圖 1.16 為物流中心員工節能減碳的承諾宣言。

▶ 圖 1.16　物流中心員工節能減碳的承諾宣言

6.2　冷鏈物流

冷鏈（Cold Chain）是指為了保持食品、藥品、農產品等商品的品質，從生產、儲存、運輸配送及銷售的每一個環節，始終處於恆定低溫狀態的一系列物流網路和供應鏈體系。冷鏈物流的範圍十分廣泛，例如：水果、蔬菜、魚、肉、蛋、奶、花卉等農產品，另外包括包裝熟食、冷凍食品、冰淇淋、乳製品等加工食品，以及藥品、疫苗與煙草等特殊商品都可以適用。

以農產品為例，冷鏈採用專業的技術，使易腐的農產品從採收加工、包裝、儲存、運輸配送及銷售的整個過程中，透過對溫度進行持續監控，以保持商品的最佳品質與衛生。假如若對溫度的控制不夠確實，將會導致商品品質降低，並使得鏈中的每個環節都有可能出錯而使冷鏈斷裂，出錯的地方可能是在生產過程、儲存過程、倉庫的月臺、運輸途中、零售超市等，所以如果一個環節斷裂，便會影響產品品質，進而影響最終消費者的需求，故冷鏈的每一個環節，從被採摘開始一直到被銷售出去，都需要參與控制。由於冷鏈是以保持低溫環境為重點的物流系統，所以它比一般常溫物流系統的要求更高、更複雜，建設投資也大，是一個很龐大的系統工程。

以大陸農產品為例，農產品物流成本很高，損耗大約在 30% 左右，到客戶手中的果蔬也已不再新鮮。如果導入冷鏈，從田間採收就直接送到冷鏈的車裏，再到進入超市，超市的貨架也都是冷櫃，這樣整體就沒有斷鏈，到客戶手中就可以非常新鮮，能夠降低損耗到 10% 左右。根據分析，有很多臺灣的水果如果不經過低溫的保存，送到大陸的時候，腐壞率是 50%，如果透過冷鏈體系，可以確保水果的品質，損耗率可在 10% 以下，就可以有更多的客戶可以享受到更平價的水果。臺灣特色農產品多元且豐富，善用冷鏈物流技術，加上精緻化行銷包裝，不僅可延長貨物保鮮期，延伸市場運送的區域，更能有效提升農產品的產值，讓更多的 MIT 商品走到國際。

看準 2020 年大陸冷鏈服務的市場商機，由工業技術研究院主導的「兩岸冷鏈物流技術與服務聯盟」於 2012 年成立，目前將以廈門與天津作為第一階段的兩岸食物物流服務業合作試點城市。根據大陸食品工業協會調查，大陸是目前世界食品生產和消費大國，但食品冷鏈使用率僅有 10%，2008 年所造成的食品損失每年高達 3,000 億元。

依據工研院推估，如果大陸比照東歐水準，讓 50% 低溫食品可以採用冷鏈服務，預估 2020 年冷鏈物流產值可高達 2.2 兆元，並帶動相關設備業商機 2,000 億元以上。圖 1.17 為低溫物流中心人員正在冷藏庫作業。

▶ 圖 1.17 低溫物流中心人員正在冷藏庫作業

6.3 安全物流

物流的安全可從兩方面來探討，一是職業安全方面，二是防恐安全方面。

在職業安全方面，過去杜邦公司十年創造了零工安事故，英國每一百萬人職災死亡率僅 7 人，日本約 26 人，而臺灣每一百萬人的職災死亡率為英國的六倍達 45 人，可見國內職業安全環境仍有極大的改善空間。美國工業安全之父韓笠琦（H. W. Heinrich）研究七萬五千個職業意外事故個案，分析出人的不安全行為佔事故因素的 88%，其他學者的研究亦顯示，98% 的事故是由人的不安全行為引起，而不安全行為的主角是人，再好的安全防護措施，也難免因人為失

誤而造成事故，所以對於員工造成的不安全行為就格外值得重視。杜邦公司認為每一件事故都是由於平時漫不經心的不安全行為累積所致，所以為求防微杜漸，必須對工作人員平常的行為進行防範與教育，杜邦公司的事故比例關係如圖 1.18。

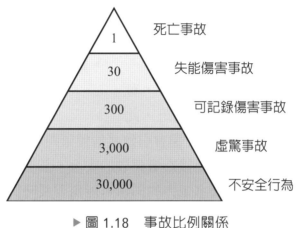

▶ 圖 1.18　事故比例關係

　　物流的主要工作是將商品以最短的時間、最有效益的方法送到客戶手上，工作人員需要分秒必爭與時間競賽，因此可能為求盡快完成工作而忽略職業安全。在貨物運送、置貨、存貨及提貨時，不免需要進行體力處理操作、搬運、起落貨物或使用各類起重輔助設施等，若工作人員不正確及不適當地使用設施，並對所須進行之工作缺乏深入了解，再加上工作環境不理想，很容易便構成危險和引起意外，這不但會影響工作進度，還會危害個人安全及健康，以下舉數例與安全物流有關的例子。

1. 體力處理操作

　　若物流工作人員在貨物運送、置貨及提貨時，提舉、搬運之姿態不正確，過度用力推動、拉動物件或徒手搬運物件一段長距離，甚至經常或長期重複某些動作，均可能增加身體或肌肉受傷的機會。

2. 操作機械設備

　　各類輔助搬運機械均有正確操作方法和使用守則。若在貨物運送、置貨、存貨及提貨時，物流工作人員在未經訓練、未經檢查、沒有穿合適的工作服、不正確地操作設施，皆可能引致事故、貨物損毀和工作延誤等損失。

物流與運籌管理

3. 工作環境

工作環境的空間、照明、通風情況、防火措施及危險貨物貯存和堆放，都會影響物流工作人員的表現及安全。圖 1.19 為參訪日本物流中心時，不管作業員工或是訪客，均須配戴安全帽來保護安全。

▶ 圖 1.19　安全物流會影響物流工作人員的表現

4. 工作壓力、時間

物流工作人員的工作節奏分秒必爭，有時工作時段也不分晝夜，需要輪班，此情況不但增加人員身心的壓力，還會引致其他健康問題。以貨車司機為例，他們的工作情緒及身體狀況可直接影響駕駛的安全，甚至會影響其他道路使用者的安全。同樣地，在辦公室工作的同事可能需要長時間操作電腦，若姿勢不正確，再加上介面設計不週全，便可能對健康構成不良影響，如引起肩膀、手部與手腕、上臂、背部、及頸部疲勞、酸痛、麻痺或僵硬等。

在防恐安全方面，此為目前世界各國政府及企業最關注的議題。目前我國政府近年也開始推廣（Authorized Economic Operator, AEO），又稱「優質企業」。AEO 的概念類似美國的海關貿易夥伴反恐計畫（Custom-Trading Partner Against Terrorism, C-TPAT）機制。世界海關組織（World Customs Organization, WCO）於 2005 年 6 月通過全球貿易安全與便捷之標準架構（Framework of Standards to Secure and Facilitate Global Trade, WCO SAFE），此架構以維護國際貿易安全與便捷為目標，提供國際安全供應鏈之最低基準與最佳做法。

WCO SAFE 中有 2 項核心概念－海關對海關合作、海關與民間企業的合作，為達成「海關與民間企業合作」的概念，發展出優質企業（AEO）的機制。AEO 是指與海關形成夥伴關係，具備完善的供應鏈安全措施並經認證後的經營者，凡從事與貨物之國際運送有關業務，遵守 WCO 或等同之供應鏈安全標準，並獲得國家海關當局或其代表人承認者，包含製造業者、進口人、出口人、報關行、承攬業者、併裝業者、中繼運送人、港口、機場、貨車業、整合運送業者、倉儲業者、經銷商等國際物流供應鏈各環節之關係人，均可經由認證成為 AEO。AEO 可獲得海關提供實質的便捷通關優惠，但 AEO 需承諾內部作業流程之安全性，並制定自我評估的最適方案，以及提供貨物及貨櫃免於危險的預防措施，並引進現代科技，維護貨物與貨櫃的安全完善性。藉由 AEO 的機制，

希望確保物流安全，並兼顧貿易便捷化，達到端對端（End-to-End）的供應鏈安全防護，建立全球物流供應鏈安全與便捷化的新思維。在全球物流供應鏈中的各業者，應擔負的安全責任如表 1.2 所示。圖 1.20 與圖 1.21 則為我國海關的電子封條監控系統，以無線射頻辨識（Radio Frequency Identification, RFID）進行貨櫃車的全程監控。

▶ 表 1.2　各 AEO 業者對全球物流供應鏈應擔負的安全責任

業者	應負起之相關安全防護責任
製造商（Manufacturer）	・確保產品製造過程的實體安全 ・確保對客戶的產品供應安全
出口商（Exporter）	・依據關稅法規定，採用合理的商業政策及出口報關程序 ・確保物品供應的安全
承攬商（Forwarder）	・依據關稅法規定，採用合法的貨物運輸程序 ・確保貨物在運輸過程中的實體安全，特別防止物品被擅自接觸與置換
倉儲業（Warehouse Keeper）	・確保貨物在海關倉儲區完全受到海關的監督 ・依據關務規範的儲存程序，負起貨物的安全防護職責 ・履行符合海關倉儲規定所授權的特殊要求 ・提供充分的防護措施，以防擅自的闖入，置換或破壞倉儲區的貨物
報關業（Customs Agents）	・依據關稅法規定，辦理貨物通關手續
航運業（Carrier）	・確保貨物在運輸過程中的實體安全，特別防止物品被擅自接觸與置換 ・提供必要的貨物運輸文件 ・依據關稅法規定，採取必要的貨物運輸程序
進口商（Importer）	・依據關稅法規定，辦理進口通關手續 ・確保貨物進口的實體安全，特別防止物品被擅自接觸與置換

資料來源：經濟建設委員會

▶ 圖 1.20　海關的電子封條監控系統

▶ 圖 1.21　海關的無線射頻辨識設備

6.4　精實物流

　　二次世界大戰前後，汽車工業的主要生產模式是以美國福特汽車為代表的大量生產方式，此種流水線形式、少品種、大批量生產，代表了當時先進的管理思想，以大量的專用設備、專業化的大批量生產，是當時降低成本、提高生產率的主要方式。

　　日本豐田汽車公司負責人豐田喜一郎在參觀美國大汽車廠後發現，採用大量生產方式降低成本並不適合日本，仍有進一步改進的空間，以豐田的大野耐一等人為代表，在不斷探索之後，終於發展出一套適合日本國情的汽車生產方式，創立了獨特的多品種、小批量、高品質和低浪費的豐田生產方式（Toyota Production System, TPS）。1973 年的石油危機，凸顯出大批量生產的弱點，而豐田汽車的業績卻開始上升，與其它汽車公司的距離越來越大，豐田生產方式乃開始為世人所矚目。圖 1.22 為日本豐田生產方式的第一輛 AA 型轎車。

　　在市場競爭中遭受失敗的美國汽車工業，終於意識到導致其競爭失敗的關鍵是美國汽車製造業的大量生產方式輸給豐田生產方式。1985 年，美國麻省理工學院的 James P. Womack 及 Daniel T. Jones 教授等用了近 5 年的時間，對 90 多家汽車廠進行分析，於 1992 年出版了《The Machine That Changed the World》（改造世界的機器）一書，書中首次把豐田生產方式定名為精實生產（Lean Production）。

▶ 圖 1.22　日本豐田生產方式的第一輛轎車

精實（Lean）在英文中指的是沒有多餘脂肪的瘦肉，此理念應用到企業的經營上，則是以最小的投入來創造更多利潤，且沒有任何資源的浪費、流程運作順暢。1996 年，兩位作者又出版另一本書《Lean Thinking》（精實思想），強調精實不只是作為改善的工具，更是一套完整的企業管理思維。精實思想是一個企業如何追求以最小的投資，為客戶創造最大價值的思維方式，它並非只著眼於局部的減少浪費及提高效率，更重要的是幫助企業重新思考，如何提高企業整體的營運效率，並從客戶端出發，透過客戶的眼睛來確認價值，並且避免浪費。

精實的兩個關鍵字：價值與浪費，不能增加客戶價值的活動，就是浪費。

精實物流（Lean Logistics）的思維及運用雖始於汽車產業，但並不是只有製造業才可以推動精實，其實世界各地的物流服務業也紛紛將精實思維與作法導入服務流程中，由於物流所進行的活動，也都是由一連串的流程銜接而成，常見可改善的流程有：不滿意的客戶服務、多餘的庫存、不需要的流通加工、不必要的物料移動、因上游不能按時交貨或提供服務時的等候、提供客戶不需要的服務等，只要掌握流程內的投入與產出，就能勾勒出整個服務流程，並從中找出不具價值的浪費流程並加以改善，這就是精實物流（Lean Logistics）的思維。圖 1.23 為日本豐田生產方式的關鍵人物——大野耐一先生。

常務取締役当時の大野耐一

▶ 圖 1.23　日本豐田生產方式的關鍵人物——大野耐一先生

1. 江互松 (2008)，你的行銷行不行，理財文化。

2. 行政院經濟建設委員會 (2010)，國際物流服務業發展綱要計畫。

3. 李吉仁、陳振祥 (2009)，企業概論：本質、系統、與應用，華泰書局。

4. 李正綱、陳基旭、張盛華 (2007)，現代企業管理－理論與實務導向，智盛文化。

5. 美國 Sole 國際物流協會 台灣分會 (2016)，物流與運籌管理，6 版，前程文化。

6. 張瑞芬、侯建良 (2007)，全球運籌管理，國立清華大學出版社。

7. 陳瑜芬、莫懷恩 (2000)，企業全球運籌管理的物流策略規劃，經濟情勢暨評論季刊，6 卷 1 期。

8. 蘇雄義、蔡信傑 (2006)，物流與供應鏈管理人才職能需求調查與職能落差分析之研究，經社法制論叢。

9. 張殿文 (2008)，虎與狐－郭台銘的全球競爭策略，天下遠見。

10. Alan E. Branch, Global Supply Chain Management and International Logistics, Routledge, (2008).

11. Donald Bowersox, David Closs, M. Bixby Cooper, Supply Chain Logistics Management, McGraw-Hill, 4 edition (2012) .

12. Douglas Long, International Logistics: Global Supply Chain Management, KLUWER, (2003).

13. Edward H. Frazelle, Logistics and Supply Chain Management, McGraw-Hill, (2006).

14. James Jones, Integrated Logistics Support Handbook, McGraw-Hill Professional, 3 edition (2006).

15. John Gattorna, Dynamic Supply Chains: Delivering value through people, Prentice Hall, 2 edition, (2010).

16. James Martin, Lean Six Sigma for Supply Chain Management, McGraw-Hill Professional, 1 edition (2006).

17. John W. Langford, Logistics: Principles and Applications, McGraw-Hill, (2007).

18. John J. Coyle, Edward J. Bardi, C. John Langley, Management of Business Logistics: A Supply Chain Perspective, South-Western College Pub, 7 edition (2002).

19. James Jones, Integrated Logistics Support Handbook, McGraw-Hill; 3 edition (2006).

20. James H. Henderson, Military Logistics Made Easy: Concept, Theory, and Execution, Author House (2008).

21. John J. Coyle, Robert A. Novak, Brian Gibson, Edward J. Bardi, Transportation: A Supply Chain Perspective, South-Western College Pub; 7 edition (2010).

22. John J. Coyle, C. John Langley, Brian Gibson, Robert A. Novack, Edward J. Bardi, Supply Chain Management: A Logistics Perspective, South-Western College Pub, 8 edition (2008).

23. Paul R. Murphy Jr., Donald Wood, Contemporary Logistics, Prentice Hall, 10 edition (2010).

24. Paul Myerson, Lean Supply Chain and Logistics Management, McGraw-Hill Professional; 1 edition (2012).

25. Pierre A. David, Richard D. Stewart, International Logistics: The Management of International Trade Operations, 3 edition (2010).

26. Rohit Verma, Kenneth K. Boyer, Operations and Supply Chain Management: World Class Theory and Practice, South-Western, International Edition (2009).

27. Mark S. Sanders, Ernest J. McCormick, Human Factors in Engineering and Design, McGraw-Hill, 7 edition (1993).

28. McKinnon Alan, Browne Michael, Whiteing Anthony, Green Logistics: Improving the Environmental Sustainability of Logistics, Kogan Page, 2 edition (2012).

29. 大昌華嘉集團 (2020)，http: //www.dksh.com.tw

30. 國家發展委員會 (2020)，http://www.ndc.gov.tw

31. 日本物流系統協會官方網站 (2020)，http://www.logistics.or.jp

32. 香港職業安全健康局 (2020)，http://www.oshc.org.hk

33. 美國國際物流協會，http://www.sole.org

34. 台灣全球運籌發展協會官方網站 (2020)，http://www.glct.org.tw

35. 臺灣區飲料工業同業公會 (2020)，http://www.bia.org.tw

36. MBA 智庫 (2020)，http://www.mbalib.com

CHAPTER 02
採購與供應管理
Purchasing and Supply Management

學 習 目 標

1. 採購的意義
2. 採購管理的目標與成本考量
3. 採購策略與供應商評選
4. 供應商交期管理

田 臺灣典範

台塑集團採購：政出一元、以量制價、完全透明、四支鑰匙

田 趨勢雷達

解析國際採購五大趨勢

田 物流故事

顧食安，五星飯店啟動道德採購

田 國際標竿

蘋果電腦演繹採購傳奇

物流決策系統（Logistics Decision－Making System）

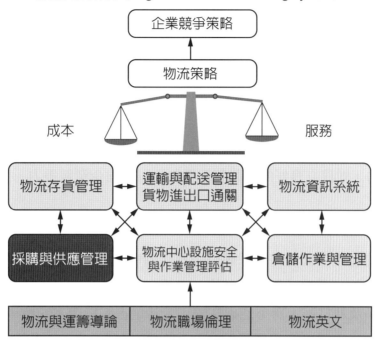

　　企業物流策略的建立，取決於服務與成本的權衡（Trade-off），而服務與成本的平衡與折衷，乃進一步受到搜源（Sourcing）、設施（Facilities）、庫存（Inventory）、訂單（Order）、運輸（Transportation）、資訊情報（Information）等六種物流因子的交互作用影響，所以各家企業藉由對這些物流因子的控制與決策，就會形成具不同特色的物流策略，進而來支援各企業最高的競爭策略。

　　搜源（Sourcing）為「物流決策系統」架構中重要的物流因子之一，本章旨在說明採購除是企業購買商品和服務的過程外，也要慎選合適數量、品質及有能力的供應商。物流的採購決策十分重要，採購決策除會影響設施（Facilities）、庫存（Inventory）、訂單（Order）、運輸（Transportation）、資訊情報（Information）等其他物流因子外，更會影響整體物流的服務品質與成本。

　　採購管理的目標和企業物流（供應鏈管理）的服務目標是一致的。採購管理的目標為：不論長期或短期，將對的商品（來源），在對的時間、對的品質、對的數量、對的狀態、送達對的地點，交給對的客戶，並使總體擁有成本（Total Cost of Ownership，TCO）最小。

　　讀者們在讀完本章之後，將會瞭解採購的意義、採購管理的目標與成本考量、採購策略與供應商評選與供應商交期管理等，有能力來進行服務與成本的平衡與折衷，形成物流策略，進而支援企業競爭策略。

1 採購的意義

做生意也稱為做買賣。買（採購）與賣（銷售）是企業經營二項最為關鍵的活動。尤其是在現今競爭劇烈的微利時代，「採購」對企業利潤的創造，更具有舉足輕重的直接影響，因此，採購專業能力的提升，格外受到重視。物流經營管理人員在面臨物流外包作業趨勢日漸興盛之下，藉此可以瞭解正規採購作業的流程，知己知彼，以利規劃作業。本章在協助物流企業機構提升採購人員的專業能力，並建立良好的採購管理機制，以增強企業競爭力。

1.1 採購的定義

就企業的產銷活動而言，採購是企業活動中最主要的功能之一。從公司的設立開始，土地、廠房、工程、裝修、水電、設備、服務、生產材料、包裝材料、維修備品及耗材等，無不透過採購，尤其是占製造成本 60% 以上的購料支出，採購就是非常重要的一個環節，因此採購功能是否能有效發揮，對企業之經營績效具關鍵性。對於採購的定義，一般可分為狹義及廣義二種角度：

1.1.1 狹義的採購

在一般用法中，採購（Purchasing）描述的是購買的過程，由買方支付對等的代價，向賣方換取商品的行為過程。也就是從瞭解需求、定位與選擇供應商，協商價格及其他的相關事項，直到確定供應商完成交貨為止。

1.1.2 廣義的採購

採購（Procurement）是較廣泛的用語，其中包括採購（Purchasing）、接收、檢驗、倉儲、運輸及廢料處理。採購係指除了以購買的方式，擁有商品之外，尚可用以下各種方式取得商品的使用權，以達到滿足採購需求之目的：

1. **租賃**：即一方以支付租金的方式，取得他人商品的使用權。
2. **借貸**：即一方以無需支付任何代價的方式，取得他人商品的使用權，使用後，便返還原商品。
3. **交換**：用以物易物的方式，取得商品的所有權及使用權，惟並未直接支付商品的全部價款。
4. **徵收**：此為政府以有償或無償方式，取得民間商品的使用權或所有權。

供應鏈管理上的各節點企業（包含客戶）均需要進行採購作業，採購也已經與我們的工作或生活息息相關，如圖 2.1 所示。

▶ 圖 2.1 供應鏈管理上的各節點企業均需要進行採購作業

 臺灣典範

台塑集團採購：政出一元、以量制價、完全透明、四支鑰匙

談！不讓供應商誤判來哄抬價格

王永慶發現台塑工廠多，若每一家工廠分別去跟供應商買，十幾個工廠來詢問價格，會讓賣方誤認而惜售，推升價格走高，故採購要集中管理，所以，台塑在 1968 年進行組織變革，成立台塑關係企業總管理處，讓採購部門統一，有助作業整合，發揮規模效益。

砍！以量撐腰，50 萬出價砍到 25 萬成交

1978 年，台塑決定進軍美國，發現美國 J.M 公司一年要虧損 1500 萬美元，瀕臨倒閉邊緣，便計畫把機器賣掉換現金，J.M 要價 4000 萬美元，王永慶攔腰一砍，出價 1900 多萬美元，把對方嚇了一大跳。王永慶認為，我跟他買機器，如果他不賣我，公司再虧損一年就沒有，再兩年就要倒了，所以我告訴 J.M 的人「我出這個價跟你買，你還可以拿現金回去。」王永慶就這樣以低價取得生產設備。

王永慶深深了解，買賣雙方是相互對立的，賣者想要賣高，買者想要買低，怎樣才能讓雙方互蒙其利呢？王永慶認為，我給你買的量夠大，讓賣家可以達規模生產，就可以降低成本，進而降低售價，達到雙贏。早年台塑集團決定購買一台機器，經過一番評選，最後選定一家品質符合資格的德國供應商議價，對方開出每台機器售價 50 萬元，採購人員拚命跟廠商砍價錢到 45 萬元。這個案子呈到王永慶後，他立刻把德國供應商叫來，一開口就提出每台價格再降 20 萬元的要求，而且一次下單買 20 台。這就是王永慶大量採購的邏輯。

標！資訊完全透明，付帳絕不囉嗦

王永慶一手建立台塑採購系統。在沒有 Internet 的時候，就屬行透明化採購作業，由總管理處採購部人員直接跟供應商詢價，當時每一種原料都有 10 ～ 20 家供應商，如果全部都發詢價單，成本相當高，所以先由電腦隨機選取 6 家，再把詢價單郵寄給對方，上面註明報價截止日，供應商寄回詢價單後分別放在信箱裡，等截止日到了打開信箱開標，最低的就得標。

Internet 出現後，台塑把所有採購流程都搬到網路上，任何一家供應商只要上到台塑網，就可以看到最新的招標公告。如果要投標，只要下載詢價單和請購規範等資料，填上報價，然後用電子郵件回寄。這個系統除了讓台塑採購便利外，供應商也易於查詢採購的作業流程，知道貨款何時入帳，並可以早一點拿到貨款。

台塑採購系統提供供應商與客戶可以透過這個網路查詢系統，快速、便利地掌握所有與台塑關係企業交易往來的資訊。

比！四支鑰匙發威，至少節省 10% ～ 15%

當請購單位提出需求，就由採購單位負責比價，並把決購單價輸入電腦，供應商送貨來，由請購單位點收，並把點收數量輸入電腦。

同時，會計單位也會收到廠商寄來的發票，會計單位只要負責把發票上的金額輸入電腦，電腦就會自動去查核數字有沒有錯，沒有就直接匯款出去，不需要簽核報准，所以外面那些採購舞弊都不會在台塑發生，這套運作模式就是台塑集團的採購「四支鑰匙」。

王永慶要求採購透明化，採購 e 化可提升效率、節省成本與相互稽核，牽一髮而動全身，資料不能造假和作弊，為供應商塑造一個公平的競爭環境，讓廠商相互競爭，提供更低的報價，獲利最大的當然是台塑集團的股東與員工。

例如：台塑集團旗下的長庚醫院，就是醫界最厲害的採購高手，只要是超過 2000 元以上的物品，即使是一台咖啡機，也要經過採購部的比價，其他大小工程更是如此。由於醫院規模大、分院多，聯合採購的優勢拓展了議價空間，而且在採購昂貴醫療儀器時，不僅會找國內代理商來報價，同時也會循慣例向原廠製造廠商請求報價，所以，在國際價格清楚、數量又大的優勢下，長庚醫院至少能比同業節省 10% ～ 15% 的採購成本，讓長庚醫院贏在起跑點。

資料來源：取材修改自經理人月刊，陳昌陽

1.2　採購導向的時代

1.2.1　資源稀少性

　　早期的企業經營是以生產導向，也就是講求如何以有效率的方法，將各種資源組合起來，達到提高產量、降低成本的目的。然後，慢慢地轉進到銷售導向時代，也就是講求如何運用推銷技巧，將商品移轉到消費者手中，解決大量生產所導致的存貨壓力。直到行銷導向的時代來臨，更是淹沒了一切管理的中心思想，完全以滿足客戶的需求做為企業經營的取向，產品（Product）、價格（Price）、促銷（Promotion）、通路（Place），行銷 4P 幾乎人人朗朗上口。

　　近年來由於金融商品大行其道，如何運用資金以增進企業的價值，財務導向儼然已在當前的經營哲學中軋上一角。此外由於高科技產業的蓬勃發展，研究發展導向似乎在企業的經營範疇也占了一席之地。但是基於全球的資源日益缺乏，如何獲取生產所需的物料與勞務，因此採購導向也就脫穎而出，並演進發展成為物流整合系統或供應鏈管理。

1.2.2　商品專業化

　　由於全球專業化分工已完整及普及，企業只專注於本身核心競爭力之產品。因此很多企業都沒有辦法製造所有的原料及零件來滿足其生產及消費需求。企業為了生產需要，除了本身專精於所生產部分商品外，其餘之製造商品的原料或零件等，大多購自其他的專業廠商。不但種類繁多且金額甚大，此正是企業分工從事專業化生產的結果。惟有透過良好的採購管道，才能使各種不同來源的物料，能及時且全數供應，使生產活動順利進行。圖 2.2 為臺灣某知名汽車零部件供應商的零件倉庫，該供應商的上游還有許多供應商。

▶ 圖 2.2　專業分工下原料或零件多購自其他專業廠商

1.2.3 成本競賽的時代

由於資訊的發達,世界經濟高度自由化的結果,過去藉由技術的領先、市場的壟斷,所締造的超額利潤,正快速消失當中。企業的競爭,正逐漸由技術的競賽、價格的戰爭,轉向為成本的競爭。以高科技行業而言,商品的生命週期正足以說明技術汰舊換新的快速,以及同業在技術方面迎頭趕上的時間比以前縮短,迫使領導廠商不得不在短時間內,另行開發新商品,以保持市場領導地位。

過去開發中國家藉由高關稅壁壘,隔絕外來商品的入侵,但現在經濟自由化、國際化的浪潮洶湧,加諸消費主義抬頭,偏高的商品售價,亦將在消費者意識抬頭及市場競爭的趨勢下逐漸退讓。因此,企業想挾持技術的領先、市場的阻隔,來創造超額利潤,雖非不可能,但其坐享高利的期間與幅度將日趨短縮,而競爭的力道則愈激烈。

採購管理的功能,可就二方面來看,就作業方面,特性是「避免麻煩」(防弊);就策略方面,特性是「機會取向」(興利)。

2 採購管理的目標與成本考量

企業物流的服務目標是由 8 個 Right(正確)組成(也可翻譯為準確、適合),即 8R,來實現企業對客戶的服務價值,即企業有能力將正確的商品(Right Product),在正確的時間(Right Time)、依正確的品質(Right Quality)、正確的數量(Right Quantity)和正確的狀態(Right Status)送達正確的地點(Right Place),交給正確的客戶(Right Customer),並達到正確適當的成本(Right Cost)。

同樣地,採購管理的目標和企業物流的服務目標是一致的。採購管理的目標為:不論長期或短期,將對的商品(來源),在對的時間、對的品質、對的數量、對的狀態、送達對的地點,交給對的客戶,並使整體總成本最小。

採購決策者就像特技人員,同時拋出多顆球,然後要能一一達成任務,做到「8R」。若是無法符合品質要求,或是較原訂交貨時間有所延遲而造成生產線的停擺,即使是用最低價格進貨,也不能允許此事發生。若商品是在買方急需用貨,緊急情況下的交貨,則商品價格可能會較正常價格高。所以採購決策

者必須試圖在可能的矛盾狀
態中，取得平衡，在取捨之
間，找出並做到 8R 的最佳組
合。圖 2.3 顯示為一種商品即
有多樣選擇，採購決策者必
須在取捨之間找出 8R 的最佳
組合。

▶ 圖 2.3　採購決策者必須在取捨之間找出 8R 的
最佳組合

2.1　採購功能的目標

更明確地說明善用採購功能可以達成的目標，可分為以下九點：

1. 提供維持組織運作需要的物料、供應與服務

因物料、零件和相關服務，導致缺貨或是延遲交貨，使得生產下降、收益減
少、獲利降低、信譽受損，將付出很昂貴的代價。例如：汽車製造商沒有輪
胎，就無法完成整輛車；醫院若沒有手術器具，就無法進手術。

2. 讓存貨的增減變化量維持在最小值

確保不間斷的物料供應，大量的存貨是一種方式。但是大量的存貨將產生資
金的積壓，造成資金的排擠效應，而且每年的存貨持有成本可能會不斷上
升，加上臺灣 2009 年施行的十號公報政策，過多的庫存亦可能會造成跌價
損失，侵蝕企業獲利。

顧名思義【十號公報】

為財會公報第十號「存貨之會計處理準則」，是一種計算存貨的會計處理準
則。主要影響鋼鐵業、營建業、電子業等，這些產業的共同特色是存貨量大、存
貨周期長，存貨跌價速度很快、毛利率低。但沒有存貨的產業，例如：銀行、保
險業就沒有受到影響。

十號公報的重點，在於計算存貨跌價損失時，要以「分項計價」取代「整體
計價」。例如：某廠商有 A、B 兩類存貨，其一年前進貨成本，分別是 1 元
與 4 元。現在，假設 A 與 B 的市價分別為 3 元與 2 元。如果依原先的會計處

理，以總額計算存貨，則成本總數是 5 元，市價總數也是 5 元，不必提列損失。但在十號公報分項套用「成本與市價孰低法」的會計原則下，則 A 類由 1 漲為 3，成本仍較低，故仍以較低的 1 元計價，故不會調整；B 類由 4 減為 2，產生 2 元跌價損失。A 不調整、B 跌 2 元，全部加總起來就產生 2 元的跌價損失。本來由「整體計價」是 0 損失，變為「分項計價」後，卻產生 2 元損失，十號公報的效果，就在這裡。存貨分項計價，當然更能精確表達企業的營運實況，也更符合會計資訊透明的社會期待。

3. 維持並改善品質

為生產滿意的商品或服務，物料投入必須具備一定的水準，否則最終商品或服務將無法滿足預期，或者導致非預期的高成本。因此，持續改善供應商品質，提升對採購品質任務的注意，會使得最終的商品或服務更具全球競爭力。

4. 尋找合適的供應商

根據分析，採購部門的成功，取決於供應商的發展和對供應商產能的分析，合適的選擇及合作並進而成長。唯有所選定的供應商有好的回應並負責任，公司才能以最小的整體總成本，取得需要的物料及服務。

5. 盡可能將所購買商品標準化

就物料而言，「標準化」可以因大批量購買而降低購入價格，在維持服務品質的同時，又可降低存貨及跟催成本。就資本設備而言，「標準化」可以減少維護、維修與作業耗材存貨，降低訓練員工和設備操作和維修的成本。

6. 以最低總成本購入需要的商品及服務

在企業內，採購活動占總成本很高的份量。在眾多的供應商中做選擇，最方便的方法就是依據價格。然而，採購功能的責任，除了守住最低成本，並取得需要的財貨及勞務原則外，還必須考慮其它因素，例如：品質水準、保證成本、存貨、備用品、停工待料等，因為長期下來，這些其它因素帶給企業總成本的影響，遠超過最初的購入價格。

7. 和組織的各部門擁有和諧、效率的合作關係

缺乏其他部門及人員的協力合作，採購管理者的行動無法有效達成。例如：如果採購部門要找到合適的供應商，簽訂好的採購合約，營運部門就必須適時提供相關數量和交貨日訊息；工程及營運部門則須思考，替補其他的供應

商可能帶來的效益。當決定進料檢驗方式時、需求規格改變時、必須與供應商協調品質問題時、進行供應商的績效評估時，採購部門都必須與品管部門密切配合。供應商希望如期付款，應付帳款部門則必須遵守這個約定，才能維持長期關係。此外，商品從設計到降低成本、改善品質交期的問題，採購部門皆應與其他部門通力合作。

8. 在最低的行政成本下，完成採購目標

採購作業需要健全的財力。因此，採購目標的完成，應盡可能地有效率和符合經濟規模。一個採購流程有效率的公司，將透過降低成本、改善彈性及反應時間，而讓採購人員專注在附加價值的活動上，創造出競爭優勢。若是分析、規劃不充分，致使未達成採購目標，可以考慮增加員工或是簡化流程，而管理者對於採購方法、技巧、方式及作業改善必須保持靈敏度。

9. 提升組織的競爭定位

穩定的供應來源保證，可對企業有幫助，而其他的協助機會尚包含新技術的引入、彈性的交貨安排、快速地回應時間、引進高品質的商品或服務、商品設計以及工程協助。長期下來，經營成功的公司，就是不斷地從供應鏈中找到機會，提供客戶好的價值建議，以提升市場的競爭優勢。

2.2　整體擁有成本考量因素

採購領域中，總體擁有成本（Total Cost of Ownership，TCO）又稱為總取得成本，能提供企業進一步了解及管理內部運作時，所產生的成本總和，並將予量化與管理。整體擁有成本一般包含採購物品的價格，與物品的運送成本，加上搬運、檢驗、品質、重（返）工、維修、退貨、報廢等成本。以下運用整體擁有成本的觀念，說明國際採購總成本的意涵。

一般而言，當地採購的採購成本為供應商的出廠價格加上內陸運費；可是跨國性採購的成本就相對複雜，價格只是其中之一，許多隱藏性成本如圖 2.4 所示，下列因素是比詢價更需考慮的因素：(1) 商務出差費用；(2) 交貨前置時間；(3) 供應彈性；(4) 批量與配送頻率；(5) 供應品質；(6) 運輸與倉儲成本；(7) 付款條件；(8) 資訊協同能力；(9) 匯率、稅率及關稅；(10) 國貿條規；(11) 售後維修與服務。

▶ 圖 2.4　國際採購考量因素

1. 差旅成本

跨國性的供應商開發，多半由企業成立跨部門小組協同作業，其成員包含採購、工程、品管與行銷等人員。所產生的國際商務差旅及國際郵電的聯繫成本，都是當地採購所不會產生的隱藏成本。

2. 交貨前置時間

國際採購交貨前置時間一般較當地採購為長，例如：從亞洲以貨櫃運輸至歐洲的航期近 1 個月，如改以航空運輸，雖然可節省時間，但運輸成本相對可觀。當前置時間的變異增大時，企業需要的安全存貨就會暴增。

3. 供應彈性

供應彈性是指供應商在不降低其他績效表現下對訂單數量變異的容忍度。當供應彈性越低，供應商配合訂單數量改變的前置時間變異就越長。因此，供應彈性影響廠商持有的存貨水準。

4. 批量與配送頻率

供應商所提供的配送頻率及最小批量影響企業每次補貨的數量，當補貨策略採一次購足的批量運送，公司的週期存貨增加，存貨持有成本亦會增加。因此，供應商的配送頻率增加，可以降低存貨持有成本及安全存量。

5. 供應品質

不良的供應品質會增加企業物料供應的風險。品質會影響供應商完成滿足訂單的前置時間，以及造成前置時間的變異，因為接下來的訂單通常需要重新

維修瑕疵品，讓企業需要準備更多的存貨，也會影響顧客對於產品的滿意度。

6. **運輸與倉儲成本**

交易總成本中包含由原物料從供應商端運送至買方的運輸成本，相較於國內採購，雖然從國外採購可能取得較低的產品價格，但卻可能導致較高的進口運輸成本，這是在比較供應商時必須考慮的。距離、運輸模式、倉儲發貨中心及配送頻率都會影響與每家供應商來往時的進貨運輸成本。

7. **付款條件**

包含可延遲付款的時間及供應商提供的數量折扣。供應商允許延遲付款可讓買方提高現金流量，其節省的成本是可以量化。定價條件亦包含超過某個數量可以提供的折扣，數量折扣降低單位成本，但會增加所需訂購批量及其產生的週期存貨。

8. **資訊協同能力**

是指影響企業供需配合的能力。好的協同可以產生較好的補貨規劃、降低存貨的持有，以及因為存貨不足而產生的銷售流失。良好的資訊協同可以降低長鞭效應，並在改善顧客回應能力時亦降低生產、存貨及運輸成本。

9. **匯率、稅率及關稅**

匯率、稅率及關稅對一家全球性製造及供應的公司來說是很重要的。貨幣波動對零件價格的影響更甚於其他因素的加總，財務上的避險可以對通貨的波動有所規避。不同地區的供應商所產生不同程度的稅率及關稅對於總成本的影響也顯著不同。

10. **國貿條規**

國際商會對其所訂定的國際貿易條件（International Commerical Terms, Incoterms；簡稱國貿條規）之解釋，除了價格條件外，包含買賣雙方的義務、貨物風險的移轉界限，及供應商應向買方提出何種文件，皆有詳細的規定。一般常用的貿易條件如 EXW、FOB、CIF、DDU 等。

11. **售後維修與服務**

企業、經銷商把產品（或服務）銷售給買方後，提供的一系列服務，包括產品介紹、送貨、安裝、調試、維修、技術培訓、到府服務等。售後服務是賣方對買方負責的重要措施，也是提昇產品競爭力的有利條件。售後服務的內

物流與運籌管理

容包括：(1) 代為消費者安裝、調試產品；(2) 根據買方要求，進行有關使用等方面的技術指導；(3) 保證維修零配件的供應；(4) 產品保固期內負責維修等服務。因此採購人員必須確認與評估產品售後保固、維修服務的條件與成本，切莫造成議價時獲得較低的採購成本，但日後維修的隱藏成本很高的窘境。

解析國際採購五大趨勢

國際採購是指利用全球的資源，在全世界去尋找供應商，尋找品質最好、價格合理的產品與服務。採購行為已成為企業的重大戰略，採購與供應鏈管理可以使一個企業擁有利潤的搖籃，同樣也可以變成利潤的墳墓。美國著名經濟學家克理斯多夫說：市場上只有供應鏈而沒有企業，真正的競爭不是企業與企業之間的競爭，而是供應鏈與供應鏈之間的競爭。

由於經濟的全球化，以及跨國集團的興起，形成上游與下游企業的策略聯盟，涉及到供應商、生產商與零售商，這些供應商、生產商與零售商可能在國內，也可能在國外，在這些企業之間的商流、物流、資訊流、金流都必須一體化運作，方能有最大效益。而這種供應鏈的運作模式，使採購成了供應鏈在系統工程中不可分割的一部分，供應商、採購商不再是單純的一種買賣關係，而成了一種策略夥伴關係。

要進入國際採購系統，首先必須瞭解國際採購的趨勢，才能因勢而動進入國際採購市場。

趨勢一：為庫存而採購到【為訂單而採購】

過去在商品短缺的狀態下，為了保證生產，形成為庫存而採購，但現今供大於求的狀態下，為訂單而採購則成了一條鐵的規律。在市場經濟條件下，大庫存是企業的萬惡之源，零庫存或少庫存成了企業的必然選擇。製造訂單的產生是在客戶需求訂單的驅動下產生的。然後，製造訂單驅動採購訂單，採購訂單再驅動供應商。這種及時化 JIT（Just In Time）的訂單驅動模式，可以及時回應客戶的需求，從而降低了庫存成本，提高了物流的速度和庫存周轉率。

及時化生產系統 JIT 是由日本企業首創，全球知名的豐田汽車公司是最早使用此新的生產管理系統。JIT 系統可使企業合理規劃並大大簡化採購、生產及銷售過程，使原材料進廠到成品出廠進入市場能夠緊密的銜接，盡可能減少庫存，從而達到降低產品成本、全面提高產品品質、提高勞動生產率以及綜合經濟效益目標的一種先進生產系統。

趨勢二：對採購商品的管理到【建立長期互利的策略夥伴關係】

由於供需雙方建立起一種長期的、互利的策略夥伴關係，因此供需雙方可以及時把生產、品質、服務、交易期的資訊互相分享，使供應商嚴格按要求提供產品與服務，並根據生產需求，協調供應商的計畫，以實現及時化採購。最終使供應商進入採購商的生產過程與銷售過程，實現雙贏。

零缺陷供應商戰略是目前跨國公司採購與供應鏈管理的共同戰略，是指追求儘量完美的供應商，這個供應商可以是製造商，也可以是零售商。在選擇供應商時，也要考核這個供應商所在地的環境，是否有能力提供產品跟服務。

趨勢三：傳統採購到【電子商務採購】

傳統採購模式的重點，在如何和供應商進行商業交易的活動上，特點是比較重視交易過程中，供應商的價格比較，通過供應商間的競爭，從中選擇價格最低的來合作。傳統的採購模式，採購過程是典型的非資訊對稱博弈過程。其特點是，驗收檢查是採購部門的一個重要的事後把關工作，品質控制的難度大。供需關係是臨時的或短時期的合作關係，而且競爭多於合作，致使回應客戶需求能力遲鈍。

電子商務採購系統，目前主要包括網上市場訊息發佈與採購系統、電子銀行結算與支付系統、進出口貿易、通關系統以及現代物流系統等。跨國集團在網上採購商品時，目前多啟動電子市場的網路平臺。

趨勢四：採購方式單元化到【採購方式多元化】

傳統的採購方式與管道比較單一，但現在迅速向多元化方向發展，首先表現在全球化採購與本土化採購相結合。跨國公司生產活動的區域佈局，會比較各國家的區位優勢，而採購活動也表現為全球化的採購，即以全球市場為選擇範圍，尋找最合適的供應商，而不是局限於某一地區。

其次表現在集中採購與分散採購相結合。採用集中採購還是分散採購，要看實際情況，不能一概而論，目前趨勢是：採購職能傾向於更大程度的集中化；

服務性企業採用集中採購比製造業企業要多；小企業採用集中採購的要比大企業多。

第三是多供應商與單一供應商相結合。在一般情況下，跨國公司均採用多源供應，一個供應商的採購訂單不會超過總需求量的 25%，主要是為了防止風險，但也不是供應商越多越好。

趨勢五：注重【採購商品的社會責任環境】

全球超過 200 家跨國公司已經制定並推行企業社會責任守則，要求供應商遵守各國的勞工標準，委託獨立審核機構對上游合約供應商工廠定期進行現場評估。有些公司還設立了勞工和社會責任事務部門。上游合約供應商若不做好勞工標準，包括工人的年齡、工資、加班時間、食宿等人權，簡直沒有辦法和世界級企業做生意。

資料來源：取材自商橋網，http://article.bridgat.com

2.3　採購管理的五大要素

針對採購的五大要素進行說明，分別是供應商（Supplier）、交期（Delivery Time）、價格（Price）、數量（Quantity）及品質（Quality），說明如下：

1. 供應商

一般採購人員對於供應商的認知，普遍認為選擇規模較小的供應商，對於交貨品質與供貨穩定性較有疑慮。但是面對規模較大的供應商，企業本身的規模與採購需求有限，不易取得價格與服務的優惠。因此企業必須審視本身的規模與產銷需求，選擇適合的供應商合作，並建立長期夥伴關係，方可獲得合理的價格及穩定、可靠的貨源。同時企業亦須同步開發「替代供應貨源」，建立與供應商之間良性的競爭模式，穩定供貨來源並提升採購績效。

2. 交期

從採購的觀點，從企業向供應商發出採購訂單，到貨物運送至指定交貨地為止的這段期間（Period），稱之為採購前置時間或交期。採購人員應從縮短交期著手，配合生產排程與及時供貨作業持續供貨，確保生產線、通路或銷售點無缺貨之虞。

3. 價格

就採購的觀點，並非採購價格越低越好，價格只是交易的顯性數字，許多隱性成本，例如品質、服務等差異，是無法反映在價格上。因此，採購人員對於價格的認知，是必須在合乎品質要求的前提下，以「最低價格」購得所需的產品與服務。

4. 數量

採購數量的多寡決定議價能力與折扣優惠，但是仍須考量產品生命週期、庫存數量及存貨周轉率等因素，有效降低不必要的持有成本、庫存積壓及營運資金周轉的風險。

5. 品質

採購人員對品質的要求不可無限上綱而增加成本的負擔，仍需視產品的需求與規格，取得產品或服務在品質與價格的均衡。另外供應商交貨品質不能有明顯的差異，方能確保產品在生產線或是購買者的品質一致性，避免生產線上良率降低，或是顧客抱怨、退貨，甚至流失訂單與商機的風險。

　　有別於傳統採購對於「合適」的價格即為最低的價格，現代採購管理的觀念，「合適」的價格是指最低整體擁有成本；「合適」的品質已從穩定的品質演進成供應商的零次品率；「合適」的數量也從傳統的批量採購，演進至以供應商管理庫存（Vendor Managed Inventory, VMI）為核心，滿足企業對於及時供應（Just In Time, JIT）與最小庫存的要求；「合適」的供應來源也由不斷開發新的供應商，對現有供應商造成競爭與降價的壓力，轉變為建立互信、互惠的策略性夥伴關係。唯有「合適」的時間，不論是傳統或是現代的採購思維，皆強調縮短交期及供貨的持續性。

　　採購人員的主要工作，即是在這彼此互相取捨、斟酌的五個「合適」中求得平衡點，以有效控制採購與庫存成本，提升產品或服務的品質與可靠度，滿足客戶對於訂單在品項、數量與交期的要求，達成企業採購策略的目標，提升企業整體營運效益與競爭力。

3 採購策略與供應商評選

3.1 採購策略

　　在調查各種供應型態時，分為以下四類產品類型。如表 2.1 所示，分為產品特性、採購人員的採購策略及決策階層的說明。同時採購人員可以根據產品特性，運用四個象限分析法，如圖 2.5，將採購成本的多寡，產品或服務取得的風險高低，進行分析與評估採購策略。

▶ 圖 2.5 不同產品類型之採購成本與採購風險對應關係

參考資料：供應管理協會 (民 106)

1. 策略性產品

　　為高成本、高取得風險的產品項目。如表 2.1 說明，這類產品通常屬於企業核心業務範圍，與這類型的供應商合作，應嘗試建立彼此互信的聯盟關係、及整體供應鏈體系效益提升，以增進策略聯盟的價值，強化企業競爭優勢。

2. 關鍵性產品

　　為低成本、高取得風險的產品項目。如表 2.1 說明，由於特殊製程的獨特性、專利權的保障，或是規格限制供應商的選擇條件，皆會造成採購風險的提高。例如：化學或生技產品的配方，或是量身訂作的電腦程式軟體等。這類產品的成本不高，但具有供應上的風險。因此供應商管理應著重於風險管理，而非降低成本的議價或談判。

3. 槓桿性產品

　　為高成本、低取得風險的產品項目。如表 2.1 說明，這類產品供應商眾多，提供同質性產品，採購成本相對龐大，屬於買方市場，例如：原物料或是零組

件。與這類型的供應商合作的關係屬於常態交易,因此供應商管理應著重於以批量訂購,設定目標價格與供應商談判,及物流成本的持續改善。

4. 一般性產品

為低成本、低取得風險的產品項目。如表 2.1 說明,這類產品供應商眾多,提供同質性產品,採購成本相對較低,例如:辦公室事務機或耗材用品。與這類型的供應商合作的關係屬於常態交易,且因採購金額較低,節省成本的效益不大,因此供應商管理應著重於採購程序與流程的簡化。例如:網路訂購、系統化合約或是總括性訂單等較為便捷的方法。

▶ 表 2.1　產品供應型態與採購策略

產品類型	產品特性	採購策略	決策階層
策略性產品	◆ 客戶設計或獨特的規格 ◆ 營運過程中絕對不可缺少 ◆ 為供應商關鍵技術 ◆ 供應商不多,但產能充足 ◆ 替代品不易取得 ◆ 轉換供應商困難	◆ 準確的需求預測 ◆ 長期供應關係的培養（例如:策略聯盟） ◆ 與供應商簽定優渥合約條件 ◆ 風險管理與緊急應變計劃 ◆ 良好的物流、存貨系統建置	高階（例如:採購副總經理）
關鍵性產品	◆ 客戶設計或獨特的規格 ◆ 為供應商關鍵技術或來源 ◆ 稀少的供應來源或需求量低,導致產能稀少。 ◆ 替代品不易取得 ◆ 使用頻率不固定,導致需求預測困難 ◆ 轉換供應商困難	◆ 確保供貨來源與數量 ◆ 長期供應關係的培養（例如:策略聯盟） ◆ 備份計劃擬定 ◆ 風險管理與緊急應變計劃 ◆ 提高安全存貨	高階（例如:採購處長）
槓桿性產品	◆ 使用量大,議價權在買方 ◆ 不同供應商選擇 ◆ 不同產品替代 ◆ 批量訂購	◆ 價格槓桿策略 ◆ 批量訂購,設定目標價格與談判 ◆ 物流、運輸費率談判	中階（例如:採購經理）
一般性產品	◆ 標準規格或一般產品 ◆ 不同供應商選擇 ◆ 替代品容易取得	◆ 設定目標價格、強勢談判 ◆ 物流、運輸成本控制	基層（例如:採購人員）

參考資料:楊騰飛、丁振國 (民 106)

物流與運籌管理

3.2 供應商評選與績效評估

採購單位評選供應商牽涉到的因素很多，例如：供應商的基本條件、評選供應商的評估標準、選擇供應商的方法、區域考量與法規限制等。以下針對供應商評選標準、供應商評選方法、原則與步驟等內容及採購與供應的策略，分述如下：

1. 供應商評選

對於供應商的評選，採購人員必須適時的訪視，並觀察供應商是否具備履行合約的能力、財務是否健全、品質是否具有可靠度、組織管理是否完善等因素。如此方能確保所選擇的供應商符合公司的需求，可以在指定的時間內，以合理的價格與正確的數量，提供符合品質要求的產品與服務至指定的地點。評選供應商所考慮的因素與層面非常多，如表 2.2 示，主要影響供應商評選決策的因素為價格、品質、交期與服務等項目。另外『品質因素』的重要性日益顯著，所以當價格卻愈來愈重要，交期多少需要確定的原則下，服務品質已經被視為供應商選擇的重要因素。

▶ 表 2.2 供應商評選

價格	品質	交期	服務與彈性
◆ 價格變動率 ◆ 數量折扣 ◆ 匯率、稅率及關稅 ◆ 區域考量 ◆ 法規限制	◆ 退貨百分比 ◆ 全面品質管理（TQM）觀念認知程度 ◆ 測試設備的有效性 ◆ 品質可靠度 ◆ 檢驗證明 ◆ 品質認證	◆ 逾期交貨率 ◆ 訂單催交率 ◆ 物流成本 ◆ 數量達交率 ◆ 交貨頻率 ◆ 交期排程	◆ 供貨時間彈性 ◆ 價格協商修正 ◆ 緊急訂單達交率 ◆ 售後服務

參考資料：葉佳勝、王翊和 (民 106)；丁振國 (民 102)

以食品產業針對供應商開發與評選為例，根據沈榮祿研究指出；食品產業最重視的供應商選擇構面與準則如表 2.3 所示，依序為：品質（Quality）、成本（Cost）、技術（Technology）、服務（Service）、公司形象（Company Image）及物流能力（Logistics Ability）6 項評估指標。其中品質無論就採購人員、事業單位、供應商、消費者的觀點，均認定最為重要。品質是食品產業的核心問題，而成本關係到獲利的關鍵，成本節省一元即是獲利增加一元，企業經營獲利是所有企業利害關係人（股東、投資大眾、員工）共同的

目標。成本是食品產業支出最大的項目，也是採購人員最重要的績效指標，重要性排名第二。

▶ 表 2.3　食品供應商選擇構面與準則

價格	品質
品　　質	產品品質、品質穩定、安全衛生。
成　　本	單位成本、營業成本。
技　　術	解決技術問題的能力、設備、未來展望、綠色供應鏈（環保）、物料可追溯性。
服　　務	售後服務、程式的靈活性、專業性與供應鏈反應能力。
公司形象	態度、合作關係親密度、信譽及財務狀況。
物流能力	交貨效能、交貨速度。

資料來源：沈榮祿（民 102）

在臺灣食品產業最常被消費者抱怨的問題是菜色與品質，因此食品供應商必須具備解決品質、技術問題的能力，才能做到有效率的顧客回應。此外設備也會影響菜色的品質，例如：不同等級的咖啡機會影響到沖泡咖啡的風味與品質，進而影響顧客滿意度。臺灣消費者意識高漲，供應商提供安全與環保的食材及產銷履歷，皆有助於企業形象與聲譽的提升，重要性排名第三。

在臺灣食品產業，服務是企業的核心競爭能力，必須依靠供應鏈反應速度、供應商的售後服務與專業性的有效支援，方能在消費者心中，建立優良的企業形象與聲譽，提升顧客忠誠度與消費意願，重要性排名第四。而供應商的財務狀況、聲譽、售後服務態度、業務配合度，皆會影響品質、成本、技術與服務這四項關鍵績效指標，重要性排名第五。

最後針對物流能力部分，臺灣專業物流服務提供者（3PL），普遍具備低廉物流成本、良好儲運能力與服務特質，因此企業需要投入的資源與人力相對較少，重要性不如前述 5 項績效指標，排名第六。

2. 供應商績效評估

企業採購部門必須定期進行供應商績效評估以提升企業競爭力，例如：某家企業需要供應商能夠提供良好的及時供貨績效，以便支援 Just in Time 系統，因此當此企業進行供應商評估時，則著重在供應商的物流績效。雖然每一家企業各自有不同的產銷需求，對供應商評估的重點也不同，但採購部門

針對供應商進行評估的指標,主要可分為四個面向,即品質、成本、交期、服務與彈性,說明如下:

(1) 品質

採購的品質績效可由驗收或生產紀錄來判斷,而檢驗標準、檢驗流程、檢驗數據、品質分析與改進、檢驗設備、品質認證及員工的品質教育,都會是評估的重點,評估指標如訂單拒收率、進貨不良率等。

訂單拒收率=拒收訂單數量 / 進貨訂單量 × 100 %

進貨不良率=進貨不合格數量 / 進貨總數量 × 100 %

(2) 成本

價格是企業最重視也最常見的績效衡量指標,但比較的項目不僅只是產品的單價,必須是在品質相近的條件下,以整體擁有成本的觀點進行評估,才不致發生日後需付出更大代價的窘境。評估指標在於相互比較,例如以實際價格作為基準價格,與上次採購的價格或是其它供應商提供的價格作比較。

價格變動率= (1 −其它供應商提供的價格 / 基準價格)× 100 %

(3) 交期

交期管理是採購作業的重要工作,延遲交貨不僅造成缺貨風險,同時可能因為趕上交期而改變運輸模式,例如海運改成空運,造成物流成本大幅增加。而提早交貨則可能導致買方庫存成本的增加,或因提前付款而造成資金融通與周轉的風險,評估指標如逾期交貨率、逾期交貨天數、訂單催交率、前置時間誤差率等。

逾期交貨率=逾期訂單數量 / 進貨訂單總數量 × 100 %

逾期交貨天數=實際交貨日−計劃交貨日

訂單催交率=訂單催交次數 / 進貨訂單總數量 × 100 %

前置時間誤差率=實際前置時間 / 承諾前置時間 × 100 %

(4) 服務與彈性

供應商的服務水準主要可分為兩項:一項為例行性的溝通與協調的配合度,如回覆問題的時間與態度、回覆問題的正確性及顧客滿意度等。另一項為應付緊急狀況時的彈性應變能力,如緊急訂單達交如期比率、緊急訂單達交如數比率、緊急訂單平均出貨前置時間等。然而不論是服務或是彈

性皆屬主觀評斷，較難採取量化指標評估。一般是以付諸團體決定，諸如傑出、可接受、需改進、非常差等，加入附註說明以便進行供應商評估。

物流故事

顧食安，五星飯店啓動道德採購

　　為了提供給賓客與員工最安心安全的餐飲服務，旗下在全球有80多家連鎖飯店的香格里拉酒店集團最新制訂了「根植於自然」（Rooted in Nature）準則，不僅要求旗下飯店開始在各餐廳菜單中註記使用的食材來源，強調集團不僅對當地農、漁業組織社群的支持而選購在地食材，同時若需要其他國家食材，也必須秉持「道德採購」精神，選擇無毒耕作、公平貿易、自由放養、有機認證等有國際公認、認證的可持續來源食材。

　　香格里拉酒店集團對於「根植於自然」的定義與標準如下：

1. 「在地採購」：食材要儘量來自最近的漁船碼頭或農地。集團甚至要求，酒店成員採的食材，都以距離最近的農家或食物源僅有20公里的距離內為首選。

2. 「無毒當地特產」：食材成長過程中沒有人為添加物的促進生長，並允許保留自然生長的方法。

3. 「自由放養的牲畜」：支持動物的人道待遇，因此儘量選擇獲得有關單位認證的雞肉、雞蛋以及其他相關家禽產品的廠商。

4. 採買「永續海鮮」：集團決定取消提供魚翅的餐飲服務。為了推動這一承諾，集團各酒店選擇購買以沒有危害並通過認證程序捕獲的海鮮產品，例如：避免以網捕、捕撈過小魚種，僅使用鉤釣，非大量捕魚等。

5. 「本地及國際認證」：採購選用如「有機」、「公平貿易」等食材；並且這些通過認證的食材廠商必須向飯店提出供貨來源國家或地區食安標準。

　　黑心油事件使食安議題再度成為臺灣社會注目的焦點，愈來愈多消費者關心飯店、餐廳與食品公司用的食材原料究竟從哪裡來？香格里拉酒店集團啓動的「道德採購」機制，值得飯店餐飲業界師法。

資料來源：取材修改自工商即時，姚舜。

4 供應商交期管理

何謂供應商交期及前置時間？以下範例說明供應商交期是如何計算的。

假設你家的廚房需要重新裝修，你找到一家承包商，除了估價外，承包商告訴你，向國外廠商訂購的廚具大約需要 25 天才能到貨，施工需 5 個工作日。那麼，如果今天就決定直到完工，總共需要 30 天，其中 25 天是廚具訂購的前置時間，而承包商給你的交期應為 30 天。

從採購的觀點，從採購方向供應商發出採購訂單直到貨物交到指定地點為止的這段時間，稱之為採購的前置時間。而交期的長短與前置時間有很大的關係。交期是由供應商決定而非客戶隨意指定，當前產業與消費者對於及時供貨的要求，可以透過控管前置管理而有效縮短交期，以下針對交期結構分析、交期縮短在供應管理的優點及如何有效管理交期，說明如下：

4.1 交期結構分析

影響交期長短的因素有下列六個因素，所有前置時間的總和又稱為累計前置時間，六項前置時間分別是：行政作業前置時間、原料採購前置時間、生產製造前置時間、運輸物流前置時間、驗收和檢查前置時間及突發狀況時間。因此：交期 = 累計前置時間 = 行政作業前置時間 + 原料採購前置時間 + 生產製造前置時間 + 運輸物流前置時間 + 驗收和檢查前置時間 + 因應突發狀況時間。

以下針對五項前置時間分述如下：

1. 行政作業前置時間

行政作業前置時間是買方採購單位與供應商之間，共同為完成採購作業所需之相關文書及準備工作。在採購方包括：評估或開發供應商、擬定採購訂單、取得採購授權、簽發訂單等作業。在供應方則包括：確認採購訂單（品項、規格、數量、交期、績效指標等）、報價或簽署採購合約、進入生產排程、確認成品與零件庫存、客戶信用調查與評等及產能分析等作業。

2. 原料採購前置時間

供應商為了完成客戶訂單，也需要一定的時間向本身上游供應商採購必要的原材料，例如：半成品、零組件、包裝材料等。如圖 2.6 所示，計畫生產模式，此模式為最傳統的供應鏈，客戶訂單尚且沒有確認之前，先以預測來制

定生產計畫，再將所生產之產品運送至倉庫、銷售據點與通路，直接以「存貨」來滿足客戶訂單需求，故供貨前置時間最短。此種生產策略適用於少樣多量的產業環境中，產品需求量穩定且通常為標準化產品，但缺點是不易滿足客戶對於產品客製化的需求。

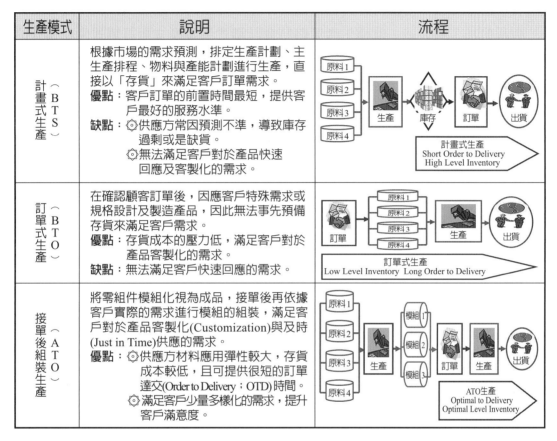

生產模式	說明	流程
計畫式生產（BTS）	根據市場的需求預測，排定生產計劃、主生產排程、物料與產能計劃進行生產，直接以「存貨」來滿足客戶訂單需求。 **優點**：客戶訂單的前置時間最短，提供客戶最好的服務水準。 **缺點**：◎供應方常因預測不準，導致庫存過剩或是缺貨。 ◎無法滿足客戶對於產品快速回應及客製化的需求。	計畫式生產 Short Order to Delivery High Level Inventory
訂單式生產（BTO）	在確認顧客訂單後，因應客戶特殊需求或規格設計及製造產品，因此無法事先預備存貨來滿足客戶需求。 **優點**：存貨成本的壓力低，滿足客戶對於產品客製化的需求。 **缺點**：無法滿足客戶快速回應的需求。	訂單式生產 Low Level Inventory　Long Order to Delivery
接單後組裝生產（ATO）	將零組件模組化視為成品，接單後再依據客戶實際的需求進行模組的組裝，滿足客戶對於產品客製化(Customization)與及時(Just in Time)供應的需求。 **優點**：◎供應方材料應用彈性較大，存貨成本較低，且可提供很短的訂單達交(Order to Delivery；OTD)時間。 ◎滿足客戶少量多樣化的需求，提升客戶滿意度。	ATO生產 Optimal to Delivery Optimal Level Inventory

▶ 圖 2.6　不同生產模式原料採購前置時間比較

訂單式生產模式，是在確認顧客訂單後，因應客戶特殊需求或規格設計及製造產品，因此無法事先預備存貨來滿足客戶需求。此種生產模式大都應用於多樣少量的產業環境中，其需求量不穩定且產品樣式繁多，必須在確認客戶訂單實際訂購量後才開始備料生產，以降低因需求預測不準導致的庫存過剩風險，同時可為客戶量身訂作、設計及製造符合客戶個別需求或規格的產品。但缺點是生產前置時間過長，無法滿足客戶快速回應的需求，及產品生命週期短且變化太快的產業。

為有效解決上述計劃式生產模式與訂單式生產模式兩種生產模式的不足及缺點，取而代之的是運用模組化技術，將產品轉換為數種標準化的零組件或模

組的接單後組裝生產模式。首先設定製程當中，關鍵零組件（或最關鍵的製程）的製程分界點，分界點之前採用計劃式生產模式策略；分界點之後則採用訂單式生產模式策略。前段依照關鍵零組件（或關鍵製程）進行預測、採購、生產，並將完工後的半成品或模組放置到計劃式生產模式倉庫，在接收客戶訂單之後，再根據客戶需求由倉庫領取完工的半成品或模組，進行後段製程的加工與製造。此種生產策略結合計劃式生產模式與訂單式生產模式的優點，可有效縮短訂單達交時間，同時滿足客戶對於產品客製化的需求。

3. 生產製造前置時間

生產製造前置時間是指供應商內部的生產線，在製造訂單所採購的產品的所需的時間，包括：生產線等候時間、整備時間、物料的搬運時間、加工時間及換線或換模等候時間等。在訂單式生產模式，非加工所占時間較多，所需的交期較長；計畫式生產模式直接以「存貨」來滿足客戶訂單需求，生產製造前置時間相對縮短；接單後組裝生產模式對客戶少量多樣的需求有快速反應能力。交期較計畫生產模式為長，較訂單式生產模式為短。

4. 運輸前置時間

當訂單完成後，將貨物從供應商的生產地送到客戶指定交貨點所花費的時間稱為運輸前置時間。運送時間的長短與供應商和客戶之間的距離、交貨頻率及運輸方式（航空、水路或陸上運輸）有著直接關係。

5. 驗收與檢驗前置時間

顧客驗收與檢驗前置時間包括下列程序：

(1) 卸貨與拆箱檢驗

主要在檢查出貨數量是否有誤，貨物外箱有否明顯的損壞，同時檢查內箱產品是否有瑕疵或損壞，確認無誤後完成驗收程序。

(2) 將貨物搬運到適當地點。

6. 因應突發狀況時間

因應突發狀況時間，包括一些不可預計的外部或內部因素所造成的延誤，例如：機器設備故障、原物料交貨延遲、天然災害等，以及供應商預留的緩衝時間等。

4.2　縮短交期在供應管理的優點

供應商的交期長短對於採購作業的績效影響甚鉅，縮短交期在供應管理的優點，說明如下：

1. 提升產品品質

當供應商縮短交期，可減少採購與物料管理的混亂，及生產計畫排程的更動，穩定生產系統的可靠度與產出良率，有效控制生產前置時間。避免因客戶的催貨，被迫安排加班、產能移轉或外包而產生的額外成本，有效提升生產效率與產品品質。

2. 降低庫存數量與成本

當供應商縮短交期，可有效降低存貨持有成本及安全庫存。伴隨著庫存降低，可大幅降低廠商的自有倉庫管理成本，或是外租倉庫的租賃、理貨與搬運成本。同時伴隨穩定的生產系統，避免生產線上產生過多在製品庫存（Work-In-Process, WIP），達到有效降低整體庫存水準的績效與目標。

3. 增加公司接單彈性

當供應商縮短交期，可有效控制生產前置時間，可使生產線有充裕的時間與產能，應付客戶臨時的插單或是追加訂單，或是少量、多樣的客製化訂單的需求。

4. 降低整體營運成本

當供應商縮短交期，可使整體庫存（原物料、在製品與在途庫存）降低，生產效率與良率提升，有效降低倉儲與生產的營運成本。

5. 加速產品上市時間

當供應商縮短交期，廠商可有效控制生產前置時間，加速產品上市的時間以掌握市場先機，提升產品的市場佔有率與競爭力。

4.3　改善交期的方法與策略

供應商交期管理應從訂定合理的交期績效指標、交期問題統計（遲交、品項與數量不符等）、公佈交期績效、研擬改善方案及後續的追蹤與改善等步驟，針對改善交期的方法與策略，說明如下：

1. 降低供應商接單的變化性

供應商常面臨當客戶更改數量、交貨日期、或頻繁的更換供應商,直接影響供應商的生產排程、工作量及交貨期。因此採購方人員在與供應商的溝通上,須了解供應商實際的產能狀況;同時供應商亦須了解客戶的實際需求,從而使供應商的產能分配可以依據客戶的實際需求進行調整。供應商的產能短期來看是固定的,但客戶需求的變動卻會直接影響供應商的工作量,也影響到交貨期。

2. 降低運輸前置時間

運送的時間與供應商和客戶之間的距離、交貨頻率、以及運輸模式有直接的關係,儘量培養本地的供應商以大幅降低運輸前置時間。如果必須進行國際採購,無論運輸模式為海運或空運,尋求信用良好、物流網路縝密、航班密集度高、運費合理,具備全程國際物流服務提供能力的國際運輸承攬業者合作是非常重要的。

3. 及時供應採購

及時供應採購(Just-in-time Procurement,簡稱 JIT 採購)的主要特色,除了注意價格與交期外,還需要注意品質、資訊交流以及技術等因素。實施 JIT 採購的優點包含:成本的降低、品質的改善、作業彈性化、生產力的提昇、庫存的降低與交期的改善,滿足客戶對於及時供貨與最小安全庫存的要求。

4. 建立供應商存貨管理模式

讓供應商負責庫存管理是現代採購與供應管理的趨勢,供應商規劃安全庫存與補貨計劃,同時維持庫存所有權,直到庫存被銷售或使用於生產製造。一般而言,供應商將安全庫存放置 VMI Hub(位於客戶附近的供應商管理庫存中心),客戶內部僅需維持最小安全庫存;供應商在接到製造廠訂單後,立即由 VMI Hub 執行及時(JIT)供貨,滿足客戶對於及時供貨與最小安全庫存的要求。

5. 降低行政作業時間

客戶、採購人員與供應商,可以透過良好的溝通,建立有效率的採購程序,同時建立雙方資訊系統的連線,進行採購資訊的即時傳遞與交換,提升採購作業的效率,降低行政作業前置時間。

採購管理是指為了達成生產或銷售計劃,從適當的供應商那裡,在確保質量的前提下,在適當的時間,以適當的價格,購入適當數量的商品所採取的一

系列管理活動。而供應管理是爲了確保質量、經濟效益、及時地供應生產經營所需要的各種物品，對採購、供應、物流等一系列供需交易過程，進行計畫、組織、協調和控制，以保證企業經營目標的實現。

採購與供應管理的目標是在準確的時間和地點以合適的價格和服務，獲取合乎要求的商品，重點工作如下：

1. 提供不間斷的原物料服務的供應。
2. 安全庫存維持最低限度，但是生產線或通路無缺料、缺貨之虞。
3. 維持準時交貨及提高品質，確保良率無慮。
4. 依據市場需求，找尋或發展具有競爭力與潛力的供應商。
5. 在適當的條件，將所購原物料、設備機器與服務標準化。
6. 以整體擁有成本爲出發點，追求最低總成本獲得所需的資材與服務。
7. 在企業內部和其他職能部門間，建立和諧而有效率的夥伴關係。
8. 儘可能以最低管理成本實現採購目標與部門績效，同時兼顧社會責任。
9. 採購績效可提升公司的企業競爭優勢。

鑒於採購與供應管理在企業中的重要性，關係著企業經營的成敗，經營管理階層必須對採購與供應活動的管理特別重視，方能有效控制採購與庫存成本，提升產品或服務的品質與可靠度，滿足客戶對於訂單在品項、數量、交期與客製化的要求，提升企業整體營運效益與競爭力。

 國際標竿

蘋果電腦演繹採購傳奇

10 多年前，蘋果創始人賈伯斯爲挽救蘋果，所採取的關鍵行動之一，就是解決供應鏈管理問題，建立了供應商、蘋果電腦和客戶之間的快速連接，證實不依據低成本策略的供應鏈，也可以有很好的成就。

措施一：低成本新理念

蘋果，從一個瀕臨破產的公司到成爲無人不知的神話，不只依賴強大的技術，還有獨特的設計理念。蘋果獨具一格的設計理念，除爲蘋果帶來用戶量的增加，還在源頭上降低採購成本，節約大量資金。蘋果低成本新理念的方法有：

1. 設計標準化

   蘋果的設計理念很簡單,把原先的 15 種以上的產品樣式,減到 4 種基本的產品樣式,並盡可能使用更多標準化零件,它的很多產品、零部件都是通用的,這樣減少了在零部件準備上的時間和庫存。精簡的設計理念,為降低採購成本提供了大量空間。同時,設計標準化,也為降低庫存提供了便利。因此蘋果獲得了快速的存貨周轉水準和高速的業績增長。

2. 設計與供應相結合

   採購標準化起於設計階段。採購供應鏈的源頭是設計,讓設計標準化,從源頭上降低庫存,是蘋果精簡庫存措施的基礎環節,也是效果最大的環節。設計與供應商的聯合,讓供應商在源頭階段就介入產品生產,從而使供應商充分熟悉產品所需要的零部件,也是採購標準化一個重要的手段。蘋果的設計團隊,往往會花費數月時間接近供應商,以便對生產流程進行調整,或是與供應商共同開發新設備。這種設計與供應相結合的理念,也大大降低了零部件重複採購的機率,為蘋果節省了大量資金。

措施二:高標準高收入

   賈伯斯堅持「品質比數量更重要」。蘋果產品品質是根基於供應商所提供的零部件品質。蘋果將原先龐大的供應商的數量,減少至較小的核心群體,並經常給供應商傳送預測資訊,共同應對因各種原因所導致的庫存變動風險。當蘋果認為該供應商值得信賴時,也會為供應商提供巨額資金,保證其生產。拿 iPad來說,其關鍵零件－觸控式螢幕是重中之重。根據蘋果向供應商提出的 2011 年iPad 系列總出貨在 4,000 萬台目標,蘋果只選擇了觸控式螢幕生產商－臺灣廠商宸鴻和勝華兩家企業,兩家企業幾乎包下了蘋果全部產能。這種接近壟斷似的供應商管理,使蘋果能夠領先競爭對手,這就為蘋果佔有市場提供了先決條件。這種在供應商管理所進行的高投入,與蘋果產品投入市場後所獲得的巨額利潤相比,是遠遠微不足道。

   但是,蘋果對供應商也提出了一系列殘忍的完美主義要求,無論何時,如果一個專案沒有達到要求,蘋果都會要求供應商在 12 小時內,做出根本原因分析和解釋。

措施三:多採購低價格

   由於蘋果大量且穩定的採購訂單,變成為各供應商的最高規格客戶,蘋果的議價能力遠遠高於其他訂貨商,因此能以相對較低的價格,獲得大量的產品採購。當蘋果索取觸控式螢幕等零部件的報價時,會要求廠商提供報價的所有細節

資訊，包括材料和人工成本估算，以及廠商自身的預估利潤，在供應商能夠接受的範圍內，最大限度降低採購價格。蘋果用大量的資金壟斷供應商，使頂尖的供應商只為蘋果服務。

以蘋果最炙手可熱的產品 iPhone 4 的螢幕為例，其採用的是 IPS 技術的 960×640 超高解析度螢幕，最終供應商主要有兩家，擁有 IPS 技術最大產能的韓國 LG Display 以及日本螢幕製造商夏普，由於 iPhone 4 的大量訂單，其兩家供應商將其幾乎所有產能都用於供給 iPhone 4，致使其他手機製造商如摩托羅拉及 HTC 等無法獲得此型號的螢幕訂單，只能向其他螢幕供應商採購技術相對落後的普通 TFT 螢幕，導致螢幕顯示效果遠遠落後於 iPhone 4，蘋果僅靠螢幕這一方面的優勢就贏得了大量的市場。

措施四：建立供應商聯盟

蘋果之所以能夠以如此之快的速度發展壯大，是因為蘋果公司構建了一套供應商聯盟體系。其具體操作是將蘋果採購所需要的所有原材料以及有零部件生產能力的供應商聯合在一起，從設計源頭開始，打造一條便捷快速的供應商體系。

iPod＋iTunes 模式把龐大的消費類電子廠商、晶片製造商、軟體公司、音樂公司、電腦廠商和零售商的力量整合在一起，為客戶打造了播放、下載和視頻等客戶供應鏈系統。

措施五：雄厚的資金保障

無論是設計創新還是用壟斷供應商來降低採購價格，還是構建全球供應商聯盟來維持物資供應，都離不開強大的資金支持。

每當蘋果準備投產時，蘋果就會亮出一個重型武器：超過 800 億美元的現金和投資。有了雄厚的資金保障，蘋果還會為供應商提供資金幫助。這一策略確保了蘋果能夠獲得充裕且廉價的零部件，有時還會因此限制其他企業的選擇。例如：在 iPhone 4 發佈前，由於各大供應商都忙於交付蘋果的訂單，HTC 等競爭對手甚至無法採購到足夠的螢幕。

結語

蘋果的成功不是偶然的，它的背後有著強大的後盾做支持。如果說技術是一個公司成功的關鍵，那麼如何降低成本就是它的必要條件。採購是一門藝術，蘋果正是恰當的運用了這門藝術，為企業增加了附加價值。

資料來源：取材並修改自王倩，石油石化物資採購。

1. 丁振國 (2013)，採購管理實務 (增訂五版)，憲業企管。

2. 王立志 (2006)，系統化運籌與供應鏈管理，滄海書局。

3. 日本物流系統協會官方網站，http://www.logistics.or.jp

4. 行政院經濟建設委員會，http://www.cepd.gov.tw

5. 行政院環境保護署綠色生活資訊網，http://greenliving.epa.gov.tw/GreenLife

6. 台灣全球運籌發展協會官方網站，http://www.glct.org.tw

7. 台灣區飲料工業同業公會，http://www.bia.org.tw

8. 朱敬一，中國時報，掌握財經關鍵十號公報，會計與經濟的加成效果，民國 98 年。

9. 沈榮祿 (2013)，基於多目標平準技術建構食品業估應商選擇研究與應用，中南大學 管理科學與工程 博士論文。

10. 沈國基、呂俊德、王福川 (2006)，運籌管理，前程文化事業有限公司。

11. 呂錦山、王翊和、楊清喬、林繼昌 (2019)，國際物流與供應鏈管理 4 版，滄海書局。

12. 吳怡德 (2013)，食品業供應商開發與食品安全之關係，採購與供應 雙月刊 NO.103，中華採購與供應管理協會。

13. 美國 SOLE 國際物流協會 台灣分會 (2016)，物流與運籌管理，6 版，前程文化。

14. 美國國際物流協會網站 (2020)：http://www.sole.org。

15. 洪興暉 (2017)，供應鏈不是有料就好，美商麥格羅希爾國際股份有限公司台灣分公司。

16. 許振邦 (2017)，採購與供應管理，5 版，智勝文化事業有限公司。

17. 陳勝朗 (2012)，採購管理技術實務，科技圖書。

18. 商橋網，http://article.bridgat.com。

19. 葉佳聖、王翊和 (2017)，餐飲採購與供應管理，2 版，前程文化。

20. 楊騰飛、丁振國 (2013)，採購管理工作細則 (增訂二版)，憲業企管顧問公司。

21. 供應管理協會 (The Institute for Supply Management，簡稱 ISM) 網站 (2020)：http://www.ism.ws。

22. Lee J. Krajewski, Manoj K. Malhotra, Larry P. Ritzman 原著（2018），白滌清編譯，作業管理，第 11 版，台灣培生教育出版股份有限公司。

23. Alan E. Branch, Global Supply Chain Management and International Logistics, Routledge, (2008).

24. Donald Bowersox, David Closs, M. Bixby Cooper, Supply Chain Logistics Management, McGraw-Hill, 4 edition (2012).

25. Douglas Long, International Logistics: Global Supply Chain Management, KLUWER, (2003).

26. Edward H. Frazelle, Logistics and Supply Chain Management, McGraw-Hill, (2006).

27. James Jones, Integrated Logistics Support Handbook, McGraw-Hill Professional, 3 edition (2006).

28. John Gattorna, Dynamic Supply Chains: Delivering value through people, Prentice Hall,2 edition, (2010).

29. James Martin, Lean Six Sigma for Supply Chain Management, McGraw-Hill Professional,1 edition (2006).

30. John W. Langford, Logistics: Principles and Applications, McGraw-Hill, (2007).

31. John J. Coyle, Edward J. Bardi, C. John Langley, Management of Business Logistics:A Supply Chain Perspective, South-Western College Pub, 7 edition (2002).

32. James Jones, Integrated Logistics Support Handbook, McGraw-Hill; 3 edition (2006).

33. James H. Henderson, Military Logistics Made Easy: Concept, Theory, and Execution, Author House (2008).

34. John J. Coyle, Robert A. Novak, Brian Gibson, Edward J. Bardi, Transportation: ASupply Chain Perspective, South-Western College Pub; 7 edition (2010).

35. John J. Coyle, C. John Langley, Brian Gibson, Robert A. Novack, Edward J. Bardi, Supply Chain Management: A Logistics Perspective, South-Western College Pub, 8 edition (2008).

36. Kraljic,P., 1983, Purchasing Must Become Supply Management. Harvard Business Review 61(5),109-117.

37. Michael Leenders,Harold Fearon, Anna Flynn and Fraser Johnson,Purchasing and Supply Management,12th Edition,McGraw-Hill,2002.

38. Mark S. Sanders, Ernest J. McCormick, Human Factors in Engineering and Design, McGraw-Hill, 7 edition (1993).

39. McKinnon Alan, Browne Michael, Whiteing Anthony, Green Logistics: Improving the Environmental Sustainability of Logistics, Kogan Page, 2 edition (2012).

40. Paul R. Murphy Jr., Donald Wood, Contemporary Logistics, Prentice Hall, 10 edition(2010).

41. Paul Myerson, Lean Supply Chain and Logistics Management, McGraw-Hill Professional; 1 edition (2012).

42. Pierre A. David, Richard D. Stewart, International Logistics: The Management of International Trade Operations, 3 edition (2010).

43. Rohit Verma, Kenneth K. Boyer, Operations and Supply Chain Management: World Class Theory and Practice, South-Western, International Edition (2009).

CHAPTER 03

倉儲作業與管理
Warehouse Operation and Management

學 習 目 標

1. 倉儲的定義與功能
2. 倉儲的分類
3. 倉儲作業的考量因素與管理原則
4. 倉儲作業管理之訂單處理、進貨作業與儲存作業
5. 倉儲作業管理之揀貨作業、流通加工作業與出貨作業
6. 倉儲搬運與存放設備

🏫 臺灣典範

食物銀行倉儲空間助弱勢

🏫 國際標竿

瑞士商 BOSSARD：全球精密螺絲工藝與精實物流管理的緊固件專家

🏫 趨勢雷達

RFID 技術幫助種子倉儲管理

🏫 物流故事

中華郵政的倉儲物流業務

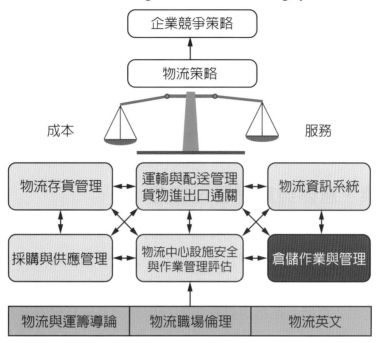

物流決策系統（Logistics Decision－Making System）

倉儲作業管理（Warehouse Operation Management）與庫存（Inventory）為「物流決策系統」架構中重要的物流因子之一，物流的庫存決策十分重要，除會影響搜源（Sourcing）、設施（Facilities）、訂單（Order）、運輸（Transportation）、資訊情報（Information）等其他物流因子外，更會影響整體物流的服務水準與成本水準。本章旨在介紹倉儲保管作業的相關領域知識，使能與其他物流因子相互搭配，以發揮物流策略的綜效。

倉儲作業的管理完善與否，扮演著相當重要的關鍵角色。因為倉儲保管作業必須要能符合客戶服務的要求，例如：作業時間，空間使用，作業和運送準確率等，因此，瞭解倉儲保管作業的目的、作業活動及流程、考量因素、原則及倉儲分類、作業管理及標準作業流程、倉儲設施等，以及如何將勞力、空間、以及設備成本降到最低就是物流成功的第一步。

讀者們在讀完本章之後，將會瞭解倉儲的種類與功能、倉儲作業流程、訂單處理作業、進貨作業、儲存作業、揀貨作業、流通加工作業、出貨作業、倉儲作業常用包裝設備、倉儲作業搬運設備、倉儲存放設備選擇與考量因素等，並有能力來進行服務與成本的平衡與折衷，以形成物流策略，進而支援企業的整體競爭策略。

1 倉儲的定義與功能

所謂倉儲（Warehousing）乃指執行倉儲作業與管理，其主要功能除了儲存與保管貨品之外，還包括訂單處理、進貨、儲存、揀貨、流通加工、出貨、補貨、配送及銷售資訊提供等活動。良好的倉儲作業與管理可有效提昇企業競爭優勢及增加產品的附加價值，縮短上、下游產業間的流程、時間與距離，以滿足顧客對於產品快速回應的需求。

1.1 倉庫、倉儲與倉儲管理概念

「倉」：即倉庫，是指保管、存儲物品的建築物和場所的總稱，是進行倉儲活動的主體設施，可以是房屋建築、洞穴、大型容器或特定的場地等，具有存放及保護物品的功能。「儲」：即儲存、儲備，具有收存、保管、交付使用的意思。因此，「倉儲」是指透過倉庫對待用的物品進行儲存及保管，其包括以下幾個要點：

1. 倉儲是產品的生產持續過程，也創造產品的價值。

2. 倉儲既有靜態的物品儲存，也包括動態的物品存放、保管、控制的過程。

3. 倉儲活動發生在倉庫等特定的場所。

4. 倉儲的對象必須是實物動產。

5. 倉儲創造價值。

6. 倉儲具有不均衡和不連續性。

7. 倉儲具有服務性質。

倉儲管理簡單來說就是對倉庫及倉庫內的物質所進行的管理，包括倉儲資源的獲得、倉庫管理、經營決策、商務管理、作業管理、貨物保管、安全管理、人事管理、財務管理等一系列管理工作。倉儲管理的任務如下：

1. 利用市場經濟的手段獲得最大的倉儲資源的配置。

2. 以高效率為原則組織管理機構。

3. 以不斷滿足社會需要為原則，開展商務活動。

4. 以高效率、低成本為原則組織倉儲生產。

5. 以優質服務、誠信，樹立企業良好形象。

6. 透過制度化、科學化的先進手段，不斷提高管理水準。

7. 從技術到精神領域提高員工素質。

1.2 物的特性

　　物流的特性是指物流中心作業人員必需先瞭解商品的特性，商品的特性除了形狀、尺寸及重量外，還包括有物理與化學特性。例如：香菸的商品，同時具有散發氣味及吸收氣味的特性，因此不能把會吸收味道或是會散發味道的商品儲放在一起，否則不是該商品會有香菸的味道，就是香菸會有該商品的味道而賣不出去。另外水果也是一樣有其個別的商品特性，例如：蘋果會散發一種乙烯的氣體，此種氣體剛好是水果的催熟劑，因此如果把奇異果或是柿子與蘋果放在一起，過幾天後，奇異果或是柿子就可能會熟透而爛掉，而遭受損失。

　　以下針對各類物的特性進行說明。

1. 食品的特性

　　食品有各種不同的特性，例如：由於青菜水果採摘後，是活的還會呼吸，會使周圍的溫度上升，而溫度上升會使水分蒸發，因此儲存青菜水果的溼度必須要求在 85%~90% 左右。另外青菜水果也會散發一種乙烯的氣體，蘋果散發的乙烯氣體量約 10~100 μ l/kg、h【1ml（毫升）=1cc =100ul (100 微升)】，乙烯正是某些水果的催熟劑，因此物流中心作業人員若把蘋果與奇異果、柿子或水蜜桃等儲放在同一儲位，則奇異果、柿子或水蜜桃很容易就會爛掉。另外在茶葉及香菸這兩種的商品，都同時擁有散發味道及吸收味道的特性，如果將茶葉與香菸儲放在同一儲位，將導致茶葉會有香菸的味道，如果茶葉與香皂儲放在同一儲位，將導致茶葉會有香皂的味道，因此在規劃物流中心時，必須先考慮商品的特性。圖 3.1 為日本蔬果物流中心的水果，要注意不同蔬果的儲存問題，以免造成損失。

▶ 圖 3.1　蔬果物流中心要注意不同蔬果的儲存問題

2. 日用品的特性

日用品的的特性，例如：洗潔劑及香皂都會散發味道，必須與會吸收味道的商品分開儲存。日用品牽涉到季節、效期及流通加工等物流作業要求，因此對於此類商品要注意流通性及服務體系的配合。

3. 化妝品的特性

化妝品是屬於高單價的商品，且會直接與人體接觸，因此對商品品質的要求較高，加上商品體積較小及容易變質，必須儲存於恆溫恆濕的條件下，及避免陽光直射的場所。有的商品也會散發味道，如香水及香皂等，要注意儲存問題。

4. 家電商品的特性

家電商品的特性是屬於體積大及重量重的商品，因此大部分是屬於箱儲位及棧板儲位兩種，而且棧板尺寸比標準棧板超出很多，因此在運搬上以堆高機作業的情形較多。商品的季節性出貨的離、尖峰也很明顯，例如：夏天是冷氣機及電扇的旺季，冬天則是電磁爐、電暖爐的旺季。

5. 3C 電子商品的特性

3C 商品（指電腦 Computer、通信 Communications 和消費性電子 Consumer Electronics）的特性，包括有商品的單價高、商品週期壽命很短、物流服務品質要求很高（交期短、指定配送及宅配等）及訂單式生產，根據客戶訂單，設計並製造客戶所訂做之產品要求等。

6. 書籍商品的特性

因為書籍有新出版、再版、補書及退書等特性，由於暢銷與不暢銷差異很大，因此書籍的庫存品項很多，退貨率也非常高。

7. 服飾商品的特性

服飾商品的特性，包括有季節性、流行性、時間性及退貨量大等特性，另外有些服飾要求必須以懸吊的方式儲存與搬運，因此與一般的商品貨架不同。由於有季節性，因此在服飾店或是百貨公司專櫃的陳列架上，不可能同時擁有夏季及冬季的衣服，因此當夏季服飾上架時，同時也要將冬季的衣服下架，下架的衣服送回物流中心之後，必須加以整燙，包裝及再入庫上架。另外衣服的商品，也很容易遭到蟲害、紫外線的照射而受損及吸收味道造成變質等的商品特性。如圖 3.2 為服飾商品物流中心，衣服都必須包裝良好。

▶ 圖 3.2　服飾物流中心有季節性、流行性及退貨量大的問題

8. 鞋子商品的特性

鞋子商品的特性與服飾商品的特性類似,包括有季節性(春秋季、夏季及冬季)、有流行性、有時間性及退貨量大等特性。

9. 汽車零件的特性

汽車零件的特性是品項數繁雜、體積、重量不一致、形狀不規則、材質不同,一部車所需的零件超過萬種,因此汽車零件儲存管理比任何商品難度更高。再者,汽車零組件牽涉較多的品項數及構件分類,相關組合、效期及流通。

10. 醫療藥品的特性

▶ 圖 3.3　日本醫療藥品物流中心包裝上的防水提醒

醫療藥品由於是屬於高單價,商品體積較小、有批號及日期管制,再加上有些商品是屬於管制藥品,如疫苗、劇毒藥品或麻醉藥品等,必須儲存於恆溫恆濕的條件下及避免陽光直射的場所。還有一些的中藥是沒有包裝的,同時又不容易數量化的商品,往往儲放愈久其重量也就愈輕,因此中藥的庫存管理就是一項學問。圖 3.3 為日本醫療藥品物流中心包裝上的防水提醒,以免汙染醫療藥品。

物流與運籌管理

1.3　倉儲的功能

　　依照目前的產業結構，倉儲的功能是無法被取代的，倉儲需求的產生來源有哪些呢？倉儲究竟有哪些無可取代的功能呢？說明如下：

1. 為了提供商品貨物的儲放處，來減少運輸成本，所產生的倉儲需求商品貨物的運輸配送不管使用任何的運輸工具（海運、陸運、空運）都有著固定的運輸成本，所以若當運輸配送的貨量少時，運輸成本分攤到每一單位的商品貨物，運輸成本自然就增加；若運輸配送的貨量多時，運輸成本分攤到每一單位的商品貨物，運輸成本自然就降低了，所以為了降低運輸成本，就必須以大量進貨（或出貨）的方式來分擔運輸成本，無論是大量進貨（或出貨），在事前或事後都需要儲存商品貨物的空間，因此就產生了倉儲的需求。

2. 為了大量生產，來降低採購價格，所產生的倉儲需求製造商會因客戶的大量採購或因為產業屬性，必須預先生產備貨以提高產量，而大規模的生產有助於原料採購金額的降低。因此使得商品貨物的成本下降，降低成本所增加的利潤空間，可以反應在商品貨物本身的單價上，來回饋給客戶。而大量生產的結果，勢必需要有商品貨物儲放的空間，因此就產生了倉儲的需求。

3. 為了使商品多樣化，必需具備大量零件庫存，所產生的倉儲需求為滿足消費者新奇多樣的需求，現代商業競爭激烈。所以製造商對於相同的產品必須有著不同的變化或不同的組合。所以當製造商有大量的零件庫存時，廠商可以依客戶的訂單需求，運用庫存零件，生產不同的商品，即是依客戶的訂單生產，如戴爾電腦的電腦直銷方式，可依消費者的不同需求而組裝含有不同配備的電腦。利用這種方式來達到產品多樣化，來滿足客戶的需求且不至造成生產過剩庫存增加的壓力，也提升了商品貨物的附加價值。

4. 為了使回應時間減少，提升客戶服務水準，所產生的倉儲需求商品貨物的製造生產，經常受到庫存增加或是銷售淡旺季的影響，銷售淡季時，工廠的庫存增加，銷售旺季時卻會因生產不足，導致無法滿足客戶的需求。或是因為長鞭效應的關係，導致供應鏈上的企業成員發生庫存擠壓或是需求放大的現象。另外若在運輸建設不發達或幅員遼闊的區域，更無法及時回應客戶的需求，因此倉儲的設置就能快速的回應客戶需求，反映企業在時間上的競爭效率。

顧名思義【長鞭效應（Bullwhip Effect）】

　　長鞭效應係指在供應鏈上的各節點企業，只根據來自相鄰的下游企業的需求資訊來進行供應決策，而需求資訊的不真實性，卻會沿著供應鏈往上游產生逐級放大的現象，也就是越往上游，需求資訊越會錯誤地被放大。當需求資訊達到最源頭的供應商時，源頭供應商所獲得的需求資訊和實際消費市場中的客戶需求資訊，發生了很大的偏差。為了因應這種偏差需求放大的影響，供應鏈的上游各節點企業供應商，往往比下游需求方得維持更高的庫存水準。

　　事實上，綜觀本書所提出的「物流決策系統」，即可看出「庫存因子」會受到其他物流因子的影響，例如：搜源、設施、訂單、運輸、資訊情報等物流因子，也就是操控其他物流因子會影響對倉儲的需求；另一方面，當調整「庫存因子」時，其他物流因子同樣也會受到影響。

 臺灣典範

食物銀行倉儲空間助弱勢

　　食物銀行是一個社會慈善組織，收集來自各地量販店、中盤商、零售商、製造商、甚至個人捐贈的愛心物資，也會搶救即將被丟棄的可食用物資，進行妥善的儲存與分類後，再將食物重新分配給最需要的人們手中。台灣全民食物銀行將全台各地募集到的食物，轉贈給各地的慈善團體與弱勢民眾。是全台唯一具國際管理與授權的食物銀行，每年都須回到美國總部進行重新認證與受訓，在募集物資與營運作業上，都受到國際食物銀行總行的管控。

食物銀行的由來

　　食物銀行在全球行之有年，最早可溯及 1967 年第一家食物銀行，成立於美國亞歷桑納州鳳凰城。目前在美國本土就有超過 2,000 家的食物銀行，並迅速延續到世界五大洲迅速拓展。因應國際化與標準化的運作模式，全球食物銀行網絡於 2006 年建立，主要任務為輔導且支持世界各國之會員食物銀行工作推動。其會員包含位於美國、日本、澳洲、哥倫比亞等國家，而台灣全民食物銀行則於 2012 年正式簽立加入，成為會員之一，受到該組織認證並嚴格的國際化規格管理。

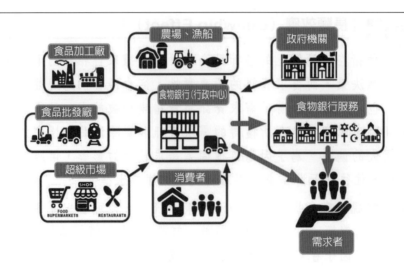

同時解決「飢餓」與「食物浪費」兩個問題

　　據行政院衛生福利部統計，臺灣低收入戶共有 35 萬人，而這個數字正持續成長中。而同時，臺灣每年浪費超過 275 萬噸的糧食，足夠讓低收入戶吃上二十年。根據兒童福利聯盟發表的調查，26% 的偏鄉學童生活困頓且無法三餐溫飽。長久以來，「剩餘」與「不足」的矛盾不斷、不斷地在你我的生活中上演。

　　因此，收集、分類、儲存及妥善分配這些愛心物資的流程，就成了食物銀行最主要的工作項目。整合各地（工廠、中盤商、零售商、消費者等）即將要被浪費掉的食物，提供到最需要的人們手中，看似簡單的工作內容，其實蘊含著重要的意涵。

資料來源：取材修改自社團法人台灣全民食物銀行協會，http://foodbank-taiwan.org.tw

2 倉儲的分類

　　是不是只要有倉儲就能滿足不同產業的需求呢？答案是否定的。在不同的產業屬性可能發展出不同的倉儲需求，依據過去倉儲類型的發展及演變，可因產業需求的不同，而產生不同的倉儲規劃及倉儲種類。倉儲有如下介紹：

2.1　製造商倉儲

1. 原料倉儲

因應生產所需的原料或零件儲存，這類倉儲的設置地點，以配合工廠生產為主，鄰近工廠裝配線，以方便材料的取得。

2. 在製品（半成品）倉儲

在製品依工廠生產的需求，設置在裝配線附近，但也會因需求量與成本的關係，除了在廠內的裝配線附近外，也有供應商在廠外所設置的獨立倉儲空間。

3. 製成品倉儲

儲存已經製造完成的商品貨物，這類倉儲的目的在於平衡製造及銷售（供給與需求）的關係，以作為兩者之間的緩衝（Buffer），由於產業銷售有淡旺季之分，為了滿足旺季的需求以及淡季時工廠生產的排程，故這類型的倉儲有存在的必要，也因此這類型的倉儲通常設置在工廠附近。

4. 保稅倉儲

由於國際貿易的盛行，產品藉由海運、空運的方式進出國與國之間，製造商為滿足客戶需求，往往將倉儲設置於鄰近機場或港口附近，這一類的倉儲是指經由當地國海關核准，發給執照，專門儲存保稅商品貨物的倉儲，商品貨物在國境內儲存加工或修理後復運出境，當地國海關並不課稅，如果最後有賣給國內消費者使用就要課稅，並規定商品貨物的存倉期限為二年，期限屆滿前，必須申報進口或出口，且期限不得延長。更多保稅業務介紹，請閱讀第 7 章貨物進出口通關。

5. 全球發貨中心

以供應鏈的觀點及運籌管理的方式，整合國內與國際間的貨物流通，需要物流、金流、資訊流的配合，是為全球運籌的控制中心。

6. 貨櫃倉儲

將送往相同目的地的商品貨物，合併一起，裝入貨櫃，來進行整櫃運輸工作，使得運輸成本得以降低，一般而言，這類倉儲都接近港口，多以海運為主。

2.2　配銷商倉儲

1. 區域倉儲

針對不同的區域條件或地理條件，建立不同型態的倉儲，由總公司統一進行調度分配，便於管理者掌握商品貨物的庫存狀況。

2. 物流中心

這一類的倉儲，是將不同製造商的商品貨物集中於一個倉儲，再經由物流中心的整合，將不同製造商的商品貨物，依照不同客戶的需求，加以整理包裝

出貨，這類型的倉儲區位的選定，大都介於製造商及客戶的中間地帶，以方便商品貨物的進出，來降低物流成本。

3. 配銷中心

倉儲的設立地點，以接近市場為主要考量。倉儲收集整合來自各個不同製造商的不同品項的商品貨物，再依不同市場需求，分裝出貨給經銷商或通路商。運作方式大多以整棧板進出，或以整箱為單位進出。

4. 公用倉儲

又稱「開放性」倉儲，是開放提供不同的廠商來儲放商品貨物的空間，並收取倉租費用。

5. 專屬合約倉儲

專屬合約倉儲與公用倉儲有相似之處，皆為客戶提供物流服務，收取費用，並與客戶之間訂立合約。二者不同之處在於專屬合約倉儲，可能同一倉庫僅有一個或少數客戶專用。

▶ 圖 3.4 物流中心倉儲區位的選定大都介於製造商及客戶的中間地帶

2.3 零售商倉儲

1. 訂單履行中心

此類型倉儲主要服務對象為最終消費者，運送方式為小量訂單的進貨、揀貨、分貨和配送。目前許多專為網路購物所成立之大型物流中心，皆可視為訂單履行中心，例如 PChome、momo 設在桃園的物流中心。

2. **地方性倉儲**

這類倉儲的建立在於快速回應客戶的需求，為滿足客戶的需求，必須縮短配送的距離，而且配送次數亦較為頻繁，所以這類的倉儲作業可能每次揀選相同或不相同的商品貨物配送給同一客戶。

3. **庫存間**

零售點會存放小量的商品，以提供臨時或緊急訂單的使用，一般而言，這類倉儲空間不大。雖是固定建置，但就規模或人員、設施而言，皆無法與其他類型的倉儲相比擬，例如在便利商店就設有庫存間。

3 倉儲作業考量因素與管理原則

3.1　倉儲作業考量因素

　　為使倉儲作業順利執行，並讓商品貨物於倉儲保管作業時受到良好的照顧，同時避免操作人員受到傷害，必須注意以下七點考量因素。

1. **商品貨物及人員的安全**

倉儲保管操作之首要條件即是人員的安全性，在人員安全考量無虞後，才考慮到商品貨物之安全性。考量安全性時，應參考國內相關職業安全衛生法規並務求落實，相關職業安全衛生法規及資訊，可參考勞委會勞工安全衛生研究所的網站。

2. **商品貨物進出的效率**

商品貨物進出順暢與否，除了影響倉儲保管作業成本之外，更有可能影響供應鏈上下游產業的運作成本。因為愈快的倉儲保管作業，可減少倉儲保管作業的人力配置，縮短供料時間，讓客戶越早收到訂購的貨品，越早付款。因此應儘量讓商品貨物進出倉儲所需之時間縮短，以達成客戶之需求。

3. **商品貨物儲存的方式**

因為商品貨物之性質、形狀、尺寸、重量及數量皆不相同，必須依照不同屬性，安排不同之儲存方式，使商品貨物在安全的條件下，獲得妥善的照顧。在物的特性中，商品的特性除了形狀、尺寸及重量外，還包括其物理與化學

特性。例如：香菸同時具有散發氣味及吸收氣味的特性，因此不能把會吸收味道或是會散發味道的商品儲放在一起；蘋果所散發乙烯的氣體，會催使其餘蔬果熟透導致腐壞。

4. 商品貨物儲存的條件

除了儲存方式之外，必須依照商品貨物屬性，瞭解是否需要溫控及濕控，當有此類需求時，倉儲保管的操作方式必需有特殊之安排，不可與一般常溫貨品共同儲存。如圖 3.5 所示物流中心的溫控及濕控顯示裝置，可供作業人員隨時都可監看。

▶ 圖 3.5　倉儲保管作業必需針對貨品屬性，嚴格做好溫控及濕控

5. 倉儲保管作業設施選擇

倉儲保管作業設施包括靜態設施及動態設施。靜態設施例如：料架、儲存盒等。動態設施包含堆高機、托板車等。在搬運不同貨品時，必須有不同的考量，依照貨品之性質、特性、數量等條件，來選擇安排不同之設施，以使貨品在最妥善之狀態下被處理。

6. 控制倉儲保管作業成本

倉儲保管作業必須考量到成本，經營上必須具備低成本和高效率化經營，因此，必須在符合作業需求下，儘量以低成本來操作。

7. 倉儲保管作業動線規劃

為使倉儲保管作業順利進行，必須對整體倉儲保管作業區域，作妥善安排，以使作業流程順暢。

3.2　倉儲作業的管理原則

為了提高倉儲作業效率和保管效率，對於倉儲保管作業有如下管理原則：

1. 方針原則

在尚未對系統問題進行系統規劃時，應先確立未來需求與目的，對現有的問題、方法、經濟條件限制等項目，作廣泛性思考。

2. 規劃性原則

建立一個包括有基本需求、可用抉擇、可能情況的倉儲保管與搬運作業活動的計畫。

3. 系統原則

針對物流作業中的 (1) 進貨；(2) 搬運；(3) 儲存；(4) 盤點；(5) 訂單；(6) 揀貨；(7) 補貨；(8) 出貨；(9) 運輸配送等作業所需的倉儲保管活動，在經濟性考量下，作一整合性系統化的思考。

4. 單位裝載化原則

儘可能將商品貨物集中整理裝箱，以貨櫃、棧板、物流箱等方式，作單位裝載化處理，以利於安全裝卸、搬運與運輸配送。

5. 空間利用原則

要有效使用可以利用的空間，將倉儲使用面積極大化。

6. 標準化原則

作業流程標準化與設備標準化，有利於作業上的經濟及維修方便。

7. 人因工程原則

考慮人的能力與限制條件，來思考與倉儲保管作業有關，應用於工具、機器、系統、任務、工作和環境等的設計，使倉儲作業人員對於它們的使用，能更具生產力、安全、舒適與有效果。

8. 能源耗用原則

以能源耗用最經濟為原則，達成綠色物流的目標。

9. 生態原則

應避免對生態環境造成破壞，達成綠色物流的目標。

10.機械化原則

儘可能以機械化作業為主，無價值的人力作業越少越好。

11.設備利用率原則

應維持設備的合理利用率。

12.設施佈置原則

對作業流程及設備作通盤性規劃。

13.彈性化原則

儘可能選擇能完成多樣工作之設備爲目標。

14.簡單化原則

儘可能簡化系統的複雜程度。

15.系統流程化原則

應設計合理化的流程。

16.電腦化原則

進一步導入資訊化有其必要，並要有效利用電腦作爲管理工具。

17.安全性原則

建立安全且生產力高的工作環境。

18.直線流程原則

搬運流程儘量以直線不交叉之經濟性原則爲考量。一旦交叉，即代表非直線流程，造成浪費。

19.重機械化原則

有安全、損壞或遺失顧慮之商品貨物，應採用重機械設備，確保商品貨物之安全無虞且無其他顧慮。

20.預防保養原則

應安排完善之預防保養計畫。

21.更新原則

物流競爭能力，相當程度來自於效率化的搬運設施，因此，擬定一套長期性，以成本及效率之經濟性設備投資更新計畫有其必要。

22.成本原則

儘量以保持最低成本的原則，來進行倉儲作業，是維持競爭力的重要條件，但也不要因此忽略了安全跟品質。

　　以上這些原則是一個大方向，有時原則和原則之間會相輔相成，但也會相互衝突，但可往對整體系統最有助益的方向去思考，來有效運用這些原則。例如圖 3.6 所示為物流中心的自動疊箱機，作業規劃以 22 項原則來思考，其中運用了單位裝載化原則（以物流箱為單位）、空間利用原則（物流箱不會散亂各處，可充分利用空間）、標準化原則（物流箱是標準尺寸，所以可方便自動化）、人因工程原則（作業員不需再用人力來堆疊）、機械化原則（用機器，避免使用人力）、系統流程化原則（所有流程均經過系統性的設計思考，匯集於此來疊箱）、安全性原則（作業人員安全性高且生產力高，只要保養做得好，任何時間均可使用），大大提升倉儲作業的省力化與效率化。

▶ 圖 3.6　運用單位裝載化原則的自動疊箱機

 國際標竿

瑞士商 BOSSARD：
全球精密螺絲工藝與精實物流管理的緊固件專家

　　緊固件（Fastener）是把物品結合、緊固在一起的重要裝置，如螺帽、螺栓、螺絲等這類的五金零件。過去對於這種零件，多半被視為 C 類物料（C-part），加上由於普通規格的緊固件取得容易，所以並不受到大家重視。雖然 C-part 價值不高，但是組裝廠商（客戶）卻得花費很多空間、行政成本及心力，來儲存並管理龐大的 C-part。例如：一顆螺絲的成本結構，單價只占 15%，但採購、檢驗、倉儲保管作業、搬運、組裝等管控成本就占了 85%。所以只要想辦法降低這些 85% 的管控成本，就可以為組裝廠商（客戶）節省大量成本，這就是緊固件專家－瑞士商 BOSSARD 的核心能力。

瑞士商 Bossard 集團成立於 1831 年，為全球化的專業緊固件組織。全球約擁有 1600 位員工，負責在全球採購和銷售各種類型的緊固件，Bossard 提供與這些緊固件有關的工程與後勤服務。分公司遍佈於亞歐美等 26 個國家，為組裝廠商（客戶）提供 C-part 管理的全方位解決方案。

該集團的核心能力鎖定為聚焦於緊固技術的能力，提供產品、工程與物流等三段式整套服務。茲說明如下：

產品：提供客戶簡易與可靠的全球性採購，以及穩定的品質

Bossard 有超過 180 年的緊固件經驗，而且有一個注重品質與供貨保證之全球高品質的採購網路，這表示有可供貨給所有位置的貨源，也以最佳配銷網路，保證在全世界的客戶都能取得極佳的價格、可用性和品質。全球可快速且可靠地提供超過 5 萬件現代緊固技術的標準商品，以及客戶所指定的特殊規格商品。

工程：更好的產品，更低的成本

客戶在開發新產品的早期階段，就可以參與 Bossard 的緊固技術專家們的協助，可事先為客戶減少大量的生產和組裝成本。Bossard 專家們所研究出保持庫存範圍的最佳方法，可減少多種零件的持有數量，並針對使用多功能零件是否可以簡化生產和組裝進行研究、提供針對抗腐蝕而設計的材料與措施、如何固定緊固點的詳細資料，以及最佳組裝條件的注意事項等建議，以便能持續提升客戶最終產品的品質，以及協助配置生產成本的最佳化。

物流：以精實物流讓生產力更高，庫存更少

研究顯示緊固件本身的成本僅占總連接成本的 15%，但物流和技術成本就占其餘的 85%。Bossard 可協助降低整個採購流程的成本，而所開發的物流系統則可簡化採購、減少庫存和避免供貨的瓶頸。

Bossard 所開發極具潛力的 SmartBin，就是應用精實管理的後拉式生產原理的最佳代表。當在組裝線附近的零件倉儲內，各盒子內的緊固件被取走後，各盒底座下的磅秤，就會透過感應器的驅動來判斷減少的重量。每天透過數據機將資料直接傳送給 Bossard 的緊固件物流中心，物流中心立即自動將預先規定的訂單量配送給組裝廠商（客戶）。SmartBin 的磅秤感應器會持續監視容器內的重量，並在需要時自動配送。

　　SmartBin 完全體現了精實管理的後拉式生產原理，客戶無需再負擔採購 C-part 的行政繁瑣流程，只要將整個供貨責任外包給 Bossard，Bossard 即會在緊固件物流中心採購、設計和存放 C-part，並為組裝廠商（客戶）提供穩定的物流供應。組裝廠商（客戶）就可以降低採購、設計、檢驗、倉儲保管作業、搬運等 85% 的管控成本，來專注於本業以提升企業競爭力。Bossard SmartBin 運作流程如下圖所示。

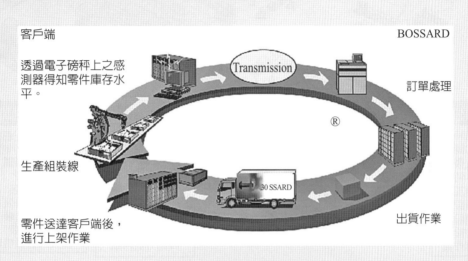

資料來源：取材自瑞士商 Bossard 集團，http://www.bossard.com

4 倉儲作業管理之訂單處理、進貨作業與儲存作業

　　物流中心倉儲作業流程如圖 3.7 所示，主要包含入庫作業、庫存管理、揀貨與流通加工作業及出貨作業等活動。物流中心作業分析部分是整合通關、倉儲及運輸三項物流作業，以追求總營運成本最小為目標，涉及到存貨管理、倉儲人力資源、儲位規劃、流通加工、揀貨等物流作業成本。在資訊系統方面，包含通關文件轉檔系統、存貨管理系統、訂單管理系統、車輛排程系統、線上下單與庫存查詢系統及帳務系統，可提供顧客相關物流服務，包含客戶關係管理、線上下單、運輸追蹤、庫存查詢與物流成本分析等服務。以下就物流中心的相關作業流程，說明如下：

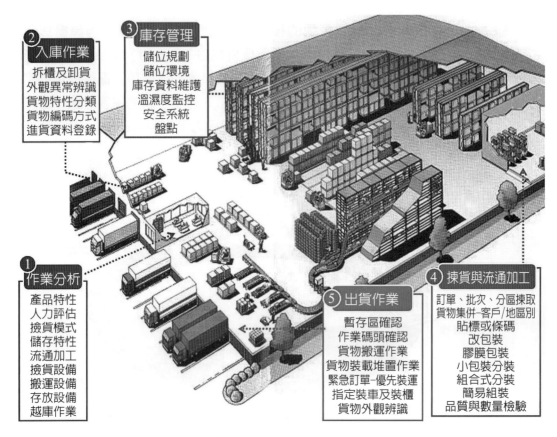

② 入庫作業
拆櫃及卸貨
外觀異常辨識
貨物特性分類
貨物編碼方式
進貨資料登錄

③ 庫存管理
儲位規劃
儲位環境
庫存資料維護
溫濕度監控
安全系統
盤點

① 作業分析
產品特性
人力評估
撿貨模式
儲存特性
流通加工
撿貨設備
搬運設備
存放設備
越庫作業

⑤ 出貨作業
暫存區確認
作業碼頭確認
貨物搬運作業
貨物裝載堆置作業
緊急訂單-優先裝運
指定裝車及裝櫃
貨物外觀辨識

④ 揀貨與流通加工
訂單、批次、分區揀取
貨物集併-客戶/地區別
貼標或條碼
改包裝
膠膜包裝
小包裝分裝
組合式分裝
簡易組裝
品質與數量檢驗

▶ 圖 3.7 倉儲作業流程

圖片來源網站：DHL EXPRESS 網站 (民 109)

4.1 訂單處理

　　物流中心訂單處理主要目的為處理物流中心從接到客戶訂單到完成訂單需求間，有關客戶訂單的確認、查核、分析、維護。依據訂單的需求進行相關物流作業指派，適時、適地、適量、準確的送達至指定的收貨人或場所，同時提供必要的貨物動態即時資訊，完成客戶對於物流所交付的任務。訂單處理作業流程包含：確認訂單資訊→訂單資料處理→作業指派→會計與帳務處理等作業，如圖 3.8 所示。

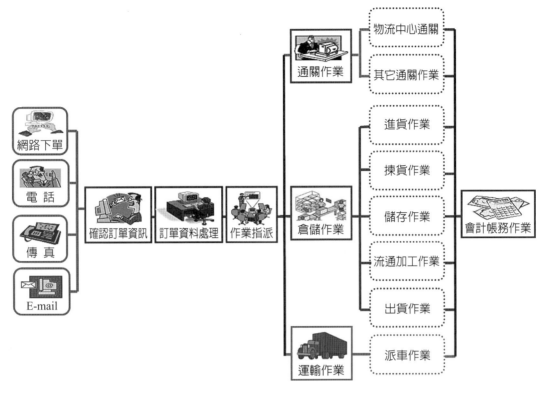

▶ 圖 3.8　訂單處理作業流程

1. 確認訂單資訊

客戶透過不同的傳輸工具，包含網路下單、電話、傳真、E-mail 或是直接與物流中心的倉儲管理系統連線下單，發出訂單通知。如圖 3.9 所示，物流中心客服或人員須向客戶回報確認收到訂單的出貨優先順序排定，需求品項及數量確認、庫存查詢、訂單價格確認、倉儲作業需求、通關作業需求、運輸作業需求、其它特殊作業需求及付款條件等。

▶ 圖 3.9　訂單處理作業
圖片來源網站：安麗物流中心網站 (民 109)

2. 訂單資料處理

物流中心客服或作業人員立即確認訂單出貨優先順序排定、需求品項及數量確認、存貨查詢、訂單價格確認、倉儲作業需求、通關作業需求、運輸作業需求、其它特殊作業需求及付款條件等。

3. 作業指派

客服人員在收到客戶訂單後，立即進行通關、倉儲與運輸作業指派；在運輸作業方面，根據客戶之訂單需求，包含訂單型態、貨物材積、重量、提貨、到達時間、裝卸貨作業要求及通關作業協同規劃等因素，決定派車模式（車種、車型、車輛排程、司機調派、追蹤與催運及相關運輸文件簽核），如圖3.10所示。

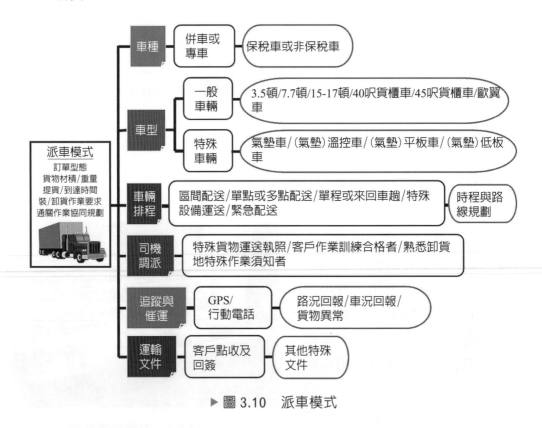

▶ 圖 3.10　派車模式

4. 會計與帳務處理

物流中心甚少以隨貨收款作為結帳方式，通常是累積至一定時日及數額後一併結帳。

4.2　進貨作業

　　進貨作業是物流中心初步之處理作業，當貨物抵達時，立即進行卸貨、檢查貨物資料、廠商來源，同時檢查是否符合客戶需求。檢查貨物是否受損、數目是否正確及其他缺失，待檢驗完成後，將貨物移入物流中心。此時，物流中心即需負起貨物儲存與保管的責任。

　　進貨作業流程包含：進貨通知→進貨分析與規劃→卸貨→貨物清點與驗收→貨物異常處理→移運至指定的儲位→庫存資料更正等作業，如圖 3.11 所示，分述如下：

1. 進貨通知

　　客戶透過不同的傳輸工具，包含電話、傳真、E-mail 或是直接與物流中心的倉儲管理系統連線，發出進貨通知（進貨資料、進貨內容、進貨日期及方式等）至物流中心。

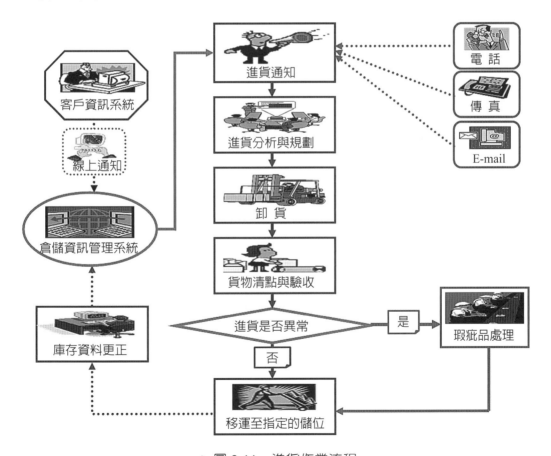

▶ 圖 3.11　進貨作業流程

2. 進貨分析與規劃

貨物進儲物流中心前,須正確掌握到貨時間、貨物品項及數量,事先規劃進貨的時程和卸貨的碼頭,特別卸貨區儘量不與其他作業區衝突。從接到進貨單到取貨過程盡可能在 30 分鐘內完成,國內貨物可直接進儲物流中心。屬於須向海關申報進行通關作業的保稅貨物,於通關完成後再由倉儲作業人員進行卸貨作業。

3. 卸貨

貨物由車輛以人工或是搬運設備(如堆高機、油壓拖板車等)移運至作業碼頭(通常具有升降平台)時,需特別注意車輛與碼頭間的高度差距與空隙,避免造成貨物傾倒或掉落之損害。

4. 貨物清點與驗收

車輛抵達月台後,倉儲人員開始卸貨,與司機清點貨物數量是否正確,檢查貨物資料、廠商來源、貨物是否受損等作業。如果一切正常,請司機儘速駛離作業碼頭,避免造成碼頭擁塞與車輛等待,影響進出貨作業的效率。

5. 貨物異常處理

如果過程發現瑕疵或誤送貨物則立即拍照錄影存證,以便釐清作業疏失及保留理賠的證據,並立即通知客戶貨物目前的作業現況,以決定後續處理模式,是退貨或是移至暫存區待公證行或保險公司鑑定責任歸屬。

6. 移運至指定的儲位

根據進貨資訊內容或進貨明細表的品項,如圖 3.12 所示,倉儲管理人員將貨物由碼頭或暫存區移運至指定的儲區暫存,等候進一步的指示與通知。

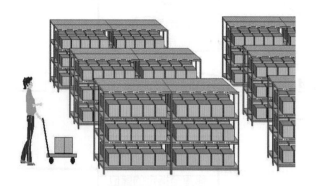

▶ 圖 3.12　進貨作業:移運至指定儲位

圖片來源網站:安麗物流中心網站 (民 109)

7. 庫存資料更正

進貨完成後倉儲管理人員須向倉儲主管回報正確的進貨數量，同時更新倉儲管理系統的正確庫存數量，提供客戶查詢。屬於保稅貨物者，則應登錄於海關的物流中心自主管理查核系統，以提供海關人員進行遠端查詢。

4.3　儲存作業

物流中心的儲存作業，主要為保存貨物並維持其完整性，必須考慮貨物之特性與差異。例如：體積、重量、溫度（低溫、常溫倉）、氣味、形狀、棧板尺寸、料架空間、搬運設備（形式、尺寸、迴轉半徑）、通道寬度、銷售量及是否屬於危險等級之物品等因素，同時考慮入庫與揀貨的效率，進行必要的儲位管理。

儲存作業流程包含：儲存分析→物料空間需求估算→入庫上架→儲位管理→庫存資料更正與查詢等作業，如圖 3.13 所示，說明如下：

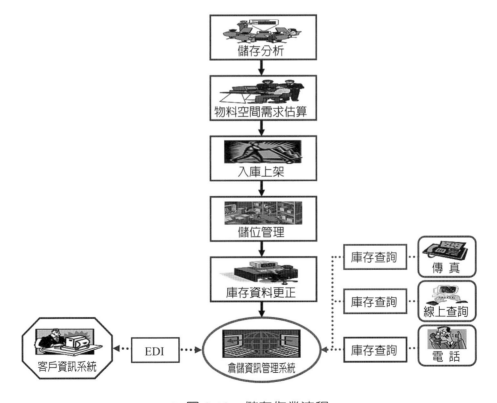

▶ 圖 3.13　儲存作業流程

物流與運籌管理

1. 儲存分析

貨物入庫儲存前，倉儲管理人員應先從訂單資訊中，評估貨物相關之物理或化學特性，選擇適合的儲位存放。

2. 物料空間需求估算

倉儲區域的佈置，應先求出存貨所需佔用的空間大小，並考慮貨物尺寸、數量、堆疊方式、料架尺寸、儲位與通道空間等因素，以下即說明幾種儲存方式：

(1) 棧板平置存放

單元負載（Unit Load，如棧板）的貨物，具有品項單純、大量出貨的特性。而耐壓程度差、或是考慮樓板荷重不可堆疊的貨物，則可考慮以棧板放置於地板的存放方式。如圖 3.14 所示，計算物料存放空間所需考慮的因素為貨物數量、棧板尺寸及通道（公共設施）比例等。假設棧板尺寸為 P × P 平方公尺，每個棧板可疊放 K 箱貨品，若平均庫存量為 Q，則物料存放空間需求 D 為：

D =（平均庫存量為 Q ／每個棧板可疊放箱數 K ）× 棧板尺寸

=（Q / K）×（P × P）

= 棧板數 × 棧板面積

實際倉儲需求空間尚須考量堆高機存取作業所需的迴轉半徑及作業空間、通道、棧板與棧板間之緩衝空間。一般實務上設定的通道與作業空間占全部儲存面積的 30% ～ 35%，故實際儲存面積為：

S = D ×（100% + 30%）= D × 1.3。

例如：某倉儲的棧板尺寸為 1.1 × 1.0 平方公尺，每個棧板可疊放 24 箱貨品，若平均庫存量為 480 箱，通道與作業空間占 30%，則物料存放空間為：

（480 箱 / 24 箱）× 1.1 × 1.0 平方公尺 × 1.3 = 28.6 平方公尺。

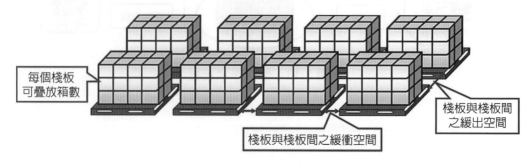

▶ 圖 3.14　棧板平置存放、緩衝、通道、空間計算

圖中標示：每個棧板可疊放箱數；棧板與棧板間之緩衝空間；棧板與棧板間之緩出空間

(2) 棧板多層堆疊

倉儲中的存貨若以棧板堆疊於地板上，則計算存貨空間所需考量包含貨物尺寸、數量、棧板尺寸及棧板可堆疊高度等因素。如圖 3.15 所示，假設棧板尺寸為 P×P 平方公尺，由貨物尺寸及棧板尺寸算出每個棧板尺寸可疊放 M 箱貨物，倉儲中可堆疊 H 層棧板，平均存貨量為 Q，則倉儲淨需求空間 D 之計算方式如下：

D＝平均存貨量 ÷（每個棧板可疊放箱數 × 可堆疊幾層棧板）× 棧板尺寸
**　＝（Q ÷（M×H））×（P × P）**

若考慮通道與作業空間占全部儲存面積的 30% ～ 35%，故實際儲存面積為：

S = D×（100% ＋ 30%）= D×1.3。

例如：某倉儲的棧板尺寸為 1.1 × 1.0 平方公尺，每個棧板一層可存放 10 箱貨品，棧板可堆疊 4 層，若平均庫存量為 600 箱，通道與作業空間占 30%，則物料存放空間為：

①倉儲淨需求空間 D：

D = 600 箱 ÷（10 箱 ×4 層）×（1.1×1.0）平方公尺 = 16.5 平方公尺。

②實際儲存面積 S：

S = 16.5 平方公尺 × 1.3 = 21.45 平方公尺。

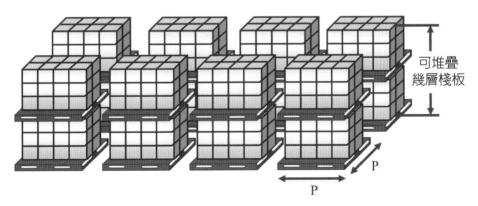

▶ 圖 3.15　棧板多層堆疊存放、緩衝、通道、空間計算

物流與運籌管理

(3) 棧板料架存放

若倉儲存放設備以棧板料架來存放貨物,計算儲存空間的考量因素除了貨物尺寸、數量、棧板尺寸、料架層數外,因棧板料架存取貨物所需的堆高機走道與迴旋通道須一併納入規劃。棧板料架具有區塊(Block)的特性,因此棧板料架儲存空間必須計算料架設施的淨面積後,加上堆高機走道與迴旋通道,才是棧板料架倉儲區的實際使用空間,如圖 3.16 所示,如果每個料架區塊長有 v 組(Set)單位料架,寬有 j 組單位料架,堆高機迴旋通道寬為 Y1,料架區塊間隔為 Y2,倉儲區之料架區塊總數為 Z,則每一料架區塊之面積 S =(X × A + Y2)×(j × B + Y1),倉儲區之料架區總面積為 S × Z。

例如:長有 4 組、寬有 2 組、長 1.5 公尺、寬 1.2 公尺的棧板料架,堆高機迴旋通道寬為 3.5 公尺,料架區塊間隔為 3.0 公尺,則每一料架區塊之面積 =(2 × 1.2 公尺 + 3.5 公尺)×(4 組 × 1.5 公尺 + 3.0 公尺)= 53.1 平方公尺,倉儲區之料架區塊總數為 4 塊 (Block),倉儲區之料架區總面積為 53.1 平方公尺 × 4 塊 = 212.4 平方公尺。

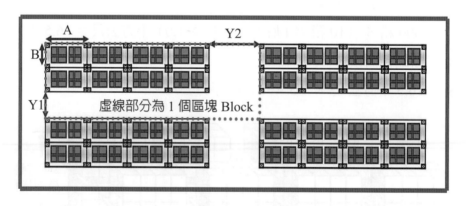

▶ 圖 3.16 棧板料架儲存空間計算

(4) 輕型料架存放

倉儲中的存貨屬於輕巧、尺寸小、品項多且為少量出貨的型態,則可選擇使用輕型料架存放物料,計算存貨空間所需考量包含貨物尺寸、數量、及料架形式及料架層數等因素。如圖 3.17 所示,假設輕型料架高度為 H 層,每一層的儲位面積為 M × N 平方公尺,考量料架負載能力及物料尺寸,每個儲位可堆放 K 箱貨物,平均存貨量為 Q,則倉儲淨需求空間 D 之計算公式如下:

D＝平均存貨量 ÷（每個儲位可堆放箱數 × 料架層數）× 儲位空間面積

＝輕型料架總數 × 儲位空間面積

＝（Q ÷（K × H））×（M × N）

例如：某倉儲的輕型料架為 4 層，每一層的儲位空間為 1.5 × 1.0 平方公尺，考量料架負載能力及物料尺寸，每個儲位可堆放 15 箱貨物，目前倉儲的平均存貨量為 600，則總計需要幾組輕型料架？多大的物料存放空間？

D＝輕型料架總數 × 儲位空間面積

　＝（600 ÷（15 × 4））×（1.5 × 1.0）平方公尺

　＝ 10 組（輕型料架總數）× 1.5 平方公尺

　＝ 15 平方公尺。

若考量通道與作業空間占全部儲存面積的 30% ～ 35%，實際儲存面積 S：

S＝ 15 平方公尺 × 1.3 ＝ 19.5 平方公尺。

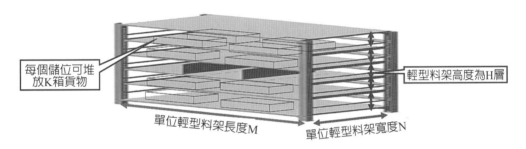

▶ 圖 3.17　輕型料架儲存空間計算

3. 入庫上架

倉儲管理人員確認貨物的儲位及評估使用何種揀貨或搬運設備後，如圖 3.18 所示，立即將貨物移運至指定的儲位，擺放至正確位置或料架，料號或條碼需面向走道，貨物入庫上架後須立即將進儲報單號碼或進儲編號及類別、項次、料號、貨名、規格型號、數量、單位、日期、儲位及短溢裝等相關資料登入至倉儲管理系統。

▶ 圖 3.18　儲存作業—入庫上架

圖片來源：呂錦山、王翊和、楊清喬、林繼昌（民 108）

4. 儲位管理

儲位管理的工作重點為儲位規劃,即對倉庫的儲位作妥善的利用與管理,其目的為提高倉庫的經濟性及運作效率。不同性質的貨品應使用不同的存放設備,因此在儲位上也應加以區分,而良好的儲存方式可以減少出庫移動時間和充分利用儲存空間。一般常見儲存方式有以下幾種,其優缺點如表 3.1 所示。

(1) 定位儲放:每一項儲存貨品都有固定儲位,貨品不能互換儲位。

(2) 隨機儲放:每一個貨品被指派儲存的位置都是經由隨機的過程所產生。

(3) 分區隨機儲放:所有的儲存貨品按照一定特性加以群組分類,每一群組貨品都有其固定存放位置,但在各群組儲區內,每個儲位的指派是隨機的。

(4) 大宗物品隨機儲放:所儲存的物品是依照當季、當月的促銷品或當季品而決定,每個儲位的指派是由隨機過程產生。

(5) 在物流中心內的進出貨商品可能是大量整批的貨品,或是中量以箱為單位的貨品,也有可能只是幾項零散的單品。對於這些大、中和小量貨品的儲存,可應用分區隨機儲放的管理方式。

▶ 表 3.1　物流中心儲存方式之比較

儲存方式	適用情況	優點	缺點	庫存設定
定位儲放	1.廠房存放空間大。 2.每種倉儲物品都有其獨立使用的固定儲位,多量少樣或少量多樣的貨品皆有可能採納。	1.儲位能被記憶,容易存取。 2.可針對各種貨品的特性和周轉率高低作不同的儲位安排。	1.儲位數必須按各項貨品之最大庫存量設計,儲位需求大約是平均庫存量的兩倍。因此儲區之空間使用效率較低。 2.空儲位不能用來儲存其它物品。	訂貨量+（2x安全庫存）
隨機儲放	1.廠房空間有限,需盡量利用儲位。 2.多量少樣或體積大的貨品。	1.由於儲位可共用,因此儲區的空間使用效率較高。	1.貨物的進、出頻率通常各不相同,出入庫及盤點工作困難度高。 2.周轉率較高的貨品可能被放置離出入口較遠的位置。 3.相互影響的貨品可能相鄰儲放。	（安全庫存+訂貨量）/ 2

資料來源:呂錦山、王翊和、楊清喬、林繼昌 (民 108)、張福榮 (民 102)、林立千 (民 90)

5. 庫存資料更正與查詢

入庫作業完成後，倉儲管理人員須向倉儲主管回報正確的進貨數量，同時更新倉儲管理系統的正確庫存數量，客戶可透過 EDI 電子資料交換、電話、線上查詢或傳眞等方式，查詢庫存資料。

5　倉儲作業管理之揀貨作業、流通加工作業與出貨作業

5.1　揀貨作業

所謂「揀貨」，係將客戶的訂購品，依據揀貨單內容的貨品品項，從倉儲的料架或儲位中取出，進行貨物加工或出貨之業務。揀貨作業的目的在於正確且迅速地集合客戶所訂購的貨品，揀貨作業爲物流中心內部作業花費人力最多，且成本最高的作業項目，而揀貨區的規劃、貨品存放的位置與揀貨方式皆是影響揀貨作業效率的關鍵。有關揀貨方式、流程與作業，說明如下：

揀貨作業流程：倉儲管理系統確認訂單資訊→確認揀貨方式→揀貨人力資源評估→確認搬運設備→是否進行流通加工→移運貨物至指定的暫存區→貨物集併與分類→庫存資料更正等作業等作業，如圖 3.19 所示。

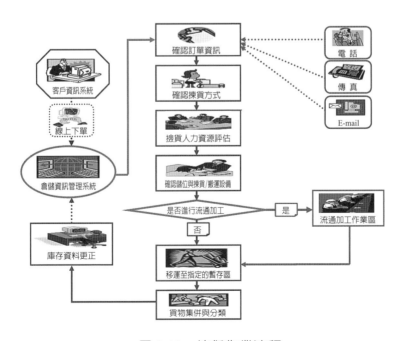

▶ 圖 3.19　揀貨作業流程

1. 確認訂單資訊

客戶透過不同的傳輸工具，包含電話、傳眞、E-mail 或是直接用物流中心的倉儲管理系統連線下單，發出揀貨通知至物流中心。

2. 確認揀貨方式

一般的揀貨方式分別爲低料架層揀取、高料架層揀取、訂單式揀取、定點揀取、批次揀取及分區揀取等六種。

(1) 低料架層揀取

如圖 3.20 所示，揀貨員從地面或第一層貨架取貨，通常用於週轉率高、高出貨量（以儲存空間計）、以及每張訂單平均揀取品項較多的情況。

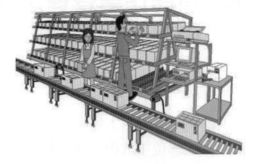

▶ 圖 3.20　低料架層揀取

圖片來源網站：奔騰物流網站 (民 109)

(2) 高料架層揀取

如圖 3.21 所示，揀貨員利用不同的設備在倉庫內較高的位置揀貨，高層揀貨通常用於品項種類多、安全庫存較少的倉庫，有利於倉庫空間的利用，同時仍能有效進行揀貨。

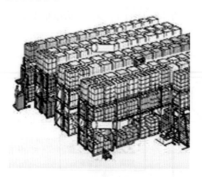

▶ 圖 3.21　高料架層揀取

圖片來源網站：奔騰物流網站 (民 109)

(3) 訂單式揀取

這種作業方式是揀貨員獨立負責每張訂單的揀貨工作，揀取每一張訂單的貨物，直接揀取貨物放置在揀貨台車（容器）中。在一些小型倉庫，訂單的物品少，可以同時進行多個訂單揀選，其優缺點如表 3.2 所示。

▶ 表 3.2　訂單式揀取作業的優缺點

優點	缺點
◆ 訂單處理前置時間短,且作業簡單。 ◆ 導入容易且彈性大。 ◆ 作業員責任明確,派工容易、公平。 ◆ 揀貨後不必再進行二次分類,適用於大量少品項訂單的處理。	◆ 商品品項多時,揀貨行走距離增加,揀取效率降低。 ◆ 揀取區域大時,搬運系統設計困難。 ◆ 少量多次揀取時,造成揀貨路徑重複費時,效率降低。

資料來源:呂錦山、王翊和、楊清喬、林繼昌 (民 108)、張瑞芬 / 侯建良 (民 96)

(4) 定點揀取

揀貨員保持位置不變,貨物被輸送至固定位置,由揀貨員選取貨物,適用於品項數少、同時揀取多張訂單的情形。定點揀取不適用於一次只揀一張訂單的情況,揀貨行走路徑加長,揀取效率降低。

(5) 批次揀取

先合併訂單,再依儲位行列揀貨,之後依客戶訂單別作分類處理(Sorting),批次別揀取通常與定點揀取同時使用,也適合貨量大、出貨頻繁的貨物。此種作業方式之優缺點如表 3.3 示:

▶ 表 3.3　批次揀取的優缺點

優點	缺點
◆ 適合訂單數量龐大的系統。 ◆ 可以縮短揀取時行走搬運的距離,增加單位時間的揀取量。 ◆ 愈要求少量,多次數的配送,批量揀取就愈有效。	◆ 對訂單的到來無法做及時的反應,必須等訂單達一定數量時才做一次處理,因此會有停滯的時間產生。

資料來源:呂錦山、王翊和、楊清喬、林繼昌 (民 108)、、張瑞芬 / 侯建良 (民 96)

(6) 分區揀取

揀貨分為多個區域進行,每一區域有其固定揀貨人員。分區越多,揀貨作業就越困難。分區揀取常見於固定吊車系統,這是由於設施的固定造成的必然選擇。

3. 揀貨人力資源評估

倉儲作業領班會依據揀貨單及倉儲人員指派人力並呈報倉儲主管核可後執行揀貨,若人力不足領班將會協調倉儲主管決定是否以調撥人力、雇用臨時工或加班方式取得揀貨作業的人力資源。

4. 確認儲位、揀貨與搬運設備

根據物流中心業者實施自主管理作業手冊規定，物流中心對於保稅貨品與非保稅貨品得合併存儲，但儲位必須有所區隔。因此倉儲人員必須依據貨物保稅與否之型態，確認貨物的儲位及評估使用何種揀貨與搬運設備，以提升揀貨作業的效率。

揀貨作業是將貨物從存放區取出，作為後續出貨的準備。因而存放型態、作業需求與設備選取，皆會影響到整個揀貨作業的效率。由於人工揀貨作業佔物流成本相當高的比例，透過相關揀貨設備的輔助，可以有效降低人工成本、提升揀貨作業的效率與正確性，表 3.4 至表 3.7 說明常用的揀貨設備與型態。

▶ 表 3.4　各式揀貨設備

名　稱	圖　示	說　明
電子標籤揀貨系統	圖片來源網站：http:// blog. sina.com.tw /	◆由電子標籤顯示揀貨資訊，並依據燈號進行揀貨作業，適用於零擔、整箱撿取；實務上通稱電腦輔助揀貨系統（Computer-aided Picking System, CAPS）。 ◆特色 1.適合少量、多樣及多頻率的訂單。 2.揀貨錯誤率低。 3.揀貨效率高。 4.有效調節揀貨人員工作負荷。 5.符合人因工程，降低員工職業傷害。
語音揀貨系統	圖片來源網站：http:// id-logistics.com.tw /	◆可過濾、清除各種背景噪音，是專門為嘈雜的倉庫與工廠環境而設計。 ◆只需20分鐘來收錄使用者的聲紋，揀貨員利用系統語音指令工作的訓練時間只需3-4個小時。 ◆有效解決人員流動及訓練問題，相對提高整體工作效率與揀貨正確率。
無線揀貨系統	圖片來源網站：http:// ncutiem02.pixnet.net /	◆將揀貨傳給現場人員（Client端裝置可應用於手持式HT、臺車或堆高機上），進行揀貨作業。 ◆進貨、上架及盤點等作業均可藉由無線方式進行，具備即時性、彈性及快速反應的優點。

名　稱	圖　示	說　明
分類機	 圖片來源網站：http:// tw.taiwandaifu ku.comt /	◆ 屬於高度自動化揀貨設備，屬於撥種揀貨的一種，將每個流道安排一個客戶的物流箱，單一品項可依據訂單數量由分類機自動進行分撿。 ◆ 適用於貨運業及圖書業的退貨作業。

資料來源：[3]、[16]、[21]

▶ 表 3.5　全自動揀貨

倉儲 至 出貨	設備組合
棧板 → 棧板	自動倉儲（棧板進出）、輸送機（帶）
棧板 → 裝箱	自動倉儲（棧板進出）、棧板裝卸設備、輸送機（帶）
整箱 → 整箱	流動式料架、輸送機（帶）
整箱 → 單品	流動式料架、機器人、輸送機（帶）
單品 → 單品	專門撿取機、輸送機（帶）

資料來源：黃仲正、劉永然 (民 94)

▶ 表 3.6　半自動揀貨

倉儲 至 出貨	設備組合
棧板 → 棧板	棧板式料架、堆高機、拖板車
棧板 → 裝箱	棧板式料架、堆高機、拖板車
棧板 → 裝箱	棧板式料架、箱籠車
棧板 → 裝箱	棧板式料架、手推車
棧板 → 裝箱	棧板式料架、輸送機（帶）
整箱 → 單品	流動式料架、手推車
整箱 → 單品	流動式料架、箱籠車
整箱 → 單品	流動式料架、輸送機（帶）
整箱 → 單品	輕料架、手推車

倉儲 至 出貨	設備組合
整箱 → 單品	輕料架、箱籠車
整箱 → 單品	輕料架、輸送機（帶）

資料來源：黃仲正、劉永然（民 94）

▶ 表 3.7　電腦輔助揀貨系統（CAPS）

倉儲 至 出貨	設備組合
棧板 → 裝箱	電腦輔助揀貨系統（CAPS）、拖板車
棧板 → 裝箱	電腦輔助揀貨系統（CAPS）、箱籠車
棧板 → 裝箱	電腦輔助揀貨系統（CAPS）、手推車
整箱 → 單品	電腦輔助揀貨系統（CAPS）、手推車
整箱 → 單品	電腦輔助揀貨系統（CAPS）、輸送機（帶）

資料來源：黃仲正、劉永然（民 94）

5. 是否進行流通加工

揀貨資訊註明需要流通加工的貨物，則將貨物移運至流通加工作業區，不論是保稅或是非保稅貨物於物流中心或是自由港區自主管理的機制下，進行換嘜頭、貼標、併貨、改包裝、簡易加工及組裝、檢測重整、裝箱、併櫃等流通加工作業，不受海關監視的限制，可提昇產品附加價值，待完成流通加工作業後，再移運至指定的暫存區存放。

6. 移運至指定的暫存區

將揀貨資訊內容的貨品品項由揀貨區、儲存區或流通加工作業區揀出，移運至指定的區域暫存，等候進一步的指示與通知。

7. 貨物集併與分類

根據揀貨資訊的指示，若是以批量別揀貨則須依訂單內容進行貨物分類，而以訂單別揀貨有時則須進行貨物集併。

8. 庫存資料更正

揀貨完成後作業領班須向倉儲主管回報正確的揀貨數量，同時更新倉儲管理系統的正確庫存數量。

RFID 技術幫助種子倉儲管理

農委會表示，種苗改良繁殖場自去年起著手將 RFID 技術應用於種子倉儲管理，減少人力和時間在倉庫盤點、進出貨，並可降低出錯率，提升管理效率。農委會種苗改良繁殖場進一步指出，當種子進出倉庫時，運用手持式無線射頻辨識系統（RFID）設備，讀取棧板上電子標籤內所攜帶的種子資訊，可將資訊第一時間回傳至系統。

場方指出，平時主要供應全臺雜糧、綠肥及蔬菜作物種子，從契作生產及外購種子、調製、包裝、倉儲、運輸至推廣銷售等一系列種子產銷流程作業，盼未來能藉由 RFID 技術，提供給農民更好的服務和優良種子，增加農民收益。

另外，農委會表示，近來積極將 RFID 導入農業領域，希望藉此提高農業經營效率與競爭優勢，並配合農業自動化，運用於農產品栽種、集運、加工、販售等各環節與流程，提升農產品附加價值與品質。農委會說，目前 RFID 也已運用至稻米、茶葉及水果產銷履歷以及畜牧業管理等方面。

資料來源：取材修改自中央社，黃巧雯。

5.2　流通加工作業

物流中心流通加工作業屬於可選擇性的附帶性服務，是否需要進行此項作業，視客戶或產品的特性而定，其主要目的為提昇貨品一定程度的附加價值與滿足客製化需求。流通加工作業流程包含：流通加工作業資訊確認→移運至流通加工作業區→流通加工作業→庫存資料更正→更新倉儲資訊系統等作業，如圖 3.22 所示，分述如下：

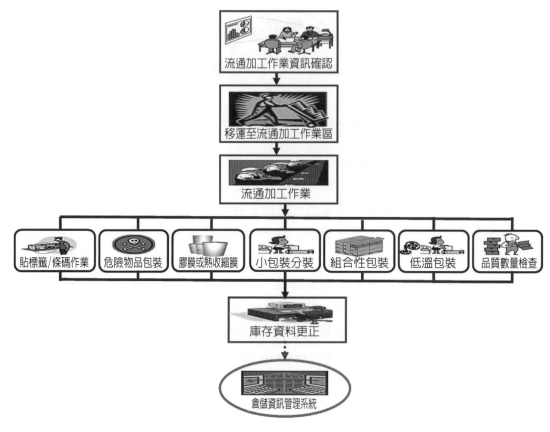

▶ 圖 3.22　流通加工作業流程

1. 流通加工作業資訊確認

根據客戶不同的需求,考量各種不同流通加工的作業的方式、時間、設備、時間與流程,擬定完善的作業計畫。

2. 移運至流通加工作業區

將準備進行流通加工的貨品由碼頭、暫存區或儲位移運至指定的流通加工作業區,等候出貨或是進一步的指示與通知。

3. 流通加工作業

流通加工作業如圖 3.23 所示,流通加工作業的類型包含貼標籤、條碼等作業如表 3.8 所示。

▶ 圖 3.23　流通加工作業

圖片來源網站:力勤倉儲設備(股)公司網站(民109)

4. 庫存資料更正

流通加工作業過程中貨物有損壞、耗損或是不良品，須立即通知客戶貨物目前的處理現況，決定後續處理模式，待作業完成後倉儲作業領班須向倉儲主管回報正確的加工數量。屬於保稅貨物的流通加工作業所造成的損壞、耗損或是不良品，須呈報海關人員，裁決以下腳廢料或是廢品處理。

▶ 表 3.8　流通加工作業類型

作業類型	作業內容
貼標籤 / 條碼作業	貼航空貨運出口標籤、嘜頭、料號、條碼、中英日文說明、危險品/易燃/易碎品/傾斜或搖晃指示標籤（俗稱變色龍）/特殊事項說明等標籤，提供倉儲作業人員於揀貨、入儲、上架、出貨、裝卸及通關等作業之必要資訊與注意事項。
化學品或危險物品包裝	針對固態或液態化學品、筒/桶狀容器或棧板、鋼瓶或其他特殊容器進行額外的包裝。如半導體製造時需用的CMP研磨液、光阻液之桶狀容器以膠膜固定。
膠膜或熱收縮膜包裝	針對特殊包裝材料（如液晶玻璃之保麗龍包裝材料以膠膜固定）、量販店或超級市場販售之最小單位包裝。
小包裝分裝	針對國內或國外進口的大包裝貨品，進行小包裝分裝，例如一個棧板的貨量（30箱）分裝每5箱為一個出貨單位。
組合性包裝	針對不同的配件或產品進行組合性的配對保裝，例如 DIY 家俱或是年節禮品。
低溫包裝	包括海產、蔬果、肉類、花卉、冰品、半導體、光電或生技產業之關鍵原物料或是零組件等，依據形狀、生物特性、碰撞或是損耗程度等物理或是化學特性，選擇採用塑膠袋、塑膠盒、塑膠箱子、網袋、保鮮膜、保麗龍盒、膠帶、鋁製箱子或瓶子等不同的包裝材料進行包裝。
品質數量檢查	進貨或出貨前，針對貨物的品質或數量進行檢查。

5. 更新倉儲管理系統

更新倉儲管理系統正確的流通加工貨物數量，提供客戶進行庫存查詢。另一方面，屬於保稅貨品的流通加工作業，必須將正確的流通加工貨物數量，登錄於海關的物流中心自主管理查核系統，以提供海關人員進行遠端查詢。

5.3　出貨作業

　　物流中心出貨作業主要目的在於將已完成揀貨之貨物置於出貨暫存區，並進行檢查確認與訂單內容無誤後，在依據配送區域分類暫存等待配送車輛裝載。出貨作業流程包含：出貨檢驗→出貨包裝→搬運至作業碼頭或暫存區→裝車及配送→庫存資料更正等作業，如圖 3.24 所示，說明如下：

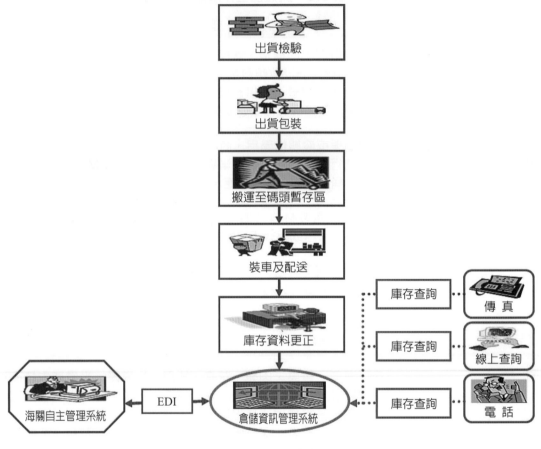

▶ 圖 3.24　出貨作業流程

1. 出貨檢驗

依據貨物的數量、品項、品質檢驗、通關是否放行等因素，確認是否與訂單內容或通關文件相符合。

2. 出貨包裝

不同於流通加工作業之包裝，出貨包裝強調對貨物的保護性及便於搬運，選擇適合的包裝材料，避免於運送途中損壞，並提升貨車的裝載率。

3. 搬運至作業碼頭或暫存區

貨物包裝完成後，選擇適當的搬運工具，考量操作人員調度、貨型、車型、路線、廠商或目的地等因素，將貨物移運至指定的作業碼頭或暫存區，等待裝車。

4. 裝車及配送

如圖 3.25 所示，貨物包裝完成後，選擇適當的搬運工具，考量操作人員調度、貨型、車型、路線、廠商或目的地等因素，將貨物移運至指定的出貨碼頭或暫存區等待裝車。

倉儲人員將碼頭暫存之貨物，依據運送排程、路徑及收貨順序，以先進後出（First In Last Out，FILO）裝載堆置原則，如圖 3.26；在考量送貨地點距離為前提，由遠至近依序將貨物搬運入車廂內裝載堆置，減少貨物運送至各個下貨點時，現場翻堆與失溫的風險。

▶ 圖 3.25　出貨作業－裝車及配送
資料來源：美國 SOLE 國際物流協會（民 105）

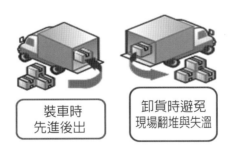

裝車時
先進後出

卸貨時避免
現場翻堆與失溫

▶ 圖 3.26　先進後出（First In Last Out， FILO）裝載堆置原則

在完成貨物裝車後，倉儲管理人員開立物流中心車輛放行單及貨物運送單，交付司機配送至指定的交貨地點。

5. 庫存資料更正

出貨完成後作業領班須向倉儲主管回報正確的出貨數量，同時更新倉儲管理系統的正確庫存數量，以提供客戶查詢。屬於保稅貨物者，則應登錄於海關的物流中心自主管理查核系統，以提供海關人員進行遠端查詢。

物流故事 📍

中華郵政的倉儲物流業務

　　由於臺灣產業型態的改變及社會消費習性的改變,促進網購及郵購業務的蓬勃發展,較大型的企業紛紛自行設立物流中心。惟部分中小型企業因經濟規模不夠,無法單獨設立物流中心,須藉由若干上下游廠商配合完成產銷過程。有鑑於此,為避免資源的重覆浪費,臺北郵局自 2003 年 9 月起成立專業倉儲業務部門,接受客戶委託,提供倉位,代辦加工出貨。

　　中華郵政為因應時代需求及提升服務品質,不斷強化商流、物流、資訊流與金流四大機能,以期增進客戶便利性共創雙贏契機。

服務項目

- 進貨入庫:卸貨作業、驗貨作業、入庫作業
- 倉管服務:儲位管理、物料管理、場地管理、退件處理
- 資訊處理:訂單處理、庫存管理、發票及出貨單列印、資料查詢、帳務管理
- 流通加工:揀貨作業、理貨作業、分貨作業、包裝作業
- 出庫管制:複驗查核、派車轉運

服務對象

　　金融業、郵購商、禮品業、3C 產業、百貨批發、出版業、政府機關、網路購物、其他…等中、大型企業。

服務場地

- 臺北內湖倉儲:台北市內湖區民權東路 6 段 83 號 5、6、7、8 樓
- 臺北古亭倉儲:台北市中正區南昌路 2 段 232 號 3、4、5、6 樓
- 臺北深坑倉儲:台北縣深坑鄉北深路 3 段 264 號

機能特色

- 國家經營:具公信力,確保貨品安全及資料保密。
- 通路廣大:龐大運輸能量、綿密遞送網及無遠弗界資訊網。
- 自辦運輸:機動調度,掌握時效。

- 權責分工：決策、行銷、作業，分層負責。

- 機動人力：人力彈性大，對大量出貨，處理迅速。

- 專業負責：作業人員經過遴選、訓練、考核之嚴格標準。

未來發展

- 取得一定技術與規模

- 培養物流專業人才

- 整合物流上下游作業

- 設置大型專業倉儲物流中心

台北郵局(內湖倉)現行倉儲業務流程

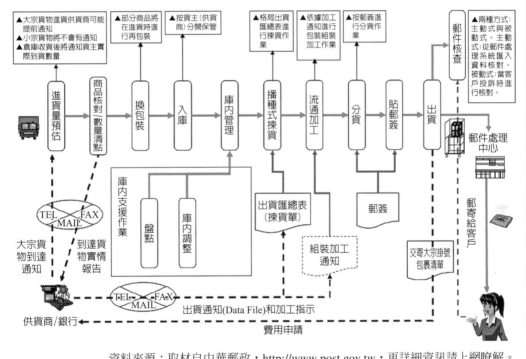

資料來源：取材自中華郵政，http://www.post.gov.tw，更詳細資訊請上網瞭解。

6 倉儲搬運與存放設備

依搬運設備與存放設備，說明如下：

6.1 搬運設備

搬運設備在倉儲作業的使用率非常高，與存放設備具有同等的重要性，所以搬運設備為倉儲作業效率關鍵因素之一。搬運作業大部分需使用容器裝載貨物，而容器因作業、商品及產業而有不同，目前常見的容器包含包裝紙箱、塑膠箱及棧板等容器，如表 3.9 說明。

▶ 表 3.9　倉儲作業之搬運容器說明

負載容器	說　明
紙箱	◆包裝紙箱主要應用在商品包裝上，可分為新品及回收紙箱等兩種，必須注意材質及瓦楞紙板（A楞、B楞、C楞、D楞及E楞）。 ◆紙箱尺寸種類繁多，主要依據作業、商品及產業需要決定尺寸。 ◆宅配時建議用紙箱－因為宅配客戶多屬不定時且周期不固定的出貨方式。
物流箱	◆作為周轉使用（亦即可多次重複使用）。 ◆回收時可折疊，減少佔用之空間。 ◆連鎖便利店經常使用物流箱進行作業。 ◆店配時建議用物流箱－店配客戶之訂貨周期較固定，因此可利用回收的方式來減少紙箱的用量。
棧板	◆棧板為物流搬運必備的單元負載容器，依材質可分為木製棧板、金屬棧板、紙棧板及塑膠製棧板等四種。 ◆可配合適當的搬運設備如自動牙叉、電動托板車或堆高機等舉起棧板至指定的儲位存放。棧板尺寸種類繁多，國內主要使用 1100mm×1100mm、1016mm×1219mm及800mm×1200mm等三種規格。

參考資料：[5]、[12]

搬運設備種類則可分為手推車、托板車、輸送機、堆高機、輸送帶及其他工業機具等六種設備，各種類設備皆具有其特性及用途，說明如表 3.10 所示。

▶ 表 3.10　搬運設備種類

搬運設備	種類	說明	圖片
人力推車	手推車	◆適合高度人工運送，符合人體工學附有把手操控及移動，載運各式箱子及桶型物。	
托板車	手動棧板拖車	◆可在水平地板上拉動2000公斤以上的物品。 ◆運載量時，可以利用增加手動棧板拖車數加以解決，但裝載的數量、重量、體積、和運載的頻率要在操作人員的承受能力之內。 ◆適用於棧板的搬運及揀貨。	
	電動托板車	◆以蓄電池提供行駛的動力，以解決上下坡的問題。 ◆適用於短距離搬運，中等負載重量。 ◆如大量棧板的搬運及揀貨時使用，為國內貨運業、物流業與量販零售業廣泛使用。	
堆高機	堆高機	◆具動力的搬運設備。 ◆可舉升或降下棧板，以進行棧板的搬運與上下架作業。 ◆應用於進貨上架、補貨或是整箱揀貨的搬運設備。 ◆通常動力方式為：電動（室內）、柴油（室外）。	
	手動堆高機	◆不具動力的搬運設備。 ◆可舉升或降下棧板，以進行棧板的搬運與上下架作業。 ◆適用於賣場進貨上架、補貨的搬運設備。	
籠車	籠車	◆籠車為目前貨運與宅配業者常用的搬運單元，具備方便移動的特性。但受限於貨件規格不一，因此積載率較人工堆疊低。 ◆物流籠車以鋼材或是塑膠網組成，強化的車輪使操作更穩定。不使用時可摺合，節省空間。	

搬運設備	種類	說明	圖片
無人搬運車	無人搬運車	◆獨立作業的搬運系統，在製程中擔任材料倉儲、運輸工作，適於搬運不同的物料，自不同的負載點至不同的卸載點，使得生產線彈性化、降低成本。 ◆動力通常由蓄電池供應，路徑通常是藉埋在地板下的電線或地板表面的反射漆來完成，靠著車上的感測器引導車子依循電線或圖漆前進，達成無人操控的搬運方式。	
輸送帶	重力式輸送帶	**滾輪式** ◆特點為重量輕，易於搬動，在轉彎段部分，滾淪為獨立轉動，組裝、拆裝快速容易。 ◆適合輸送包裝材料表面較軟、較輕的物品，例如：紙箱。	
		滾筒式 ◆滾筒、軸、軸承、骨架、支撐架等元件的組合非常多樣，可滿足各種不同的應用及需求。 ◆適合輸送硬紙箱、木箱，不適用滾輪輸送帶的物品，例如：塑膠籃、容器及桶狀物等。	
		滾珠式 ◆在床台上裝有可自由任一方向轉動的萬向滾珠，承載物越硬，移動速度越快。 ◆適合輸送包裝材料表面較硬的物品，不適合輸送底部較軟、較濕的紙箱、棧板、桶狀物及籃子等，亦不適合易揚起灰塵的環境。	
	動力式輸送帶	**鍊條式** ◆直接以鏈條承載貨物，且鏈條兩邊板片直接在支撐軌道上滑行。 ◆構造簡單，維護容易，且成本低廉，但噪音大。須使用低摩擦係數且耐磨耗之材料。適用於較輕的荷載且較短距離的配送。	
		滾筒式 ◆構造與皮帶式輸送帶相當類似，只有在皮帶上方裝有一列承載滾筒及下方裝有調整鬆緊之壓力滾筒。 ◆應用於儲積、分歧、合流及較重的負擔。另也廣泛使用於油污、潮濕及高、低溫的環境。	

參考資料：[1]、[2]、[3]、[5]、[8]、[9]、[15]、[17]

6.2　存放設備

　　就倉儲業者而言，存放設備是最基本的需求，假使物品沒有經存放設備保持一適當之保管量，便無法出貨供給需求者。而保管的最重要目的是對於下游需求能經常適時、適量的供給。而存放設備要如何選擇呢？其考慮因素有物品特性、存取性、出入庫量、搬運設備、廠房設施等，如圖 3.27 最主要的就是依據保管儲區的功能做一適當的選擇，例如：保管儲區的主要功能在於供應補貨所需，則可選用一些高容量的料架；而動管儲區的主要功能在提供揀貨，則可選用一些方便揀貨的流動架等，以便利作業。

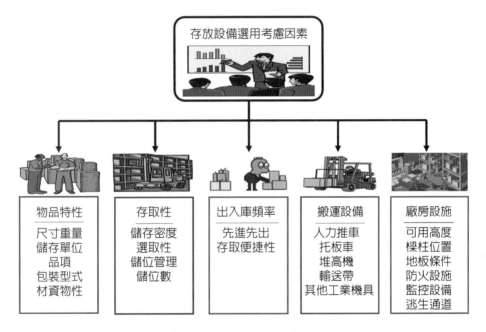

▶ 圖 3.27　備選用考慮因素

參考資料：曾國男 (民 91)

　　存放設備的選擇須考量下列各項因素：

1. 物品特性

物品的尺寸大小、外型包裝等將會影響儲存單位的選用，由於儲存單位的不同，相對的使用儲放設備就不同，例如棧板料架適用於棧板儲放，而箱料架則適合紙箱貨品，若外形尺寸特別，則有一些特性之儲放設備可選用，而貨品本身之材料物性，如易腐性或易燃性或易碎性等貨品，在儲放設備上就必須做防護考量。

2. 存取性

貨物的存取性與儲存密度是互抵（Trade-Off）的，也就是說，為了得到較高的儲存密度，則相對必須犧牲物品的存取性。有些料架型式雖可得較佳之儲存密度，但會使儲位管理較為複雜，惟有立體自動倉庫可向上發展，存取性與儲存密度較佳，但相對投資成本較為昂貴。因此選用何種形式的儲存設備，可說是各種因素的折衷，也是一種策略的應用。

3. 出入庫頻率

某些型式的料架雖有很好的倉儲空間利用率，但物料存取較不便捷，適合於出入庫頻率較低的作業。另外是否為先進先出的需求，也是評估存放設備類型的重要因素。

4. 搬運設備

儲存設備的存取作業是以搬運設備來完成，因此選用儲存設備需一併考慮搬運設備。料架通道寬度直接影響到堆高機種類是配重式或窄道式的型式。另外尚須考慮舉升高度和舉升能力。

5. 廠房設施

樑柱位置與樑下高度會影響料架的配置，地板的承重強度、平整度也與料架的設計、安裝有關。另外必須考慮防火設施、監控設備、逃生通道及照明設施。

　　以下即列舉實務上常用的存放設備及適合使用的情形，如表 3.11 所示，而揀貨方式中之代號—C：Carton（箱）、B：Box（盒）、P：Pallet（棧板）。

▶ 表 3.11　倉儲存放設備種類

存放設備名稱	適合使用情形	圖片
輕（中）料架	◆輕量型料架採可調式格板設計，可自由調整儲存高度，結構輕量化，用以儲存紙箱、包裝、檔案資料等重量較輕及體積較小之物品。 ◆適合多樣少量的儲存，無先進先出等的限制，在揀貨模式中適合拆箱揀貨的模式（C→B、B→B）。	

存放設備名稱	適合使用情形	圖片
重型（棧板）料架	◆ 重量型料架是最普遍的一種料架，提供100%的存取性，並且有良好的存取效率。 ◆ 儲存密度較低，地面使用率約33%～40%，儲存物品較重，需配合棧板和堆高機使用，故又稱為棧板式料架。 ◆ 物料存取便捷迅速，適合揀貨作業與出貨作業頻率較高之物料儲存，地面使用率約33%～40%，通道佔用較大，須規劃較多的通道，倉儲空間利用率較低，在揀貨模式中整棧板揀貨或是整箱揀貨（P→P、P→C）。	
移動式料架	◆ 裝上滾輪使得貨架可以移動，倉庫可變得很精簡。 ◆ 進出巷道，只須留一點空間即可。因為工人藉著移動料架（只需用電能，手轉輪或用力推），便等同「移動著」走道。 ◆ 走道空間可獲得節省，代價是存取作業速度降低。 ◆ 在揀貨模式中適合拆箱揀貨模式及多種少量商品揀貨（C→B、B→B）。	
流動式料架	◆ 採用流動棚，使得單品揀取作業變成一件輕鬆愉快的工作。在相同商品種類的陳列面上，可以減少許多的移動距離，而達到合理化、省力化的作業目的。 ◆ 適合多品種、少量、高出貨頻率單品配送。在揀貨方式中適合拆箱揀貨模式及多種少量商品揀貨（C→B、B→B）。	
積層式料架	◆ 將空間作雙層以上活用之設計，在廠房或倉庫地板面積有限的情形，在現有設備上搭蓋一個儲存隔層，上面的空間就是多出來的位置。 ◆ 如同櫥櫃與料架，積層料架多為模組化設計與立體規劃，達到充分利用的效果，在揀貨模式中適合拆箱揀貨方式及多種少量商品揀貨（C→B、 B→B）。	
巧固籠與巧固籠架	◆ 巧固籠兼具墊板與物料籠的功能，附有輪子，移動方便，可以堆高機存取，不用時可摺疊收藏。 ◆ 巧固籠架乃存放巧固籠之料架，可堆高至四層，且無須預留作業通道，倉儲空間利用率高。 ◆ 在揀貨模式中適合拆箱揀貨模式及多種少量商品揀貨（C→B、B→B）。	

存放設備名稱	適合使用情形	圖片
電力驅動式棧板料架	◆以電力驅動料價作橫向末移之設計，只需預留單條作業走道，倉儲空間利用率高。 ◆儲存量比傳統式料架多2/3空間、地面使用率達80%、空間效率約70%左右，直接存取，不受先進先出之限制，在揀貨模式中適合整棧板揀貨或是整箱揀貨（P→P、P→C）。	
駛入式料架	◆存取方式為堆高機駛入料架最裡層的位置開始存放物料，通道即為儲存空間，倉儲空間利用率高，約80%左右，較固定式料架增加25%儲存空間。 ◆缺點是存取性最差，不適合先進先出之作業方式，適合少樣多量且出貨頻率較低的物料，在揀貨模式中僅適合整棧板揀貨（P→P）。	
後推式料架	◆原理是在前後樑間以多層臺車重疊相接，由前方將棧板貨物置於台車上推入，後儲存之貨品會將原先貨品推到後方，當前方棧板取走時，台車會自動滑向前方入口，一般規劃2~4個棧板深儲位，最多可達5個儲位深。 ◆後推式料架較固定料架增加30%儲存空間，適合少樣多量物品，不適合先進先出之作業方式，空間效率約50%~60%，在揀貨模式中僅適合整棧板揀貨（P→P）。	前後移動 後推力 滑車
活動儲櫃	◆有別於傳統之固定儲櫃，無走道密集式活動儲櫃，較固定儲櫃多出兩倍以上的儲存空間，物料分類、整理、存取方便，設有安全固定鎖，保密性佳。 ◆適合存放體積小、重量輕、品項多且出貨頻率較低的物料，在揀貨模式中適合拆箱揀貨的方式（C→B）。	
流利架	◆使用於流通業，須結合棧板架儲存、積層架空間。利用輸送帶快速傳送、流利架小品項揀取及物流箱的結合，可為多點多樣及快速運送的方式，其中流利架是不可缺的一種揀取貨架。 ◆多使用紙箱或塑膠箱存放及揀取後物品集中物流箱配送，在揀貨模式中適合拆箱揀貨模式及多種少量商品揀貨（C→B、B→B）。	
自動倉儲系統	◆有別於傳統倉儲系統，以自動化流程，並配合周邊倉儲設施、物料數量、存取頻率及品項多寡量身訂作，由於庫位密集且為高架化，可提昇倉儲空間利用率。 ◆結合資訊軟體控制，提供物料於存取的過程中，自動搜集、揀取、分類及輸送的功能，發揮迅速、精確及節省人力的效益，在揀貨模式中適合整棧板揀貨及整箱揀貨模式（P→P、P→C）。	

參考資料：[1]、[2]、[3]、[5]、[8]、[9]、[15]、[17]

1. 力至優有限公司網站 (2020)：http:///nichiyu.com.tw。

2. 力勤倉儲設備 (股) 公司網站 (2020)：http://www.lichin.tw。

3. 弘原倉儲網站 (2020)：http://ts.mallnet.com.tw/any.htm。

4. 安麗物流中心網站 (2020)：http://www.amway.com.tw。

5. 呂錦山、王翊和、楊清喬、林繼昌 (2019)，國際物流與供應鏈管理 4 版，滄海書局。

6. 美國 SOLE 國際物流協會 台灣分會 (2016)，物流與運籌管理，6 版，前程文化。

7. 林立千 (2001)，設施規劃與物流中心設計，智勝文化事業有限公司，民國 90 年。

8. 恆智重機 (股) 公司網站 (2020)：http://www.liftruck.com.tw。

9. 奔騰物流網站 (2020)：http:// www.twsco.com.tw。

10. 張瑞芬、侯建良主編 (2007)，全球運籌管理，國立清華大學出版社。

11. 曾國男主編、魏乃捷校編 (2002)，現代物流中心，復文書局。

12. 黃仲正、劉永然 (2005)，物流管理，高立圖書有限公司。

13. 黃惠民、楊伯中 (2007)，供應鏈存貨系統設計與管理，滄海書局。

14. 張福榮 (2013)，圖解物流管理，五南圖書出版 (股) 公司。

15. 新麗倉儲網站 (2020)：http://www.shinli-rack.com.tw。

16. 廖建榮 (2007)，物流中心的規劃技術，中國生產力中心，民國 96 年。

17. 劉浚明 (2005)，倉儲管理學，教育部製商整合科技教育改進計畫教材成果。

18. DHL EXPRESS 網站 (2020)：http://www.dhl.com。

19. Fraelle, E. D. World-class warehousing and material handling. New York: McGraw-Hill (2001).

20. Frazelle, E.H. , Supply Chain Strategy, McGraw-Hill (2001).

CHAPTER 04

物流中心設施安全與作業管理評估
Operational Facility Safety and Operation Management assessment

學　習　目　標

1. 物流中心作業營運模式
2. 物流中心作業內容介紹
3. 物流設施介紹與使用評估
4. 物流中心設施之安全維護與風險管理
5. 物流中心設施評估

田 國際標竿

中法興物流：在全球五大洲從事高品質的
物流服務

田 物流故事

3C 物流中心的物流作業流程

田 臺灣典範

統一企業：打好物流基礎，擴大商機

田 趨勢雷達

第三方物流風險的防範對策

物流決策系統（Logistics Decision－Making System）

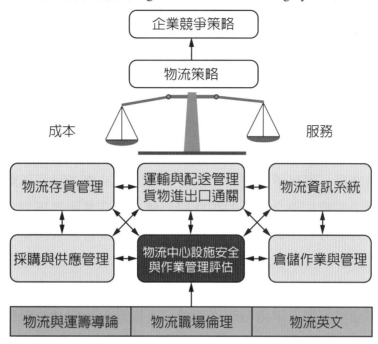

設施（Facilities）為「物流決策系統」架構中重要的物流因子之一，物流的設施決策十分重要，設施決策除會影響搜源（Sourcing）、庫存（Inventory）、訂單（Order）、運輸（Transportation）、資訊情報（Information）等其他物流因子外，更會影響整體物流的服務水準與成本水準。本章旨在介紹物流中心的作業設施外，也提醒讀者們也要注意物流的安全維護與風險管理。

物流中心的設施區位選擇，其優先順序是以降低物流中心整體作業成本為首要目標，其設置受土地、倉庫、運輸、倉儲、租稅等各項法規及經濟因素的影響，都是必須考慮的因素。另外必須考量物流中心的作業應該是以最適化的成本提供客戶最適化的服務，才能滿足客戶的需求。

讀者們在讀完本章之後，將會瞭解物流中心作業營運模式、物流中心作業內容介紹、物流設施介紹與使用評估、物流中心設施之安全維護與風險管理、物流中心的規劃與設計等，並有能力來進行服務與成本的平衡與折衷，以形成物流策略，進而支援企業的整體競爭策略。

1 物流中心作業營運模式

　　市場上的商品很多是「遊歷」各國後才來到顧客手上。例如：接單可能在新加坡，原料可能來自馬來西亞和泰國，生產卻在中國大陸，加工可能在臺灣，最後才進口到美國。商品的「遊歷」路線，就是由物流專業人員來計劃、組織、指揮、協調、控制和監督，使各項物流活動實現最佳的協調與配合，以降低物流成本，提高物流效率和經濟效益。

　　隨著經濟發展，國民所得提高，消費者需求與消費者意識逐漸改變，因此製造業與零售業型態亦隨之不斷的創新與改變。製造業與零售業者直接面對消費者，因而能夠充分掌握需求脈動，整合資訊將消費者需求回饋至物流中心，進而使得整體通路系統有極大的衝擊與變化，讓原本僅具作業功能的物流中心，提昇到一個具策略運用的事業體，因此有效運用物流策略，必可降低物流成本並增加物流對企業整體競爭策略的附加價值，提高企業商品及服務的市場競爭力。

　　物流中心「Logistics Center」一詞用法在亞洲地區廣泛被使用，歐洲、美國也有使用但比較少，他們多用「Distribution Center」，即所稱的配銷中心，在西方 Distribution Center 的使用比 Logistics Center 要普遍。

　　物流中心是進行商品流通必要的基礎設施。許多高科技製造企業、全球銷售企業及全球第三方物流企業建設了許多物流中心，不少跨國企業在全球的產品銷售就是靠物流中心機能進行配銷，因此物流中心已成為決定企業成敗的戰略性企業功能。基本上，不同種類的物流中心其主要功能不變，但是物流作業的特性及企業目標卻不盡相同，可就商品特性、物流方式、整體物流系統與物流中心的考量。因此物流中心作業營運模式可依供應商的對象區分如下類型：

1.1 開放型物流中心

　　多數物流中心為此類型，又稱為第三方物流（3PL, TPL），大多是倉儲或運輸業者所成立。此種物流中心是將商品由製造商或進口商送至零售商或是工廠的中間流通業者，提供企業專業及各種解決方案的物流活動，並收取商品的運輸配送、儲存保管服務費用作為收入來源。第三方物流在服務對象上並無限制，採開放式的營運型態，在通路上，它是針對連鎖－零售商、流通業、科學

園區或是工業區的廠商提供完整的物流後勤支援作業，專責扮演生產與零售業者間的溝通橋樑，此種專業的第三方物流中心，已將臺灣的物流服務水準與服務範圍提升到可以媲美國際級作業標準。

圖 4.1 為日本大阪港某開放型物流中心，事業型態涵蓋貨車運送、鐵路運送、海上運送、倉庫事業、國際物流事業、生產物流等，服務對象包含住宅建材物流、石化樹脂物流、醫藥物流以及支援其他流通業的物流等，採開放式的營運型態，在服務對象上並無限制。

▶ 圖 4.1　日本大阪港某開放型物流中心

1.2　封閉型物流中心

封閉型物流中心的型態特色為專門協助關係企業中的物流支援活動，只從事體系內的配送，如直銷商安麗物流中心只配送安麗體系的相關商品。

1.3　混合型物流中心

混合型物流中心多附屬於企業體內，故在配送對象與商品開發上，大多受到原企業的牽制與影響，自主性相對較差。所從事的流通功能，主要是實體物流配送，除了提供企業的內部物流服務外，亦對外提供配送服務，如佰事達物流；如捷盟行銷不僅管理統一集團體系內的公司；如 7-ELEVEn，也對外提供服務給連鎖鞋店等外部企業。

以上介紹各種物流中心，其作業目的就是與製造商、批發商、零售商密切結合，構成整個物流系統的核心，成為具備多功能的物流據點，使得通路體系內的每個流程都能夠順暢進行，這也是物流中心存在的理由。

有鑑於物流中心型態的認定標準不一，但仍可歸納出常見的六項標準如下所述，「成立背景及經營策略需求」、「供應商或服務對象」、「作業彈性」、「服務區域」、「儲存能力」、「儲存溫度」如表 4.1 所示（顏憶茹等，2005）。

▶ 表 4.1　物流中心類型

依成立背景及經營策略需求	1. 製造商物流中心（捷盟） 2. 批發商物流中心（聯強） 3. 零售商物流中心（全聯社） 4. 直銷商物流中心（安麗、美樂家） 5. 轉運型物流中心（新竹物流、嘉里大榮物流） 6. 生鮮處理物流中心（統昶、全日）
依供應商或服務對象	1. 封閉型物流中心 2. 開放型物流中心 3. 混合型物流中心
依作業彈性	1. 專業物流中心 2. 柔性物流中心（指可隨客戶需求調整物流作業）
依服務區域	1. 城市物流中心 2. 區域物流中心
依儲存能力	1. 儲存型物流中心 2. 流通型物流中心
依儲存溫度	1. 常溫物流中心 2. 低溫物流中心 3. 空調物流中心

2 物流中心作業內容介紹

2.1　物流中心作業成本

　　首先必須瞭解，物流中心作業應該提供客戶（內部或外部）最適化的服務，但是服務水準的高低卻與成本有密切關係，因此成本是設定客戶服務水準的重要考量。圖 4.2 說明主要物流活動中，客戶服務水準與成本的關連性。服務水準越高，成本會隨之增加，但不一定是客戶所需要的服務，而且衍生的成本，客戶也不一定會接受，這是開放型物流中心必須要謹慎設計的；相對的，客戶服務水準越低，則會使客戶滿意度降低，逐漸降低企業競爭力。例如：在物流的運輸配送中，客戶原本希望最合適的收貨天數是 D ＋ 1（指今日寄貨，明日就可收到），但物流中心卻提供了當天送達而要加收費用，這就是客戶不需要的服務；或是物流中心晚了三天才送達，此種延誤服務更是客戶所無法接受的，

也增加了彼此的各項成本，所以物流中心作業應該提供客戶最適化的服務，太過或是不及都不好。因此最適化的成本與最適化的服務，才是客戶能夠接受的，縱使是封閉型或是混合型的物流中心在設計作業內容時，也是一樣要有總成本的觀念與認知，避免成為物流中心及客戶彼此的負擔。

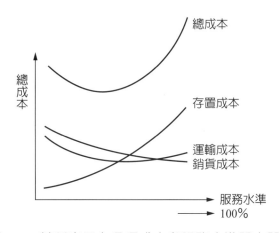

▶ 圖 4.2   某種產品在各項成本與服務水準間之關聯性

物流中心作業成本是以物流作業範圍來計算，成本項目有：訂單作業處理費、入庫驗收費、入庫作業費、保管費、揀貨作業費、流通加工費、出貨檢查費、包裝費、裝車作業費、配送費、退貨處理費、物流管理費等 12 項。據統計，在整個物流作業中，揀貨作業為人力、時間、成本投入最多之作業，揀貨時間佔物流中心整體作業流程的 30 ～ 40%，而揀貨人工成本佔物流中心總成本的 15 ～ 20%。

所以本書所提出的「物流決策系統」是以六種物流因子來作為控制對象，以權衡並決定物流相關企業與客戶可以接受的成本與服務，而發展出企業的物流策略。

2.2   五種互有關聯的物流中心作業內容

愛德華·佛列佐在《供應鏈高績效管理：改善生產服務流程、提升企業績效的物流》一書中，認為物流中心的作業內容，包括了顧客回應、存貨管理、供應、運輸、倉儲作業，這五種作業內容互有關聯，並構成完整的物流中心作業內容，如圖 4.3 所示及如下說明。

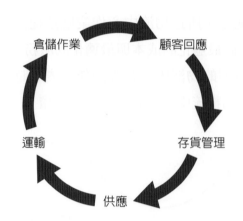

▶ 圖 4.3　五種互有關聯的物流中心作業內容

1. 顧客回應

要做好顧客回應，必須先將外部顧客、公司內部行銷業務部門與其他功能部門的連結做好，且一個好的顧客服務政策，能夠讓公司的訂單流失率、存貨持有成本及配銷成本降到最低。顧客回應的作業元素包括以下五項：

(1) 發展並維繫顧客服務政策。

(2) 發展並持續關注與監督顧客滿意的變化。

(3) 訂單輸入的流程與時間。

(4) 訂單處理的流程與時間。

(5) 簽收單據及帳款回收的流程與時間。

2. 存貨管理

在符合顧客服務政策的要求下，要決定公司所需維持的最低存貨水準。此部分包括：

(1) 存貨預測。

(2) 存貨數量計算。

(3) 服務水準最佳化。

(4) 補貨計畫。

(5) 存貨配置。

3. 供應

供應是透過製造或採購，將存貨數量維持在存貨規劃中的既定水準。供應管理的目標是符合顧客服務政策中所制定的回應時間、需求數量及可取得性，同時將總取得成本降到最低。

4. 運輸

運輸是將供應商及顧客實際串聯起來的功能，運輸的目的是要在顧客服務政策規定的回應時間內及運輸架構的限制下，以最低的成本，將貨物的集散動作完成。實務上，必須先在「顧客服務政策」中，訂定出配送及回應時間的需求標準，並在「供應作業」中決定各種貨物品項的收貨與配送地點，如此才能發展出物流中心的運輸計畫。運輸作業包括：

(1) 運輸網絡設計最佳化。

(2) 車隊管理。

(3) 車輛排程系統。

(4) 外包車隊管理。

(5) 調派及追蹤系統。

5. 倉儲作業

若上述四項作業內容能夠妥善執行，將可大大降低對倉儲的需求。倉儲必須能符合既定的存貨空間，並將勞力、空間以及設備成本降到最低。

由於商業模式不斷演進，對於倉儲作業亦是一大挑戰，因此擁有完備的物流體系，須隨時調整或擴充多種倉儲作業或配送方式，以滿足不同顧客的需求。

2.3　物流中心作業內容應該具備的功能

物流中心的設立會因任務不同，而在功能規劃上有明顯的差異，但是仍可歸納為下述幾項基本功能：集貨發貨功能、倉儲保管功能、理貨揀貨功能、流通加工功能、運輸配送功能、資訊情報功能、結算功能、市場開發、規劃及預測等管理作業。因此可以得知物流中心是執行「物流功能」的重要場所，物流功能的交互連結，形成企業的物流流程。

1. 集貨發貨功能

物流中心可以將分散各地的貨物集中起來。有關供貨的管理、供貨價格、商品品質、交貨數量與日期等，均必須納入管控，對於寄售作業的業者，更必須有寄售管理與調貨功能。

2. 倉儲保管功能

為了滿足市場需求的及時性與不確定性，物流中心需具備倉儲保管功能。管理的重點在於：存貨必須控制在一個合理的範圍、倉庫內儲位的利用，以及縮短商品儲存在倉庫內的時間。

3. 理貨揀貨功能

商品集中處理，並根據客戶對多種貨物與運輸配送的需求，將所需貨物從儲存區中挑選出來。管理重點在於：揀貨與儲存策略、入庫與補貨的配合、各作業時機的調整管理、人員機具設備的充分運用等。

4. 流通加工功能

為了達成客戶的需求，而加諸於商品外觀上的改變所進行的加工活動，例如：拆裝、剪切、分類、組合、重新包裝、製作條碼及貼標等作業，管理的重點包含輔助工具、設備與人力的規劃等。

5. 運輸配送功能

物流中心根據客戶需求，將貨物適時適量送至客戶手中。運輸配送的核心是「配」，即有配貨、配載的含義。運輸配送功能的規劃，包括派車作業、路線規劃、下貨順序、運輸作業管理等。

6. 資訊情報功能

由於物流中心作業複雜，為爭取時效，須有效運用資訊科技以管控各項作業。因此需針對在各個物流作業環節所產生的物流資訊，進行即時採集、分析、傳遞，並向貨主提供各種作業明細資訊及諮詢資訊。

▶ 圖 4.4　物流中心的作業內容應該以客戶為導向

7. 結算功能

是物流中心對物流功能的一種延伸，除了物流費用的結算外，在從事代理、配送的情況下，物流中心提供替貨主向收貨人結算貨款等服務。

8. 市場開發、規劃及預測等管理作業

為瞭解消費習性，經由銷售分析（包含迴轉率、暢滯銷分析與獲利能力等）進行商品管理與客戶管理，並依出貨訊息，預測未來一段時間內的商品進出庫數量，進而預測市場對商品的需求。

　　物流中心的功能是讓物流扮演較主動積極的支援角色，並且能夠在執行物流作業後，給客戶資訊回饋與專業諮詢的建議。另外，物流中心也能夠提供客戶額外的服務，例如：流通加工、資訊功能、市場開發、規劃及預測等管理作業。所以物流中心的作業內容，應該提供以客戶為導向的設計及有效能的物流服務。

顧名思義【寄售（Consignment）】

　　寄售是一種委託代售的貿易方式。它是指委託人（貨主）先將貨物運往寄售地，委託一個代銷人，按照寄售協議規定的條件，由代銷人代替貨主進行銷售，在貨物出售後，由代銷人向貨主結算貨款的一種貿易方式。採用寄售方式，有利於買主可以馬上看到現貨，易於成交，對開發市場、推銷新產品或是處理庫存積壓等有一定的作用。但也有一定的風險，從商品發運到售出，流通時間較長，且要等商品出售後才能收回貨款，因此貨物的資金周轉時間較長，資金回收的風險較大。

顧名思義【越庫（Cross-Docking）】

　　是指商品在物流中心收貨後，直接越過物流中心（不再入庫儲存），直接出貨送到下游的客戶端，可以用最少的搬運和儲存作業，減少了收貨到發貨的時間，也降低了倉庫儲存空間和商品的保管成本。近年企業為降低庫存成本，不同供應商的各種商品到達物流中心後，對商品立刻加以分揀與組配後，直接送至裝載區，立即把商品運至下游的消費點，如此可縮短前置時間及減少貨物流通成本，降低庫存量。

 **國際標竿**

中法興物流：在全球五大洲從事高品質的物流服務

"現今所謂的國際性物流公司，是必須有能力伴隨著客戶，在全球五大洲為客戶從事高品質的物流服務"

Eric HEMAR
ID LOGISTICS 總裁

中法興物流股份有限公司是家樂福與法國享譽盛名的國際物流公 CAVAILL. LON 所成立的公司。該公司之經營團隊在物流領域具有多年且豐富的本地與國際經驗，對於第三方物流的服務、統倉的規劃、倉儲作業、庫存管理及運輸配送等，均得到客戶極大的肯定與滿意。

中法興物流在臺灣的子公司初期就以替家樂福做後勤服務起家，家樂福是它主要的物流合作夥伴。指定供應商交貨到中法興的物流中心，中法興幫家樂福驗收儲存，再接受家樂福全國各店的調撥或買貨，然後中法興派運輸車隊將各店所需載運到家樂福各店，採「少量多次」的訂、進貨方式，符合 JIT（Just In Time）的理念。目前該公司在桃園蘆竹、崙坪及台南新市的物流中心為臺灣家樂福之統倉，為家樂福在全國的量販店提供服務。近年也在高雄岡山本洲工業區物流專區內，成立一座物流中心。自食品雜貨、非食品、CD、大型家電的收貨、儲存、理貨、運輸配送到庫存盤點作業，自標準模式到 Cross-Docking 越庫作業的板、箱、件之理貨作業，所有流程與成果均達到高標準的關鍵績效指標（Key Performance Indicators, KPI）。除此之外，中法興公司位於桃園、林口及台南的倉庫亦同時為其他（不是家樂福）的客戶提供高品質的第三方物流服務。

中法興物流認為無論身處何種行業，最重要的是能夠深入暸解客戶的行業特性，而與客戶建立起密切的合作關係。從大宗民生物資到汽車或其他工業，所有產品的發展越來越快速，中法興物流相關的服務也越來越講究。

就中法興物流而言，「研發」部門是提昇物流效率的最大關鍵。該公司擁有專業的研發團隊、熱忱的服務精神與完善的資訊系統（設備 AS／400 ＋ WMS 管理系統），並秉持（Worldwide Standard Logistic Services, WSLS）全球標準化物流服務的經營理念，不斷地為客戶尋求最佳化及客製化的物流方案，以降低成本達到雙贏的合作目標。

資料來源：取材修改自中法興物流官方網站，http://www.id-logistics.com.tw

顧名思義【關鍵績效指標（Key Performance Indicators, KPI）】

　　關鍵績效指標又稱主要績效指標、重要績效指標、績效評核指標等，是指衡量一個管理工作成效最重要的指標，是一項數據化管理的工具，必須是客觀、可衡量的指標。美國管理學大師彼得‧杜拉克（Peter Drucker）也說：關鍵領域的指標，是引導企業發展方向的必要「儀錶板」。

顧名思義【倉儲管理系統（Warehouse Management System, WMS）】

　　倉儲管理系統為運用資訊科技幫助物流企業有效掌握商品的流向、存貨數量和倉庫的使用率的一種軟體系統，使用簡單且廣受市場接受的技術，提供精確的倉儲營運資訊，從接受訂單到出貨之間的入庫、補貨、揀貨、盤點、品檢、流通加工、出庫等所有流程皆可涵蓋。

顧名思義【電子訂貨系統（Electronic Ordering System, EOS）】

　　傳統訂貨工作，都在電話或單據中進行，難免會錯，因此常會有送錯商品或送錯數量的事情。在零售點所發生的日常事務處理作業中，補充訂購、進貨業務佔了很大的比重，為了排除庫存過剩及防止斷貨的現象，管理者要在短時間內正確處理，需要具有相當經驗的人員負責，若使用 EOS 電子訂貨系統，即可解決以上問題。因 EOS 電子訂貨系統是 24 小時全天服務，零售點可以利用空檔或夜間利用 EOS 電子訂貨系統執行採購，EOS 系統是結合電腦與通訊方式，在零售點所發生的訂購資料，就在該發生地點自動的輸入，並透過通訊線路，連線傳送到總公司、批發商或製造商之系統中。

顧名思義【銷售時點情報系統（Point of Sale, POS）】

　　是一種廣泛應用在零售業、物流、流通的電子系統，主要功能在於統計商品的銷售、庫存與客戶購買行為。業者可以透過此系統有效提升經營效率，可以說是現代經營上不可或缺的必要工具。

💡 **顧名思義**【檔案傳輸協定（File Transfer Protocol, FTP）】

是一種能讓電腦與電腦透過網路互相傳遞檔案的通信規範，能讓使用者在 Internet 上傳遞檔案的程式。

 物流故事 📍

3C 物流中心的物流作業流程

某大 3C 物流中心大量運用條碼資料收集設備以及無線網路，將倉儲管理資訊系統與即時性資料傳輸及辨識作最有效的整合應用，該倉儲管理作業之條碼應用主要分為五大部分：收貨流程、揀貨流程、集貨流程、配送流程以及自動倉庫流程，流程圖與運作說明如下。

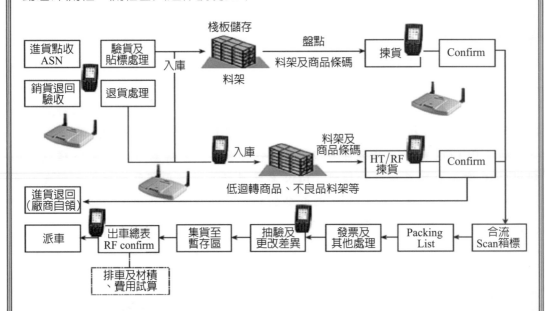

收貨流程條碼應用模式

採「資、棧、貼、入」作業流程，即收貨資訊透過 EC（Electric Communication）經 ERP 轉拋至倉儲管理系統（Warehouse Management System, WMS），當商品送達碼頭時，收貨棧板標籤已產出，送貨廠商在貨車後端完成更換棧板作業，貼上棧板標籤，倉庫人員立即依標籤所指定之儲位搬運入庫，再刷取儲位

條碼即可。倉儲管理系統則將收貨資訊傳回 ERP 來更新庫存資料，讓銷售人員可以鍵單出貨。通常一部 10 噸大卡車承載約 16 個棧板之商品，在一小時內即可完成以上流程。以每日 3 個人力，已有收貨 2 萬材（Cubic Feet）之效能（約 20 輛 10 噸大卡車貨量）。

【註：1 材＝ 1 Cubic Feet（立方英呎）＝ 1 英呎 ×1 英呎 ×1 英呎＝ 1（立方英呎）＝ 12 英吋 ×12 英吋 ×12 英吋＝ 1728 立方英吋】

揀貨流程條碼應用模式

採「配、揀、貼、驗、序、投」作業流程，即訂單由 ERP 依時序自動轉拋至倉儲管理系統，倉庫管理系統依梯次配置訂單，印出揀貨標籤等資訊，現場揀貨貼標，以無線資料收集器刷取箱號條碼執行電腦驗放，依電腦指示執行序號管制作業。目前揀貨效能約 50 揀數／人－時，訂單處理量約 1,000~1,300 單／日，揀貨量約 3,000~4,000 揀數／日。持續改善流程，適時投資有效設施，預期於「驗、序」完成自動化後，可提升兩倍以上的揀貨效能，達 100 揀數／人－時，以相同人力資源足以支持 160 億元之業績出貨。

集貨流程條碼應用模式

採「梯次集貨、派車分類、整車運出確認」作業流程，除特殊梯次外，通常以截單時間分成 11:30 R1 梯次、16:30 R2 梯次、及 18:00 R3 梯次，於各梯次截單後約一小時內，須完成集貨點交運輸，配送車輛須於半小時內完成裝載，運離物流中心。集貨人員於貨物運出同時，以無線資料收集器刷取派車單號條碼執行運出確認作業。屬新竹以北之配送商品規劃於 B1 集貨，中南及花東等之配送商品則規劃於 1F 集貨，其間以固定掃瞄器刷取箱號條碼來作為分類管控。

配送流程條碼應用模式

主要在管制車輛裝載效能、進出物流中心時間及配送的送達時間。當車輛靠碼頭裝載商品時，刷取配送單號條碼，直到車輛離開碼頭，由警衛人員再刷取配送單號條碼，此時間段即定義為裝載時間，其目標須小於半小時。商品送達客戶處時，則以資料收集器刷取送貨單號，透過全球行動通訊系統（Global System for Mobile Communications, GSM）將該單號送達時間即時傳回，以管理「準點率」，目前約 90% 可以在準點內送達。其它因外在路況有不確定性時，SOP 要求配送人員需於半小時前主動向客戶聯絡，說明延後送達時間以取

得客戶諒解，減低客訴程度。至於無法以量化收集的『服務態度、服務意識』，則以抽樣電訪方式來評核。

自動倉儲流程條碼應用模式

為了提供更高的儲存效用，3C 物流中心投資約四千萬元，建置自動倉儲一座，其規格為高 24 米、寬 9 米、深 50 米，兩台存取吊車，共可儲存 2,080 棧板，每個儲位規格為 100cm×120 cm×165 cm。自動倉儲收貨時，經由刷取棧板條碼，吊車自行將商品移載入儲位，並將儲位資訊傳輸給倉儲管理系統即完成。出庫時，則由倉儲管理系統下指令給自動倉庫，吊車即至指定儲位將棧板移出自動倉儲，可達到自動補貨及出貨功能。目前自動倉儲進出貨效能約為一棧板 2 分鐘。

3 物流設施介紹與使用評估

3.1 物流中心設施區位設置

物流中心的設施區位選擇，其優先順序是以降低物流中心整體作業成本為首要目標，其設置受到國內各項法規及經濟因素影響很大，土地、倉庫、運輸、倉儲、租稅都是必須考慮的項目。倘若未經縝密的規劃過程就貿然興建，經常就會發生中途變更設計的情形，其改變設計之成本係呈指數函數遞增，如圖 4.5 所示，中途變更設計這將造成日後物流中心營運的負擔。

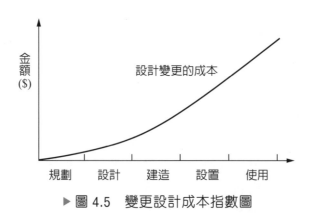

▶ 圖 4.5　變更設計成本指數圖

資料來源：Tompkin, Facilities Planning, 3rd, 2005 .

3.2　設施區位的選擇

　　設施區位選擇乃是以降低物流整體作業成本為主要目標，因此不僅須考慮短期之操作成本，同時亦須考慮長期資本投資之平衡。在進行設施區位選擇決策時，除了考量可以量化之成本因素外，尚須顧及不能量化之定性因素。設施區位選擇可因產業不同而有很大的差別，主要視其投入、產出因素與營運程序而定。區位選擇除了上述可控性考量及供需因素影響下，也需考量外部因素，其中政治及經濟因素的影響層面更大，不可忽視。一般可將這些外部影響因素區分為三類：技術性因子、經濟性因子及社會性因子，如表 4.2 所示。分述如下：

▶ 表 4.2　區位選擇之因素

技術性因子	經濟性因子	社會性因子
地形 水源 氣候 副產物、廢棄物 地質 排水	原物料 運輸 電力、燃料 人力資源 所得 市場 通訊 地價、租金 競爭狀況	法令 國土計畫／都市規劃 社區居民態度 個人、傳統性因素 人口年齡層分佈

　　從上述說明可瞭解要建置物流中心需考慮層面很多內外部因素皆需納入評估，畢竟物流中心建造所費不貲，不可不慎。以下是物流中心區位選擇基本考量：

1. 時效及市場考量

包括與供應商及客戶的距離、交通的便利性及土地成本等要素。如桃園市龜山區、蘆竹區、大園區聚集多家物流中心，因為地點靠近機場、東西向快速道路、貨櫃場、高速公路、臺北港，運送較為便利；幅員等距擴及大台北地區、桃園及新竹地區等臺灣主要消費市場，符合配送及時的要求及廠商推廣市場的利益。

2. **土地成本及擴張考量**

   因爲鄉村或郊區土地價格相對於在都市較便宜，而且可取得面積廣闊完整，擴建較爲容易，若設在工業區則有限制且不易取得。

3. **人力資源考量**

   物流中心爲倉儲運輸業的一環，與海運、空運、快遞業者、公路運輸業者的人才可以互通交流，專才相似，如果設施區位選擇在蘆竹、大園及龜山一帶，因爲有豐沛的常住人口，則較無人力短缺的困擾。

3.3　土地取得評估

　　物流中心所需土地面積約 3000 ～ 5000 坪，但是規劃土地和建築物時，必須考慮各縣市政府對於建蔽率及容積率的規定，有關規定及說明如下：

1. **建蔽率**

   建蔽率是指一塊建築基地內，其建築物之最大水平投影面積（即建築面物流與運籌管理積）占基地面積之比例。建蔽率是房屋投影面積與基地面積的比率，建蔽率小代表空地面積大，建蔽率大代表空地面積小，建蔽率的設立，目的在規定建地必須留有空地，以維持環境品質，如圖 4.6 所示。

   例如：基地面積 100 坪，建蔽率爲 60%，則建築面積爲 100 坪 ×60% ＝ 60 坪。

   例如：100 坪基地上，房屋的投影面積爲 20 坪，則建蔽率爲 20%。

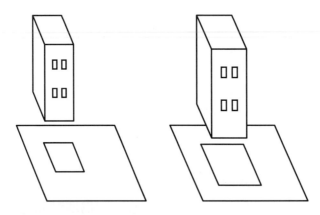

▶ 圖 4.6　建蔽率：房屋投影面積與基地比率示意圖

2. **容積率**

   容積率是指建築物地面上，各層樓地板面積之和與建築基地面積的比率（不包括地下層及屋頂突出物），簡言之即建坪與地坪之比。

例如：基地面積 100 坪，容積率為 225%，則總樓地板面積為 100 坪 ×225%＝ 225 坪。

實施容積率的目的：

(1) 有效控制都市建築物之密度及人口分佈。

(2) 增加建築物造型的彈性，使都市景觀豐富有趣。

(3) 改善建築基地的實質環境品質，增加空地的有效性。

3. 建蔽率與容積率的關係

兩者同為都市計劃中，控制土地使用強度的法規。建蔽率是以建築物之最大投影面積和基地面積之比，來限制其使用密度；容積率則是以建築總樓層地板面積和基地面積之比，來限定其使用密度。在相同的地基上，相同的容積率可以有不同的建蔽率，例如：在 100 坪的地基上，限制容積率為 180%，設計師卻可以有不同的設計，如果設計為九層樓且每層樓板面積都是 20 坪，則其建蔽率為 20%，容積率為 180%，或者設計為六層樓且每層樓板面積都是 30 坪，則其建蔽率為 30%，容積率亦為 180%，或設計為三層樓且每層樓板面積都是 60 坪，則其建蔽率為 60%，容積率亦為 180%。簡而言之，建蔽率屬平面管制，容積率是立體管制。

3.4　建築物與設備規劃

物流中心的建造成本、外觀及使用年限等，都會影響當時投資物流中心的營運效益及回收年限。物流中心的整體建造如下：

1. 建築物的構造

永久性及臨時性考量，其相關因素比較分析，如表 4.3 所示。

▶ 表 4.3　物流中心結構考量因素表

主要項目	永久性	臨時性
硬體成本	較高，成本折舊逐年攤提	較低，依取得年限攤提
結構體	RC：鋼筋混凝土構造 SRC：鋼骨＋鋼筋混凝土的混合構造 SC：純鋼骨構造	力霸式或一般鋼架
外覆材料	ALC、RC、庫板、中高價位鋼板	中低價位鋼板
外觀性	表現企業形象造型講究	簡化，強調功能

物流與運籌管理

主要項目	永久性	臨時性
隔熱材	耐久性、防火性特殊鋁箔 24K以上的玻璃棉發泡PU、PS、岩棉、防火板	中低價位,依儲物需求一般鋁箔16K 玻璃棉PA、PE、OPP、EVA
採光通風	固定式耐候性佳,自然通風器、FRP板、耐 UV 處理	可拆式,適當使用年限器材通風機、電扇
地平表面及結構	Epoxy 5〜8 公斤／平方公尺金鋼砂特殊耐磨地坪,以雙底鋼筋3000psi控制地面平整及伸縮縫填劑	依實際需要,堪用即可或A／C或以單層點銲鋼絲網2500〜3000psi加適量金鋼砂、機械整平
計畫使用年限	15〜25 年	3〜5年
執照登記	正常申請建照,可辦營業登記合法建築,可申辦貸款,或保稅倉庫等	違章建築有被拆除的可能,起造人為地主不可辦貸款,風險較高
消防	合法建築依法規定設置消防系統,於保險時可降低保費	投入資金較少,或不盡完善的考慮,保險公司相對要求較高保費或拒保

▶ 圖 4.7、4.8　自動倉儲棧板存取系統

▶ 圖 4.9　多樓層式 RC 結構倉庫

2. 設備規劃

物流中心的料架規劃，表 4.4 說明傳統貨架倉儲與自動化倉儲設備的主要區別。圖 4.10 為物流中心的自動化倉儲系統（Automated Storage & Retrieval System, AS/RS）。

▶ 表 4.4　傳統貨架倉儲與自動化倉儲設備的主要區別

項次	項目	傳統貨架倉儲	自動倉儲系統
1	佔地面積	◆佔地面積大。 ◆料架之間需保留足夠寬度供堆高機迴旋，浪費許多寶貴空間。	◆佔地面積小。 ◆料架之間僅留棧板深度的巷道寬，即足夠存取機的作業，省許多空間。
2	料架高度	◆低。 ◆一般堆高機可達5～6米高，即使利用高揚堆高機，亦不超過10米，且價格貴。	◆高。 ◆存取機可達30米高，於寸土寸金的情況下，具有很高的經濟性。
3	作業時間	◆不一定。 ◆堆高機須靠駕駛員對準庫位，時間較不易掌握。	◆穩定。 ◆不論庫位高低，所需時間都已設定，數秒內即可達成。
4	物品存取	◆以人就物。 ◆倉管人員須至一定的料架上存取貨品。	◆以物就人。 ◆電腦可指揮自動搬運設備，省力又方便。
5	物料類別	◆同類同區。 ◆為便於人工記帳及尋找方便，常須將同類料品集中存放於同一區域。	◆隨意存放。 ◆不以品別區分，取出時，只要在電腦輸入該項貨品的代碼即可。
6	破損率	◆高。 ◆易因駕駛員操作不慎而破損貨品。	◆低。 ◆存取機自動定位，精確存取貨品。
7	盤點	◆費時費力。	◆輕鬆確實。 ◆利用倉儲電腦確實管理料帳，對於公司主管決策判斷，助益頗大。
8	情緒問題	◆大。 ◆因倉管人員情緒而影響作業。	◆無。 ◆只要落實設備保養，不會發生問題，不怠工、不罷工。
9	安全庫存量	◆未能有效管理物品。	◆能設定安全存量，隨時掌控物料。

資料來源：黃仲正、劉永誠，物流管理

▶ 圖 4.10　某物流中心的自動化倉儲系統

3.5　物流自動化

　　物流作業過程複雜，涉及大量裝卸、搬運、分類及流通加工等作業活動，除了堆高機等搬運設備外，導入自動化機械設施，提升效率，減少錯誤率，更形重要。相關物流自動化應用工具與技術說明如下：

1. 條碼

　　條碼（Barcode）是推動物流現代化最基本的元件，條碼藉由光學自動讀取設備，可以使用於物品追蹤、控制、管制，減少抄錄作業，操作簡便，是一種普遍用於商品製造、銷售與流通的自動辨識系統。在自動化物流系統中，利用條碼作為物品辨識的工具，可使物流作業如入庫、裝卸、理貨、分類、揀貨、儲存、出貨等作業程序更簡化。在現代商業自動化的資訊管理系統中，條碼也是實體與資訊流通的基礎，物流中心若要建立各種作業資訊系統，例如：電子訂貨系統（EOS）、銷售時點情報系統（POS）以及庫存管理、運輸配送、流通加工，條碼都是必須建立的第一步。條碼應用如圖 4.11 至圖 4.13 所示。

▶ 圖 4.11　條碼是推動物流現代化最基本的元件

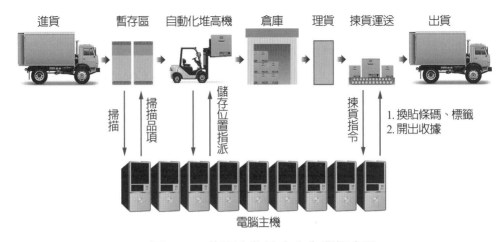

▶ 圖 4.12　條碼在物流中心作業概念圖

資料來源：黃仲正、劉永誠，物流管理

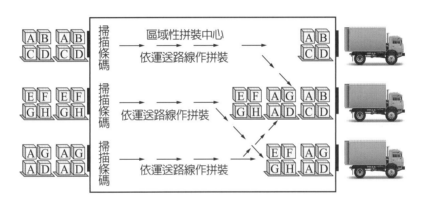

▶ 圖 4.13　條碼與貨品運送拼裝組合作業

資料來源：黃仲正、劉永誠，物流管理

2. 無線電揀貨技術

　　無線電揀貨技術（Radio Frequency, RF）是一種無紙化的揀貨系統，把一般傳統揀貨單更改為電腦（或掌上型電腦）方式的揀貨，尤其較多應用在手推車及堆高機上。無線電揀貨技術主要是在手推車及堆高機上加裝了一組電腦、條碼掃描機及無線電的天線，客戶的訂單資料可直接由電腦經 RF 傳輸到手推車及堆高機上的電腦，在電腦螢幕上可以看到倉儲的佈置方式，同時經過電腦排訂好揀貨路線、要揀的商店、商品、數量及儲位號碼等畫面資料。揀貨時以條碼掃描機掃描儲位上的條碼，如果儲位不正確就會發出聲音警告，當揀貨完成後，只要在電腦上按確認鍵，揀貨的資料就會利用 RF 傳輸到電腦主機將帳料扣除，接著就會出現下一筆揀貨的資料，以此重複操作就可以完成整個揀貨作業。

3. 數字揀貨技術

數字揀貨技術（Digital Picking System, DPS）也是一種無紙化的揀貨系統，在國內稱作電子標籤揀貨，是屬於電腦輔助揀貨（Computer Aided Picking System, CAPS）的一種。一般傳統揀貨是憑紙本的揀貨單揀貨，除了要列印揀貨單而花費可觀的時間外，還浪費許多紙張成本與承受非常高分貝的噪音傷害。而數字揀貨技術主要是把列印揀貨單的流程省略，而在每個料架上加裝一組 LED 顯示器，客戶的訂單資料可直接由電腦傳輸到料架上 LED 顯示器，揀貨人員只要看 LED 顯示器上的數字來揀貨即可，揀貨完成之後，只要按一下確認鍵，即完成揀貨的動作，同時自動把料帳扣除，如圖 4.14。

▶ 圖 4.14 物流中心的數字揀貨設備

另一方面，由於人工的揀貨作業佔物流成本相當高的比例，因而成為物流作業中首要改善的目標。因為揀貨是將貨物從庫存區取出，以作為出貨準備，因而儲存型態、作業需求與設備選取都會影響到整個揀貨作業效率。

4. 電子資料交換

電子資料交換（Electronic Data Interchange, EDI）可以將入出貨訊息標準化及格式化，以提升處理效率。EDI 利用電腦與通訊傳輸方式，將交易雙方彼此往來的文件，如詢價單、報價單或訂貨單等文件，建立標準格式（如FTP）的電子資料，直接轉檔並由交易對象接收，如圖 4.15 說明人工作業與EDI 系統的比較。

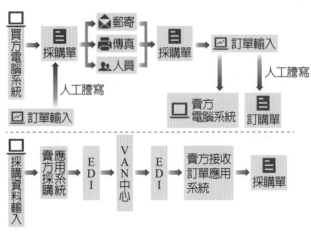

▶ 圖 4.15 傳統與 EDI 文件處理之比較

資料來源：黃仲正、劉永誠，物流管理。

5. 網際網路技術

由於網際網路（Internet）的發明及應用，對於物流業產生非常大的影響，在 1980 年代初期為了接單，許多企業都在煩惱如何建立加值網路系統以及 EDI 的交換標準，如今網際網路技術的導入及應用，可以讓大家以 E-mail 方式傳送訂單。或者建立資訊系統進行轉檔，這些技術對物流業的作業效率有很大的幫助。

4 物流中心設施之安全維護與風險管理

物流中心的整體設施，儼然如同一座廠房，對於現場的管理、設備的安全維護，導入 5S 作業可收安全成效，也是維護物流中心安全的技術。另外根據研究，具職業安全衛生的物流中心生產力是不安全物流中心的 11 倍，所以一座合乎國家安全衛生法規的物流中心對員工、附近民眾和社會將是十分重要的。而風險意指具有危害性的機率，如設備失效、資料洩漏、火災、水損、員工犯罪行動、颱風、地震、蟲害、環保事故等，只要妥善地維護物流中心的設施與作出合適的防範決策，即能夠規避風險。本單元將介紹 5W1H、5S 對職業安全衛生以及風險管理等議題之關連性。

4.1　5W1H 執行要點

物流中心設施之安全維護工作，除設施選購作業、動線規劃，硬體建置前安全性需先注意外，其他的部分則須由全體成員參與才可以完成，以下說明以 5W1H 的要點來掌握安全維護。

1. Where、What

物流中心須在樓層清楚標示何處（Where）設置什麼（What）。物流中心的空間配置是否完善，將直接影響平日的作業安全及可能產生的風險，其空間配置包括各項作業主體，如機具、物料、人員、貨架、商品及作業空間等安排。

2. Who

設置看板，標示由何人（Who）管理責任區域及設備，負責人的緊急聯絡電話及職務代理人的聯絡方式等。

3. When

明確規定負責人按表訂時間，前往負責區巡視檢查及設備是否正常運作等。

4. How

(1) 設備或區域負責人須熟悉如何（How）維護的標準作業程序。

(2) 設置「維修記錄表」，由負責人紀錄維護時間及有無異常狀況。按規定須按時校正及定期維修保養的機具設備，如溫、溼度記錄器、冷氣機等有無紀錄定期校正或定期保養等。

(3) 檢查客戶的存貨有無異常，工作設備、器具有無就定位或者佔據通道及作業空間等。

(4) 檢查商品存放的高度及貨品的危險等級並予以分類分區存放。

5. Why

透過教育訓練，讓物流中心員工了解為什麼（Why）執行以上作業，如果不執行會產生何種後果。尤其是在發生緊急狀況時，雖然緊急狀況主要是由火災、地震、停電情況所產生，但是火災是此三者中最普遍且造成鉅額成本損失的災難，具有毀滅性的風險。根據統計，火災成因以電線走火為首要原因，例如：電器設備（如線路、開關、馬達、電熱及電燈元件等）因安裝、操作及維護不當、超過負載而引起火災。因此，物流中心需隨時準備可以降低損害之滅火器，以利待命，且滅火器也需定期維護，避免危急時撲滅功能減低。

▶ 圖 4.16　某物流中心滿滿的滅火器

另外，當問題發生時，也可用「為什麼-為什麼分析」（Why-Why Analysis），也被稱作 5 個為什麼分析，它是一種診斷性技術，被用來找出問題的原因。不斷提問：為什麼前一個事件會發生，直到回答到「沒有更好的原因」時，才停止提問。通常需要至少 5 個「為什麼」，但 5 個 Why 不是說一定就是 5 個，可能是 1 個，也可能是 10 個。

　　5W1H 除可用來掌握物流中心的安全維護，另外在事故或作業不順的情況發生時，也可以用在原因的分析上。

臺灣典範

統一企業：打好物流基礎，擴大商機

　　零售業絕對少不了物流體系的支援。早期臺灣對物流絲毫沒有概念，1977年統一企業籌備統一超商，引進 7-ELEVEn 在臺灣發展，當時國內零售業的供應廠商習慣要收到現金才送貨，可見當時是廠商直接送貨到店的傳統物流階段。但是每家便利商店門面小，平均有 3,000 多種商品，若以 7 種品項屬於一家供應商來計算，一家門市得要面對 400 家供應商，如此每天將有數百輛小貨車穿梭在小小門市，店員忙著清點處理供應商的進貨，就會沒有時間服務客戶。

　　由於臺灣產業聚落相對不完整，無論要集中配送商品到門市、或生產一個全程 18 度 C 保鮮的便當，7-ELEVEn 都得自己成立關係企業。因此，在還只有 15 家店時，7-ELEVEn 仍決定在北部和南部設立兩座物流中心，使商品可以集中配送，減少門市缺貨，這也是早期會虧損的主因，因當時 15 家店的規模太小，不足以支撐兩座物流中心，但是若不建物流中心，未來的發展就會受阻。

　　1986 年，7-ELEVEn 終於開始獲利，更加大投資腳步。其中影響最重大的，就是導入 POS（Point of Sales，銷售時點情報系統），這套系統日本超商早已實施多年，用於協助門市精準掌握每天的銷售數字，只是一套要價高達新台幣10 億元，但還是下定決心投資。

　　如今，門市、物流和資訊流架起的全方位供應網，儼然已成為 7-ELEVEn 接觸客戶、滿足需求的鐵三角。當年的兩座物流中心，已擴大成 4 個專業物流公司、36 個物流中心；門市訂貨的 4 千多種商品，每天都可以在半小時誤差內，精準地送達貨架；從 POS 系統起步的資訊系統，也因為從數字中挖掘出消費者生活改變的趨勢，而進一步掌握商機。

　　而有鑑於以客戶為主體，Door to Door 物流型態的宅急便，帶來國內商業模式的改變，未來成長的空間仍大，因此更與日本大和運輸公司合資，成立統一速達，讓 7-ELEVEn 在有限的門市空間裡，更延伸出無限的商機。

資料來源：部分取材修改自經理人月刊。

4.2　5S 現場環境管理

　　5S 運動源於日本，是指在生產現場中，對人員、機器、材料、方法等生產要素進行有效的管理，這是日本企業獨特的一種管理辦法。

　　日式企業將 5S 運動作為現場管理的基礎，使產品品質得以迅速地提升。而在豐田汽車公司的倡導下，5S 運動對於塑造企業的形象、降低成本、準時交貨、安全生產、高度的標準化、創造令人心曠神怡的工作場所、現場改善等方面發揮了巨大作用，逐漸成為現場管理的新潮流。

　　5S 運動可應用於製造業、服務業等改善現場環境的品質和員工的思維等，使企業能有效地邁向全面品質管理，主要是針對現場，對人員、機器、材料、方法等生產要素開展改善活動。將 5S 運動運用於物流業的優點有：

1. 提供安全舒適的工作環境。

2. 提高物流中心空間利用率。

3. 提昇工作效率、作業品質。

4. 有秩序的管理，減少沒有必要的浪費與損失，降低成本及風險。

　　實施 5S 運動前，第一件事是給工作場所拍照，這些照片在 5S 運動全面展開後，用來作為改善前後的比較。故要仔細標明每張照片的拍攝地點，以便得到照片拍攝前後的對比，相片都要標註日期，要拍彩色照片，對實施顏色管理有幫助。

4.2.1　5S 運動的作業內容

4.2.1.1　整理（SEIRI）

1. 將物流中心內部物品區分兩類，一類為必需品，另一為不需要的物品。

2. 將「要」與「不要」的物品分開，再依使用頻率，區分儲藏位置或丟棄。

3. 清理場地：物流中心內有許多沒用的雜物，用紅色牌子給它們做上記號，謂之紅牌大作戰，使任何人都能看清楚哪些東西該處理掉。制定明確標準說明「什麼是必需的」、「什麼是沒用的」，免得引起爭論。紅色牌子建議要由不直接管理機器、設備和作業區的人去掛。

4.2.1.2　整頓（SEITON）

1. 把必要用的物品，并然有序地放置在容易取得的位置。

2. 必須做到固定位置的擺置、固定的擺放方式及清楚的標示。

3. 整頓倉儲：清理完畢之後，用字母、號碼，給每台機器、設備及存放地點編一醒目的大標籤。整頓時，記住三個要點：什麼東西、放在什麼地方、放了多少，這樣所貼標籤就能讓所有人對這三個問題一目了然。因此在所有 5S 步驟中，影響最大的要算整頓工作，所以複查很重要，可以用表格作評估及管理，如表 4.5 所示。圖 4.17 為物流中心每物皆有固定位置的擺置。

▶ 表 4.5　整理整頓檢查表

部門：		檢核者　　　　　　日期：　年　月　日			
對策	NO	檢核點	檢核		對策
			OK	NO	完成日期
庫存區	01	置物有無揭示三定看板？（定容、定量、定位）			
	02	是否一眼即能看出定量標示？			
	03	物品放置是否呈水平、垂直、直角、平行？			
	04	置物場有沒有立體化之餘地？			
	05	能夠「先進先出」嗎？			
	06	為防止物品碰撞是否有緩衝材或隔板？			
	07	能防止灰塵進入嗎？			
	08	物品是否直式擺放在地面？			
	09	不良品的保管是否有明確的訂定置物場？			
	10	有無不良品的放置場之看板？			
	11	不良品是否容易看見？			
工具	12	有沒有決定不良品的放置場所？			
	13	放置場所是否有揭示三定看板？			
	14	工具本身是否有貼上名稱或代碼？			
	15	使用頻度高的工具是否放置作業之近處？			
	16	能否依產品別整套方式來處理？			
	17	是否依作業程序來決定放置方式？			
	18	工具在作業揭示書中有無指定場所？			
	19	工具是否凌亂，能否在當場就看得出來？			
	20	工具顯得凌亂，是否當場即予整理？			
	21	工具能否依共通化而將其減少？			
	22	工具能否依可替換而將其減少？			
	23	是否有考慮歸位的方便性？			
	24	是否在使用場所之十公分以內規定放置處？			
	25	是否離於十步以外之處？			
	26	是否放置方位很低，不彎腰就無法拿到？			

4.2.1.3　清掃（SEISO）

1. 將物流中心現場內的灰塵、油污清除乾淨（含辦公室及現場作業區）。

2. 藉助經常打掃，應用五官（看、聞、舔、聽、摸）來察覺週遭環境（人、機、料、方法、條件）是否正常。

3. 固定打掃程序有三大塊地方要打掃：倉庫區、設備和周圍環境。最好把工作場所劃分成小塊區域分發任務，然後列表排定值日順序，輪流打掃是好方式。特別是對公用區域而言，畫出清潔責任圖，排出打掃時間表，確定輪值人員的清潔時間、地點和清潔內容，把責任圖和時間表掛在人人都能見得的地方，建立起每日五分鐘打掃習慣。聽起來五分鐘太短，做不出像樣的事情，但如果打掃效率高，做出的成績會讓人吃驚。

4.2.1.4　清潔（SEIKETSU）

1. 清潔有維護、維持之意。環境的清潔必須經常維護，應將整理、整頓、清掃三樣工作徹底實施及維持，以根絕污染來源，達到改善目的。

2. 制定工作場所清潔標準：只要每個人都出力，工作場所就能始終保持乾淨。工作環境要保持「三無原則」─無非必需的物品、無亂堆亂放、無塵土。

4.2.1.5　教養／紀律（SHITSUKE）

1. 養成遵守規定與紀律的習慣，5S 運動就是希望員工把整理、整頓、清掃、清潔等行動養成習慣和紀律，建立可信賴的工作環境。

2. 實行視覺控制：開展富有建設性的批評，是實行 5S 運動訓練和紀律步驟的基礎之一。最理想的是創造一個工作場所，只要一眼就能看出缺陷，因而可以採取措施補救。並且和改善前拍的照片相比，把 5S 成果照片張貼在大家都能看得見的地方。如有可能，獎勵成績最佳的員工，激勵大家一起進步。

　　5S 運動各活動內容如表 4.6 所示，圖 4.18 與圖 4.19 為力行 5S 運動的優質物流中心。

▶ 表 4.6　5S 的基礎概念

5S項目	定義	說明	效果	目的
整理 SEIRI	清理 雜亂	將物品分為要與不要的物品，不要的予以撤除處理	作業現場沒有放置任何妨礙工作或有礙觀瞻的物品	降低作業成本
整頓 SEITON	定位 管理	規劃安置，將要留用的物品進行定位管理	物品各安定位，並且可以快速、正確安全的取得所要的物品	提高工作效率
清掃 SEISO	清除 污塵	清掃工作場所，把物品、設備、工具等弄乾淨，並去除污染源	公共場所無垃圾、無污穢、無塵垢	提高產品品質
清潔 SEIKETSU	保持 乾淨	保持工作現場無污無塵的狀態，並防止污染源的產生	明亮清爽安全的工作環境	激勵工作士氣
教養／紀律 SHITSUKE	遵守 規範	使大家養成遵守規定、自動自發的習慣	全員主動參與，養成習慣	防止工作災害

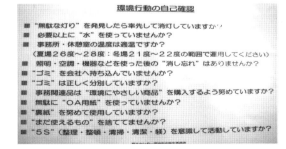

▶ 圖 4.18　日本藥品衛材物流中心的 5S 運動

▶ 圖 4.19　臺灣力行 5S 運動的物流中心

4.3　職業安全衛生與風險管理

4.3.1　職業安全事故原因分析

　　安全是人類重要的生活需要，衛生更是維持人類健康，增進生活品質的必要條件，因此職業安全是工作和生活上所不可或缺。我們努力的工作，致力於發明，主要還是爲了改善工作和生活條件，提高品質，過著安全又舒適的生活。物流中心改善安全作業的動機，最明顯的是來自疾病、傷害、殘廢、死亡事故的刺激，第二是設備、貨物發生損失，第三則是警覺到安全事故趨勢上升時。

　　在過去的意外事故原因的分析上，其實人的不安全行爲就占了 98% 以上，而物的不安全狀態（例如：機器故障等）則占 2% 以下，故經由消除 98% 人的不安全行爲及 2% 物的不安全狀況，就可以消除所有的事故。

　　每一件嚴重的傷害事故發生之前，其實就有 10 倍數目的輕傷害事故及數百件的潛在地、不以爲意地不安全行爲發生，只是大家都不注意，經常是把它歸諸於是運氣，其實這是不正確的觀念，只要把全部心力放在降低減少 98% 人的不安全行爲上，就可以大大減少意外事故的發生。

　　1931 年，美國職業安全理論的先驅韓笠奇（W. H. Heinrich）提出有名的「骨牌理論」（Domino Theory）來建立安全的職場環境。他將意外事故的前因後果，分爲五個相互作用的不同因素，依序爲：

1. 血統與社會環境。

2. 個人的缺點。

3. 人的不安全的行爲或物的不安全狀態。

4. 意外事故。

5. 傷害。

　　這五個因素如同一套有先後順序的骨牌，當任何一張骨牌倒塌，都可能引發事故而造成傷害。但若將其中最重要的因素—即中間的那一張骨牌（人的不安全的行爲或物的不安全狀態）去除，則當第一張骨牌（血統與社會環境）倒下時，雖然第二張骨牌（個人的缺點）仍會倒下，然而第四張骨牌（意外事故）及第五張骨牌（傷害）卻可以不受影響。在這五個因素中，改良血統與社會環境由於牽連甚廣，實非一朝一夕可以奏功，但革除個人的缺失以及避免人

的不安全的行為或物的不安全狀態，卻可以經由事先的安全衛生教育訓練和自動檢查來加以達成。圖 4.20 為物流中心預先裝置防撞安全桿，來防止日後衝撞牆壁的意外發生。

在意外事故發生後的調查分析，通常要找出三個層次的原因：即直接原因、間接原因和基本原因。茲說明並列舉實例如下：

▶ 圖 4.20　物流中心的防撞安全桿

1. 事故的直接原因

(1) 危害的能量：例如：運轉中的機器、未經絕緣的電器等，圖 4.21 為物流中心正在充電中的電動堆高機，稍不注意就是一種危害的能量。

▶ 圖 4.21　物流中心正在充電中的電動堆高機

(2) 有害的物質：例如：粉塵、放射性物質、毒物等。

2. 事故的間接原因

(1) 人的不安全行為：例如：使用有缺陷的機具、未使用個人防護具、故意將防護裝置弄失效、在工作中漫不經心、輕忽、疏忽、不在意等。

(2) 物的不安全狀態：例如：機器故障、車輛爆胎、採光照明不良、通風不良等。

3. 事故的基本原因

(1) 管理上缺失：例如：未訂立安全衛生政策、未訂定安全衛生工作守則、未作適當之安全衛生教育訓練等。

物流與運籌管理

(2) 人與環境的缺失：例如：個人經驗不足、心理壓力、人際關係不良，以及設備的設計不當等。

4.3.2 危害的辨識及分類

職業衛生乃是致力於預估、認知、評估和管制發生於工作場所內或來自於工作場所中可能導致勞工或周遭的社區民眾罹患疾病、損害健康或福祉，或使之引起明顯不舒適或降低工作效率的各種環境因素或壓力。

職業衛生常見的四種職業健康危害因子有：

1. 化學性危害

因化學反應所引起的人體危害，如氣體、蒸氣、霧滴、粉塵、燻煙、氣懸膠等因子造成火災、爆炸、人員中毒、慢性疾病、皮膚腐蝕、肺部灼傷等危害等。

2. 物理性危害

物理性危害因子主要包括噪音、高溫、低溫、游離輻射、非游離輻射、異常氣壓等與能量有關者。常見物理性危害因子對人體的影響包括：

(1) 噪音作業場所，產生煩燥、失眠、聽力受損、耳鳴。

(2) 高溫環境作業，造成脫水、中暑、熱衰竭。

(3) 低溫作業環境工作，可能造成凍傷和神經與肌肉效能的降低。

(4) 非游離輻射危害，造成白內障、角膜炎、皮膚癌。

(5) 游離輻射危害，造成造血功能衰退、不孕、細胞染色體突變。

(6) 異常氣壓環境作業，造成減壓症、骨關節疼痛等。

3. 生物性危害

因動植物所引起的人體危害，如致病性細菌、病毒、黴菌、昆蟲、寄生蟲等。

4. 人因工程危害

人因工程是探討及如何設計人類在日常生活和工作中，「人」與「工具、設備、機器」及「周遭環境」之間交互作用的關係。人因工程的危害常是累積性的傷害，它經由長時間的職業性傷害，導至肌肉骨骼及周邊神經系統的病變。雖可能發生在身體的任何部位，但一般常受傷的是手臂與背部。而傷害發生的原因主要有：(1) 姿勢不良；(2) 用力過度，超過

肌肉負荷；(3) 沒有休息；(4) 長期重覆性的動作。有些動作一開始並不會痛，但已使軟組織如肌肉、肌腱發生輕微的傷害。圖 4.22 為人因工程運用在物流中心的人員揀貨設計上，避免職業性傷害，造成生產力的損失。

▶ 圖 4.22　人因工程運用在物流中心的人員揀貨設計非常重要

4.3.3　危害的考量來源

一般危害的考量來源有三種：

1. 物料

- 化學物質、原物料、產品會造成什麼危害暴露？
- 原物料、化學物質、產品裝卸、操作時，會有什麼特別的問題？
- 原物料、化學物質、產品，如何造成危害？

2. 設備

- 工具、機器、搬運設備或其它相關設備，可能會造成什麼危害？
- 什麼設備，最易發生緊急意外狀況？
- 這些機器設備是如何造成危害的？

3. 環境

- 在整理整頓之內務工作上，是否有潛在危害？
- 噪音、照明、溫度、振動、輻射上，有什麼潛在危害？
- 作業環境有何可能造成產品、安全及品質不良影響的危害因子？

4.3.4 風險管理理念

風險管理（Risk Management）的目標就是要以最小的成本獲取最大的安全保障。因此，它不僅僅只是一個安全生產問題，還包括識別風險、評估風險和處理風險，涉及財務、設備、物流、技術等多個方面，是一個系統工程。風險管理也是一個管理過程，目的是將可避免的風險、成本及損失極小化。理想的風險管理可排定優先次序，優先處理引發最大損失及發生機率最高的事件，其次再處理風險相對較低的事件。

「危害」與「風險」這兩個名詞的定義，在風險管理是非常重要。所謂危害就是「具潛在特性，會造成人員死亡、職業傷害、職業病；或可能造成重大財產損失、生產停頓」。至於風險則是對於「一個會造成人員傷害或經濟損失之危害事件之量度，包括潛在危害發生的可能性與該事件發生後的嚴重性兩項因素，它是兩者相乘後的綜合性指標。」風險評估與管理七步驟如圖 4.23 所示。

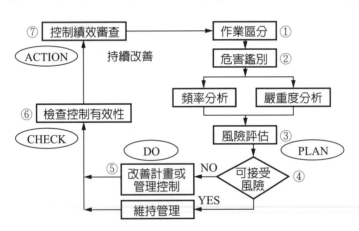

▶ 圖 4.23　風險評估與管理七步驟

4.3.5 物流業之風險

現今物流企業所面臨的風險也與日俱增，物流風險有責任風險、顧客流失風險、合約風險、訴訟風險、投資及融資風險、財務流動性風險、人力資源風險等。如何避免風險，也是物流企業的一個重要課題，企業領導者更要善用風險管理來進行科學決策，常見的物流風險，主要包括以下三個方面。

4.3.5.1　與社會公眾間可能產生的風險

1. 危險品洩漏風險

危險品物流常有洩漏的風險，這會對社會大眾的生命財產安全帶來威脅，故從事危險品的物流企業要非常注意。此類物品通常會被儲放遠離市區或人品密集之區域，避免發生意外時造成週邊傷害。

2. 交通肇事風險

運輸配送的司機在運送商品的過程中，若發生交通事故，因屬於履行職務的行為，其民事責任應該由所屬的物流企業承擔。

3. 環境污染風險

第三方物流活動的環境污染，主要表現在有害液氣體洩漏、車輛排放廢氣等，根據環境保護法，污染者需要承擔相應的法律責任。

4.3.5.2　與託運人間可能產生的風險

1. 延遲運輸配送帶來的責任風險：對物流及時性的挑戰在 JIT 的要求下，物流企業延遲運輸配送，往往導致客戶依據物流服務協議的索賠，此時第三方物流企業必須承擔違約賠償的責任。

2. 錯發錯運帶來的責任風險：對物流準確性的挑戰物流企業因種種原因，導致貨物錯發錯運（指發貨錯誤或運送錯誤），因此給客戶帶來損失。由於物流服務協議中往往還約定有準確配送條款，故客戶也可提出索賠。

3. 貨物滅失和損害帶來的賠償風險：對物流安全性的挑戰貨物的滅失和損害，可能發生的環節主要有裝卸搬運、倉儲、運輸配送環節等，都需負責賠償。

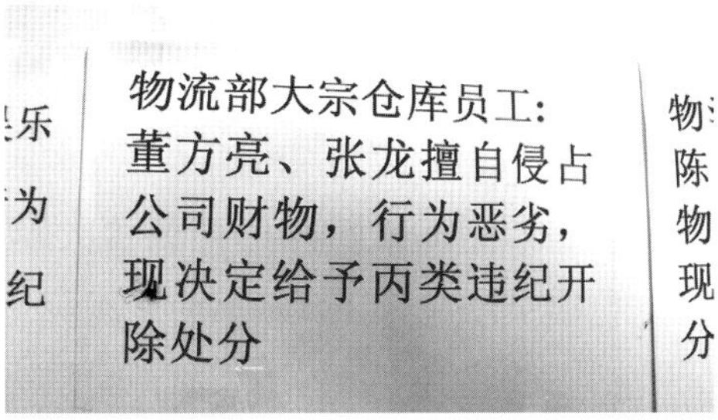

▶ 圖 4.24　貨物滅失和損害帶來的賠償風險是對物流安全性的挑戰

4.3.5.3　與外包商間可能產生的風險

1. 詐騙風險

少數缺乏誠信的外包商（例如：運輸業者）載貨物後，會發生貨物失蹤的風險。

2. 傳遞性風險

傳遞性風險是指第三方物流企業透過外包協議把全部風險是否能有效傳遞給分包商的風險。例如：第三方物流企業與客戶協議賠償責任為每件 1000 元，但第三方物流企業與外包商簽訂的協議卻規定賠償責任為每件 200 元，這差額部分就必須由第三方物流企業負責。雖然第三方物流企業對貨損沒有過錯，但依據合約還是要承擔差額部分的賠償責任。

趨勢雷達

第三方物流風險的防範對策

物流企業風險類型的具體防範對策，可以分為以下四種情況：

1. 風險最小類型，即發生的機率很低，造成的損失也很小。

這種類型的風險一般很少發生。如某物流公司每天按照固定的路線為某超市供貨，由於公司沒有充分預計到大學聯考時，可能造成考場附近的車輛擁堵和臨時交通管制，結果當天發生配送延誤達 2 個小時，按照合約規定應向超市賠償單次物流費用 5% 的違約金。一般來說，這種風險發生的機率很低，造成的損失也不大，因此這種類型的風險不具有保險的經濟性。故實務上，大多數企業會選擇風險自留，就是由企業自己來承擔風險。

2. 風險較小類型，即發生的機率很高，但造成的損失很小。

這種類型的風險可形容為「大事不犯、小事不斷」。說明損失一般不會太大，但損失發生的機率很高。實務上，這種類型的風險讓物流企業頗感頭痛，由於損失發生的機率很高，保險公司便有可能無利可圖，實務上大多數保險公司不願提供這類型的保險。由於造成的損失很小，因此物流企業自留風險成為可能。

另外，即便一些保險公司願意提供這種保險，其費率必定是昂貴的，因此，購買保險往往是不經濟的，物流企業也只有通過風險自留的方式來應對。實務上，因為裝卸不慎、內部偷盜等行為導致的貨物損失風險就屬於這種類型。

這種「大事不犯、小事不斷」的風險，大多屬於人為因素導致的風險，通過有效的管理完全可以降低風險發生的機率。因此，這種類型風險的應對策略

是首先通過有效的管理，降低風險發生的機率，使風險的類型轉化為風險最小型，然後通過風險自留的方式來規避風險。

3. 風險較大類型，即發生的機率很低，但造成的損失很大。

這是保險公司可以承保的風險類型。第三方物流企業在從事業務營運過程中，不可避免地面臨著自然災害、意外事故等不可抗力的威脅。這種風險發生的機率很低，但是一旦發生足以讓物流企業發生危機，故保險的功能就在於有效分散風險，最大程度的降低物流企業的損失。

4. 風險最大類型，即發生的機率很高，造成的損失也很大。

這種類型的風險一般不會發生。例如：在道路狀況不良、天氣環境惡劣、司機專業不足的情況下，第三方物流企業卻承運一批價值連城的古董時所面臨的風險就屬於這種類型。此時，理性的第三方物流企業可能會採取放棄的方法來應對風險，放棄不失為規避風險的一個有效途徑，但其機會成本卻是可獲得的高額收益。

當放棄的機會成本足夠高時，物流企業可以通過提高管理水準的方法降低骨董貨物發生損失的機率。例如：選擇空運、並高價雇傭一名技術專精的駕駛或者進行安全包裝等，這些管理方法足以降低損失發生的機率。因此，應對這種風險的最佳策略是：管理加保險，即通過有效的管理，降低損失發生的機率，使風險的類型轉化為風險較大型，然後通過保險的方式轉嫁風險。

資料來源：取材修改自 MBA 智庫，http://www.mbalib.com

5 物流中心設施評估

5.1 物流中心設施

物流中心設施可分為倉庫地板、消防設施、照明設施、屋頂、配套設施、電器設施、碼頭月臺、倉門、排水設施、攝像監控、通風設備、溫濕度控制、車輛進出場、作業區域與看板標示等相關設施。表 4.7 為上述倉庫設施說明與檢核項目，分述如下：

物流與運籌管理

▶ 表 4.7　物流中心設施說明

設施	說　明	檢核項目
地板	地板荷重是最基本的要求項目，地板荷重應依貨物儲存方式而有所不同的荷重要求，一般平面倉每平方公尺在兩噸左右，料架倉每平方公尺在三到五噸左右，自動倉每平方公尺在六到八噸以上。另外平整度不佳的地面會影響運搬行進易造成貨物及設備損壞，裂縫過多的地板則容易囤積散落物、積垢，對食品行業影響更巨。而地板的起塵更是倉庫裡的通病，如地表未經處理揚起塵沙容易造成儲存貨物髒汙。	1.地板平整 2.地板裂縫 3.地板起塵 4.地板荷重是否驗證 5.地表處理（環氧樹酯、滲透固化劑）
消防設施	消防設施在物流中心內是相當重要的一環，但在早期建造的倉庫多半都無法符合消防法規要求。隨著設備的完整性及數量的普及，倉庫的消防安全性亦會有所提高。但消防安全隱患多半來自於人為的忽略，諸如設備有效性的檢查與操作人員對設備的熟練度。經常性的問題是滅火器的壓力不足、消防通道的睹塞、逃生指示燈失效等。	1.滅火器 2.水龍帶 3.偵煙器 4.火災受信警報器 5.噴淋設施 6.排煙設施 7.逃生指示燈 8.逃生安全門 9.火災逃生應變計畫 10.定期安檢與計畫演練
照明設施	物流中心照明設施應依儲存區與作業區而有所區別。一般工作區域必須達到20尺燭光的亮度，儲存區在非作業時間應該能將照明關閉。對於食品的存放更應注意燈泡爆裂是否會散落在貨物上。	1.安全出口告示燈 2.作業區域達到20尺燭光 3.是否為防爆燈 4.是否加裝燈罩 5.是否能分區開關
屋頂	鋼構鐵皮倉庫屋頂與牆面的接合處，容易受天氣熱脹冷縮影響產生漏水。	1.是否漏水 2.陽光是否照射到存貨區 3.是否能承受積雪荷重 4.排水設備是否正常 5.與牆面是否接密緊合
配套設施	依工作人員數量設計相關配套設施數量及空間，一般辦公空間每人需要15㎡。廢棄物處理應依一般性廢棄物及事業性廢棄物分開規劃，如有有毒性廢棄物更須依國家法規嚴格記錄與管制。原則上廢棄物應集中堆放定期處理，可回收性廢棄物應採分類回收管理。	1.獨立辦公室 2.廁所 3.員工休息區 4.廢棄物暫存區 5.廢棄物是否有隔離設施

設施	說　明	檢核項目
電器設施	物流中心內的常態性供電需求，如照明、電腦終端、服務器機房、空調設施、電動運搬設備之充電設施及自動存取設備等，在考量未來的擴充性後，訂出所需電源功率大小，並依作業急迫性需求訂出緊急電源供應方案。	1.電源供應瓦數充足 2.區域電源插座分佈充足 3.是否有超載保護設施 4.是否遠離水源 5.插座是否能避開碰損
碼頭月臺	碼頭月臺的一般寬度在320cm左右，高度在90至110cm之間可依車型大小以升降平臺作調整，另碼頭的數量需考量進、出貨數量及作業效率，經計算後決定。	1.是否有碼頭月臺 2.月臺是否有雨棚 3.月臺高度是否符合 4.是否有升降平臺 5.是否有防撞設施
倉門	倉門除需考量進、出貨作業效率決定數量外，並須通範考慮安全性，諸如防盜設施、防病蟲害、地區性氣候因素加強防風及防雨的設計，避免風動現象及暴雨造成損失。	1.貨物進出能量是否足夠 2.與地面是否緊密 3.與牆面是否緊密 4.門鎖是否有效充足 5.抗風係數是否足夠 6.是否有防盜偵測設備
排水設施	物流中心排水的設計攸關倉庫的儲藏條件，如排水不佳容易積水造成濕度過高，嚴重時可發現倉庫四周牆面發黴，滲水處長青苔，暴雨季節更會發生積水倒灌現象造成損失。	1.是否有排水溝 2.地面是否會積水 3.排水溝是否連接排水渠 4.排水效率是否足夠
攝像監控	攝像監控系統多作為物流中心內防盜措施，可依存貨價值及體積特性設計規劃監控的範圍及密度。現有的設備多半能滿足其需求，如夜視功能、高解析、定時等。但攝像監控系統僅能作為輔助工具，貨物安全管理還是要回歸到正常管理的範疇。	1.主要存貨區 2.備貨暫存區 3.卸貨碼頭月臺 4.貨車出入口 5.行車幹道
通風設備	通風設施對於儲存條件的調節扮演一個很重要的空能但往往多被忽略，透過通風設施能調節濕度及溫度，在國內的倉庫設計多將通風口設在倉庫下方但這違反空氣流空物理定律，無法達到有效調節的功能。	1.通風設備是否有效足夠 2.是否有溫度關聯控制 3.是否有自動開關 4.是否能隔絕蚊蟲進入 5.是否能隔絕陽光照射
溫濕度控制	這是監控物流中心儲藏條件的最基本項目，透過日常的監控我們可以了解周遭的環境狀況，方能採取有效的措施。	1.是否進行溫濕度監管測 2.是否定期記錄溫濕度 3.是否定期校驗設備 4.是否符合儲存溫濕度 5.是否有溫濕度控制設備 6.隔熱保暖係數是否足夠

設施	說 明	檢核項目
車輛進出場	場地的迴轉空間依主要車型大小訂定，大型車輛一般需要30m以上。	1.人車分道控管 2.是否控管車輛出入時間 3.是否有卸貨等待區域 4.可否雙向會車 5.大型車輛回轉空間
作業區域與看板標示	作業區標示能輔助工作人員遵循管理規範，並能提醒外來訪客、供應商能注意環境安全事項。	1.公告區看板 2.動線區域圖 3.月份膠帶標籤 4.色彩管理標示 5.貨車裝卸區標示 6.作業區域站牌 7.嚴禁煙火標示

5.2 物流中心設施評估

物流中心選擇與評估可利用物流中心設施評估表（表4.8）進行評估，將物流中心的評估結果統計其得分作為初步評估之評量標準。如評估分數過低的物流中心將不予使用；如評估分數偏低的項目可要求整改；如有潛在風險之項目不符合可於合同內載明責任。

物流中心設施評估衡量應定期的執行，每次評估後將相關項目得分結果作記錄並對於缺失項目提出整理改善要求，於下回評估時必須先確認改善方案的執行情況。雖然有些硬體設施是無法變更，但企業應以自己的需求條件訂出必要項目與非必要項目，在新租物流中心時以符合必要項目為第一考量，其餘部分可循序漸進的改善。

評估的方法可以完整、部分、缺失三個階段來評估每個項目得分（見下表4.8），再依得分佔總分比例，評估倉庫設施整體是否符合要求。

▶ 表4.8 物流中心設施評估衡量表

狀態	說明	得分
完整	稽核證實符合規範	3
部分	稽核證實部分條件符合規範	1
缺失	稽核發現違反規定	0

參考文獻

1. 王立志 (2006)，系統化運籌與供應鏈管理，滄海書局。

2. 中法興物流官方網站 (2020)，http://www.id-logistics.com.tw。

3. 王貳瑞、蔡登茂、侯君溥 (2004)，物流管理，普林斯頓國際有限公司。

4. 日本物流系統協會官方網站 (2020)，http://www.logistics.or.jp。

5. 台灣區飲料工業同業公會網站 (2020)，http://www.bia.org.tw。

6. 朱敬一 (2009)，中國時報，掌握財經關鍵十號公報，會計與經濟的加成效果。

7. 全國法規資料庫 (2020)，http://law.moj.gov.tw。

8. 沈國基、呂俊德、王福川 (2006)，運籌管理，前程文化事業有限公司。

9. 呂錦山、楊清喬 (2006)，物流潛能、競爭優勢與經營績效關係之探討 - 以國際物流中心業者為例，國立成功大學交通管理科學系研究所博士論文。

10. 呂錦山、王翊和、楊清喬、林繼昌 (2019)，國際物流與供應鏈管理 4 版，滄海書局。

11. 美國 SOLE 國際物流協會 台灣分會 (2016)，物流與運籌管理，6 版，前程文化。

12. 黃仲正、劉永誠 (2005)，物流管理，高立圖書。

13. 鄭世岳、李金泉、蕭景祥、魏榮男 (2012)，工業安全與衛生、全華圖書。

14. 愛德華 · 佛列佐 (2002)，供應鏈高績效管理：改善生產服務流程、提升企業績效的物流，美商麥格羅 · 希爾。

15. 廖建榮 (2003)，物流中心規劃技術，中國生產力中心出版。

16. 臺灣全球商貿運籌發展協會官方網站 (2020)，http://www.glct.org.tw。

17. Alan E. Branch, Global Supply Chain Management and International Logistics, Routledge, (2008).

18. Donald Bowersox, David Closs, M. Bixby Cooper, Supply Chain Logistics Management, McGraw-Hill, 4 edition (2012) .

19. Douglas Long, International Logistics: Global Supply Chain Management, KLUWER, (2003).

20. Edward H. Frazelle, Logistics and Supply Chain Management, McGraw-Hill, (2006).

21. James Jones, Integrated Logistics Support Handbook, McGraw-Hill Professional, 3 edition (2006).

22. John Gattorna, Dynamic Supply Chains: Delivering value through people, Prentice Hall, 2 edition, (2010).

23. James Martin, Lean Six Sigma for Supply Chain Management, McGraw-Hill Professional, 1 edition (2006).

24. John W. Langford, Logistics: Principles and Applications, McGraw-Hill, (2007).

25. John J. Coyle, Edward J. Bardi , C. John Langley, Management of Business Logistics: A Supply Chain Perspective, South-Western College Pub, 7 edition (2002).

26. James Jones, Integrated Logistics Support Handbook, McGraw-Hill; 3 edition (2006).

27. James H. Henderson, Military Logistics Made Easy: Concept, Theory, and Execution, Author House (2008).

28. John J. Coyle, Robert A. Novak, Brian Gibson, Edward J. Bardi, Transportation: A Supply Chain Perspective, South-Western College Pub; 7 edition (2010).

29. John J. Coyle, C. John Langley, Brian Gibson, Robert A. Novack, Edward J. Bardi, Supply Chain Management: A Logistics Perspective, South-Western College Pub, 8 edition (2008).

30. Paul R. Murphy Jr., Donald Wood, Contemporary Logistics, Prentice Hall, 10 edition (2010).

31. Paul Myerson, Lean Supply Chain and Logistics Management, McGraw-Hill Professional; 1 edition (2012).

32. Pierre A. David, Richard D. Stewart, International Logistics: The Management of International Trade Operations, 3 edition (2010).

33. Rohit Verma, Kenneth K. Boyer, Operations and Supply Chain Management: World Class Theory and Practice, South-Western, International Edition (2009).

34. Mark S. Sanders, Ernest J. McCormick, Human Factors in Engineering and Design, McGraw-Hill, 7 edition (1993).

35. McKinnon Alan, Browne Michael, Whiteing Anthony, Green Logistics: Improving the Environmental Sustainability of Logistics, Kogan Page, 2 edition (2012).

CHAPTER 05

物流存貨管理
Inventory Management of Logistics

學 習 目 標

1. 存貨的定義與分類
2. 安全存量與再訂購點
3. 最適經濟訂購量
4. 物料盤點與庫存周轉率

⊞ 臺灣典範

　　永聯物流、國泰金推物流金融

⊞ 物流故事

　　庫存的可視化與銷售

⊞ 國際標竿

　　追殺庫存的匈奴王，改造蘋果供應鏈

⊞ 趨勢雷達

　　物聯網物流商機，思科估產值近 2 兆美元

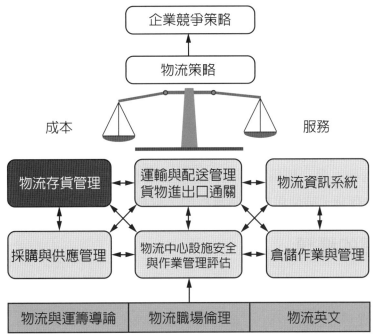

物流決策系統（Logistics Decision-Making System）

各企業物流策略的建立，取決於服務與成本的權衡（Trade-off），而服務與成本的平衡與折衷，乃進一步受到搜源（Sourcing）、設施（Facilities）、庫存（Inventory）、訂單（Order）、運輸（Transportation）、資訊情報（Information）等六種物流因子的交互作用影響，所以各家企業藉由對這些物流因子的控制與決策，就會形成具不同特色的物流策略，進而來支援各企業最高的競爭策略。

庫存（Inventory）為「物流決策系統」架構中重要的物流因子之一，物流的庫存決策十分重要，庫存決策除會影響搜源（Sourcing）、設施（Facilities）、訂單（Order）、運輸（Transportation）、資訊情報（Information）等其他物流因子外，更會影響整體物流的服務水準與成本水準。本章旨在介紹存貨的定義與分類、安全存量與再訂購點、經濟訂購量等。

存貨為支援生產相關活動及滿足顧客需求所預先準備的物料或產品，彌補「需求」與「供給」在時間與數量上不確定性的措施。存貨的規劃、管理與控制至為重要，在物流管理中扮演重要的角色，為企業整體營運成本的關鍵因素。

讀者們在讀完本章之後，將會瞭解存貨的定義與分類、安全存量與再訂購點、最適經濟訂購量、物料盤點與庫存周轉率等，並有能力來進行服務與成本的平衡與折衷，以形成物流策略，進而支援企業的整體競爭策略。

1 存貨的定義與分類

存貨為支援生產相關活動及滿足顧客需求所預先準備的物料或產品，彌補「需求」與「供給」在時間與數量上不確定性的措施。存貨的規劃、管理與控制至為重要。存貨管理所涵蓋的範圍廣泛，在供應鏈管理中扮演重要的角色，為企業整體營運成本的關鍵因素。

存貨是指企業為了進行加值活動，而儲存的貨品或資源，物料管理上所稱的存貨包括兩種：第一種為服務業的存貨，它們將在提供服務時被使用；第二種為製造業之存貨，被使用於製造流程中，或是成為最終產品的一部分。

1.1 存貨的種類

存貨的種類可分類如下（如圖 5.1）：

1. 原物料存貨

未經加工之原料。如鐵礦、煤礦、水泥及大豆穀物等即是。

2. 在製品存貨

為已經處理，但尚未完成的成分或原料，在製品的主要目的是在於降低完成商品所需要的時間，以達到降低庫存的目的。在平面顯示器產業，液晶面板廠，在尚未決定液晶電視的生產尺吋前，向玻璃基板製造商採購之基礎玻璃基板，即為未經研磨及切割之在製品狀態存貨。

3. 製成品存貨

又稱最終產品，是指加工完成可以出貨之產品。銷售對象為消費者，多為製成品，若銷售對象為其他生產者，作為其他生產者之原物料，則稱為半製成品。在 TFT-LCD 產業，如液晶、偏光片、彩色濾光片、背光模組、濺鍍靶材、配向膜等相關半製成品等即屬於平面顯示器上游產業關鍵材料或零組件。

4. 保養與維修品存貨

供給有關可讓機器設備和流程有效運作的存貨，滿足因時間不確定所造成的突發性、臨時性之維護及修繕需求。以半導體產業晶圓製造為例，四大關鍵瓶頸製程：蝕刻、離子植入、薄膜沈積、黃光顯影的設備及其備用零組件，必

須就近存放於發貨中心（Hub），因應隨時可能發生的設備故障或維修之所需，維持設備最佳運轉狀態。

5. 消耗品

生產最主要的存貨為前四項，但有一些存貨雖與生產產品無直接的關聯，也會影響生產的存貨。除了一般事務用品、潤滑油等，另外光電或半導體業使用之經常性耗材，如晶圓擦拭布、感光紙、無塵紙及無塵衣等，此等物料價值較低，一般以定期檢核即可。

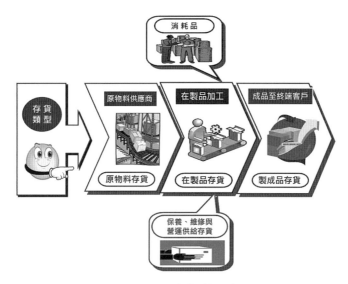

▶ 圖 5.1　存貨的分類

　　物流系統控制整個供應鏈的產品及材料的移動與儲存，在供應鏈中存貨有許多不同的表現形式。存貨管理水準的高低將直接影響整個供應鏈是否可以達到其預期目標。在物流管理中，維持合理的存貨原因如下：

1. 使企業達到規模經濟

不論是在採購、運輸和製造方面達到規模經濟，才能降低原物料或是產品的單位成本。

2. 調節供需均衡

季節性供需的不均衡必須藉由庫存加以調節，例如：聖誕節、復活節、情人節的相關產品需求量暴增，必須以事先庫存的數量來供應市場需求。

3. 專業化製造

存貨的運用能幫助企業內部生產不同專業產品。例如：惠而浦（Whirlpool）公司與其外包代工工廠共同設立一共用倉庫，降低其生產成本。

企業如有良好的存貨管理機制，則具有下列優點：(1) 可滿足顧客的需求、(2) 降低訂購成本、(3) 減少缺貨成本、(4) 提升生產作業的穩定與彈性、(5) 提供原物料價格波動時的緩衝。但是如果存貨管理不良，也會產生下列缺點：(1) 增加持有成本、(2) 無法因應需求波動所產生的缺貨現象、(3) 造成對於顧客服務水準的下降與訂單流失、(4) 生產線面臨斷料的風險。

 臺灣典範

永聯物流、國泰金推物流金融

物流倉儲不再只是鐵皮倉庫！永聯物流開發結合國泰人壽與霖園集團神坊資訊，陸續完成「物流共和國」台北瑞芳、桃園大園及台中物流園區佈局，其中佔地 15 萬坪的全新物流中心，已吸引國際知名品牌美商怡佳雅詩蘭黛集團、H&M、LG、Bosch、Philips，各大精品酒商及國際物流服務商 DHL、利豐物流及鍊瑞物流的青睞進駐。

永聯物流開發指出，電子商務時代來臨，臺灣物流業正經歷階段性轉型，企業採用合法且現代化的物流設施趨勢成型，依產業客製化的需求浮現，未來將從使用者導向的開發模式出發，譬如量身訂製的倉儲空間，如紅酒倉、精品倉、醫藥物流及冷鏈物流專區等各類型倉儲，勢必成為物流市場主流。亦唯有北中南大型物流中心與物流園區完整網絡，才能滿足企業擴張需求。

鑑於物流共和國提供安全合法的倉儲空間降低了企業的營運風險，提供客製化的解決方案滿足企業需求，國泰世華銀行進一步整合金融服務資源，為客戶推出結合「物流」、「資訊流」與「金流」的全方位整合服務，囊括永聯物流開發的物流園區管理、神坊資訊公司的電商平台與資訊串流，搭配國泰世華銀行的融資授信及金融服務，首創全新物流金融平台，成為全台首家提供「物流金融授信」的銀行業者。

國泰金表示，所謂「物流金融授信」有效活化客戶存貨資產價值，更可以提升財務操作的靈活性。過去客戶的存貨只能任其存放倉庫，由業主獨力負擔其存貨成本。現在客戶只要選擇在物流共和國的倉儲設施存放商品，不但享受

到 A 級的現代化物流設施，國泰世華銀行更可以對存貨進行鑑估，核予適當的存貨融資額度。立刻減輕客戶營運資金的週轉壓力，融資利率更優於一般企業所適用的標準。

國泰世華銀行表示，「物流金融授信」業務更可以依據客戶與商品的屬性，配合永聯物流開發的服務而製作出量身打造、適合的倉租與資金需求的專屬方案，而此一創新的商業模式推出之後，勢將成為極具前瞻性的銀行新興業務。

資料來源：取材修改自顏員員。

1.2 ABC 存貨分類方式

ABC 存貨分類方式是根據各類存貨所帶來的經濟效益，以及所消耗的經濟資源之相對關係，作為實施重點管理的基礎。依不同存貨的價植與庫存數量加以分類，ABC 物料分類統計關係如圖 5.2 所示。

1. A 類物料

存貨數量最少，約占庫存數量的 15% ～ 20%，但存貨的價值卻最大，約占 70% ～ 80% 的存貨價值。

2. B 類物料

存貨數量約占庫存數量的 30%，存貨的價值約占 15% ～ 25%。

3. C 類物料

存貨數量最多，約占庫存數量的 55%，但存貨的價值卻最少，約占 5%。

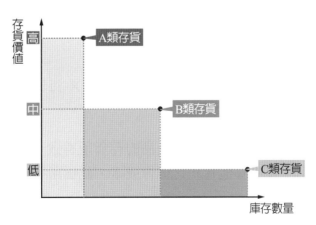

▶ 圖 5.2 ABC 存貨分類統計關係圖

參考資料：Ballou, R. H., (2004),

　　ABC 法則的主要目的為針對不同的存貨類型訂定存貨政策，使管理者能夠著重於高流通、高單價的商品，運用有限的人力及時間達到更精準的預測、更穩定的供應與降低安全庫存的效益。

1.3　存貨成本

　　一般而言，存貨管理中必須考慮的相關成本，分別為產品成本（Product Cost）、訂購成本（Ordering Cost）、持有成本（Carrying Cost）及缺貨成本（Stock- out Cost）。

1. 產品成本

指從供應商處取得商品所發生之成本，為存貨管理必須考量的重要成本之一。不同訂購量所享有之折扣及供應商之授信條件，均會影響產品成本。高科技製造業大部分關鍵材料價值不斐，因此如何計算合理的庫存，避免資金的積壓與存貨的折舊，為企業重視的議題。例如：一年的產品成本，其基本計算方式如下：

$$產品成本 ＝產品單價 \times 年需求量$$

2. 訂購成本

訂購成本包括編製及發出訂單、選擇供應商、搬運或運送物料、物料到達時的驗收及檢驗存貨之成本。此成本與採購金額與項目多寡無關，而與核發出訂單之次數相關，次數越多，成本越高。半導體或光電業之關鍵材料供應商為建立 JIT 即時生產與供貨模式，一般而言，會預先將安全庫存存放於製造商附近之保稅倉庫或物流中心，以便就近供貨，因此於保稅倉庫或物流中心所產生之相關物流作業成本，包含理貨、通關及配送成本，為關鍵材料供應商計算存貨經濟訂購量重要考量因素。例如：一年的訂購成本，其計算公式如下：

$$每年訂購成本 ＝ 每一次訂購成本 \times 每年訂購次$$

3. 持有成本

持有成本源於企業持有準備供銷售商品的存貨所導致。此類成本包括資金因投資於存貨凍結，喪失其他獲利之機會成本，此為所有存貨持有成本的最大項目。其他與倉儲有關之成本，包含倉庫之租金、保險費、存貨過時、折舊、損壞成本，亦是持有成本的一部分，半導體或光電產業之關鍵材料供應

商存放於製造商附近之保稅倉庫或物流中心之倉租即是。例如：一年的持有成本，其計算公式如下：

年持有成本 = 年平均存貨量 × 每年每單位物料之儲存成本

4. 缺貨成本

缺貨指當顧客對某一產品有需求時，卻無法供應該產品。缺貨成本包括緊急訂購成本，例如額外之訂購成本及相關之運輸成本，以及可能因顧客買不到貨而喪失顧客的成本。一般而言，缺貨成本較不易衡量，常以物料價格一定之百分比計算。半導體或光電產業製造商對於缺貨的忍受度非常低，安全庫存水準之設定相對較高。例如：一年的缺貨成本，其計算公式如下：

年缺貨成本 = 年平均缺貨量 × 每年每單位物料之缺貨成本

1.4 如何維持合理存量

存貨管理的兩項主要目的，一為維持最高顧客服務水準、二為使存貨最小化，兩者常會牴觸，必須取得平衡點。一味追求存貨最小化往往會降低顧客服務品質；一味追求顧客服務最大化也往往會使存貨成本攀升。服務水準需求高之顧客需準備較高的存貨量；相對而言，服務水準需求不高之顧客，則不需太多的存貨量。而整體存貨管理所追求的目標，為如何使存貨水準與顧客服務水準達成均衡。

存貨管理失調可能會造成存量過剩或存量短缺兩種現象。其中，存量過剩會造成下列各種損失：(1) 存貨週轉慢、積壓很多資金；(2) 物料會折舊或陳腐而變成廢料、廢品；(3) 物料流行過時或新產品設計出現，造成銷售不出而形成呆料、呆貨。另一方面，存量短缺會造成下列各種損失：(1) 生產線停工、待料、倉儲缺貨的損失；(2) 缺貨、遲延交貨而造成銷貨損失、顧客不滿甚至流失的損失。

因此，如何維持企業內的合理的存貨水準，可採行的原則與方式如下：

1. 遴選優良供應商

優良供應商必須能在適當的時間，提供適當數量與品質優良之物料的能力，具有穩定且良好的供應商，變化性較低，如此則不會使存量水準遽增，而達到存量水準最小化。

2. 縮短前置時間

採購及製造前置時間較短,則企業之存量會較低;反之則會較高。

3. 強化銷售預測能力

強化預測能力可將銷售誤差降低至最小程度,因而可減低必要的存量水準。

4. 實施及時供應系統

所謂及時供應系統,係指在生產作業流程中,需要裝配任何產品時,其裝配之必要物料與零件,可以在每次剛好必要使用時,以剛好需要的數量,到達生產線作業之需求。若實施及時供應系統,則可降低存量水準。

5. 採行經濟訂購量

採行經濟訂購量,在需求固定下,可得出總成本最小化的訂購量,亦可降低存貨成本。

6. 確保存量記錄之正確性

存量記錄不正確,則必須提升安全存量。倘若能確保存量水準之正確性,更能正確的預測,則可將安全存量降低。

7. 降低物料品質不良率

物料品質不良率高,則必須有相對比率的安全存量。倘若能再加強供應商的溝通、強化物料進廠檢驗及物料庫存,以降低物料品質不良率,則可降低相對比率的安全存量。

如圖 5.3 所示,臺灣企業由歐、美、日輸入關鍵零組件、製程設備,以及由亞太地區輸入原料、零配件或半成品,在臺灣相關保稅區,包含科學園區、加工出口區或保稅工廠等,從事加工、製造,最後再轉運行銷世界各國,或者將關鍵零組件、機台設備、零配件或半成品輸出至中國大陸,進行二次加工後再出口,存貨管理是全球供應鏈管理中重要的一環。

存貨在企業生產基地、倉儲物流中心及運輸途中,每年耗費的成本約佔總價值的 20%～40%。如何進行有效的存貨控管,希望在存貨成本最小化的前提下,能滿足顧客服務的要求,是存貨管理必須要考量的因素。

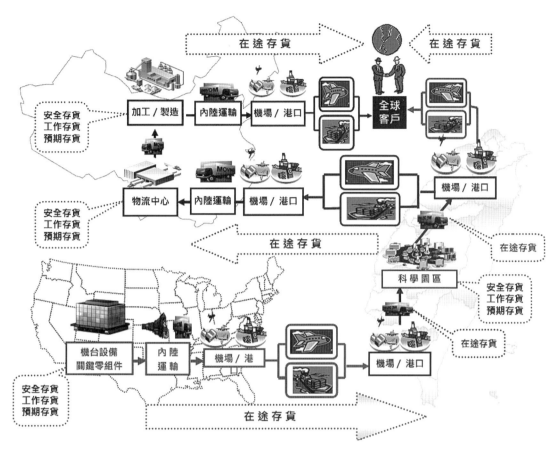

▶ 圖 5.3　臺灣企業全球供應鏈模式中各類存貨型態

庫存的可視化與銷售

要銷售，不要只是庫存的移動

　　我在新力（SONY）從事行銷工作。臺灣與大陸最大的不同，就是競爭的激烈程度有所不同，中國大陸是新興市場，競爭非常的激烈；但臺灣已經屬於成熟市場，競爭並不如中國大陸激烈。也正因為如此，業務人員會有一點偏安的心態。

　　我剛來臺灣時，發現業務人員滿於現狀，可是，企業一旦滿足現狀，就無法成長，企業將來的發展就會被限制。因此，如何帶動讓業務員、重新燃起他

們的動機以及對於工作的熱情，這對我來說是全新的挑戰。有人說，臺灣市場很小，要用切蛋糕的方法，各家廠商來分。但是，我認為應該是將蛋糕做大、甚至是要試著去挑戰做出新口味的蛋糕，這就要讓業務人員重新學習並主動思考。為了讓業務人員動起來，我開始在公司內推動供應鏈管理（SCM），解決無法掌握庫存數字造成的問題。

以前臺灣新力的屬性比較像銷售公司（Sales Company），做法是將商品賣給經銷商，有時候會為了達成營業目標，而將庫存全數「塞」給經銷商，就完全不管之後有沒有賣到消費者的手上，對於庫存的處理只是用經驗、直覺、無謀之勇胡亂猜測，卻少了精確的數字。我認為，經銷商的庫存賣給顧客才能叫做銷售，堆在庫房裡的存貨，只能說是從銷售公司到經銷商「庫存的移動」而已，根本稱不上是銷售。

我到臺灣之後，我要求業務人員每一週都必須了解上一週經銷商的庫存量與實際銷售量，並且希望他們自己分析銷售好與不好的原因，顛覆原來銷售公司將庫存推給經銷商的做法。一方面維持合理的庫存、一方面也避免塞貨給經銷商，讓現貨的出清與新貨的推動都能順利的銜接上。

將庫存可視化

一開始，業務人員都覺得不可能，因為，過去沒有這麼做。雖說如此，臺灣同事都很認真，一旦決定方向，大家都是全力以赴，一步步開始落實供應鏈管理。為了讓大家能夠了解重視庫存問題，當時我召集了經銷商與業務人員，我給他們看我準備的影片與簡報，讓大家能夠了解庫存就是一堆資金「睡」在倉庫、形同浪費。只要大家能夠了解到「庫存」＝「損失」＝「資金週轉不靈」時，供應鏈管理的推動也就方便許多。如果業務人員只想把庫存塞到經銷商的手裡，這樣是沒有用的，因為問題還是會在新商品問世時爆發出來。

在臺灣，大家都追求最新的商品，一旦有新東西，無論舊貨多便宜，都不會想要買。因此科技產品最要注意的就是庫存的管理，有了供應鏈管理，將庫存合理化，也不必擔心銷售只是庫存的移動。落實供應鏈管理之後，將原來看不見的庫存可視化（Visible），當他們看得見銷售的速度，就會對合理的庫存感到興趣、進而引起他們對於實現供應鏈管理的動機。

資料來源：取材修改自經理人，織田博之

2 安全存量與再訂購點

一般對於市場需求量的認知，都是以平均需求量的概念來決定應該維持多少存量，來滿足客戶的訂單需求。然而，如果以平均需求量來設定存貨水準，即表示當顧客下訂單時，有一定的機率是處於缺貨狀態，對顧客而言，是無法容忍這樣的服務水準。以下將針對安全存量的定義、維持安全存量的目的及影響安全存量之因素，依序說明如下：

2.1 何謂安全存量

安全存量係指為了克服因前置時間與需求量變動所造成的存貨短缺現象，廠商必須準備額外之安全庫存量以避免缺貨風險。維持安全存量的主要目的如下：

1. 緩衝需求的不確定性

避免需求預測不準確所造成的缺貨損失。

2. 提升供應的穩定性

避免因供貨來源不可靠，如前置時間變動過大或是物料不良率太高，而造成的缺貨損失。

安全庫存量設定太少時，則容易造成缺貨，無法有效的因應突發性高於平均的需求量，造成顧客滿意度下降，進而影響到公司市場佔有率；反之，若安全庫存量設定過多時，則會造成營運資金因庫存而積壓，降低資金週轉率與變現率，進而影響公司之獲利。因此安全存量必須大於期望需求，安全存量一方面可降低存貨短缺的風險，另一方面卻會增加安全存量持有成本，安全存量與缺貨風險為一互補關係。影響安全存量之因素包含下列幾項：

1. 前置時間與需求量

平均前置時間越長，平均需求量越大，則安全存量越大；反之則越小。

2. 前置時間與需求量之變異

前置時間與需求量的變異越大，則安全存量越大；反之則越小。

3. **服務水準**

期望服務水準越高，則安全存量越大，反之則安全存量越小；期望服務水準越高，安全存量越大，則存量短缺機率越小，短缺成本也越小。

4. **前置時間**

前置時間越長，需要越多的安全庫存才能達到一定的服務水準。

2.2 再訂購點的衡量

在現實情境中，市場對於存貨的需求往往隨著時間的不同而有所差異。即市場的需求絕非固定不變。而補貨前置時間亦存在著諸多變動因素，不論是存貨需求或補貨前置時間，兩者均屬於動態而非靜態的狀況。存貨管理的核心議題是以特定的顧客服務水準下，以最低的存貨成本，滿足市場與顧客訂單的需求。因此在進行安全存量決策時，存貨需求與補貨前置時間不應設定為常數，而應設定為動態隨機變數，以決定最適的訂購量與訂貨時機。

1. **再訂購點的定義及其影響因素**

所謂再訂購點係指存貨水準降至某預定數量時，進行一定數量的補貨，除了安全存量的因素外，尚需考量到下列各項因素：

(1) 前置時間

係指顧客下訂單到收到貨品所需的時間，包含採購前置時間、生產前置時間、物流前置時間等。前置時間除了會影響到安全庫存量之設定外，也會影響到再訂購點之高低。前置時間包括有：

A. 補貨處理時間：

公司內部處理補貨訂單所花費之時間，例如：生產工單、採購單之處理等活動。

B. 計畫之供貨時間：

供應商供給或內部生產所花費之時間，例如：生產工單發放到工廠到生產完成、供應商收到採購單到訂購者收到供應商所送達之物料等活動。

C. 收貨處理時間：

物料於倉儲作業所花費之時間，例如：進行收貨、上架、入庫等活動。

所以前置時間之長度與再訂購點之高低是呈正比的，前置時間越長，訂購點就會越高；反之，當前置時間很短，再訂購點就會越低。

2. 平均物料消耗率

物料平均消耗率與補貨之前置時間會交互作用，會對再訂購點產生影響。在固定之補貨前置時間下，再訂購點之訂量與物料平均消耗率呈正比，當物料平均消耗率越高，再訂購點就會越高；反之，當物料平均消耗率越低，再訂購點就會越低。

3. 服務水準與缺貨風險

存貨中所指服務水準是指庫存水準，足以應付顧客所需求之機率。舉例來說，95% 的服務水準代表著所持有的存貨足以應付 95% 的顧客需求，其中有 5% 的機率有存貨短缺的風險。

4. 再訂購點衡量

公司應維持多少產品的庫存量，會受到物料需求量、前置期、安全存量等因素之影響。圖 5.4 說明再訂購點＝前置時間之平均需求量＋安全存量；除了考量平均需求量外，還需將安全存量納入考量。所謂「安全存量」為依據不同機率的服務水準所設定，可相當程度的降低在前置時間內的缺貨風險。但是在前置時間內的任何時點，若是有突發性的需求或是急單，超過原先服務水準所設定的安全存量，仍需另外訂購才能避免缺貨的危機。

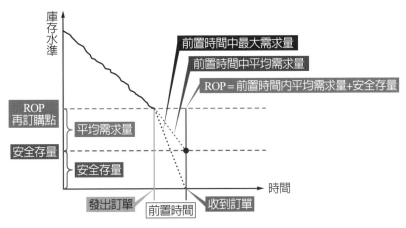

▶ 圖 5.4　前置時間之再訂購點與安全存量的設定

一般說來，再訂購點的衡量依前置時間與需求量是否為固定或變動之不同，而有不同再訂購點之衡量。誠如先前介紹的機率與安全庫存量，在一般物料規劃中，補貨的前置時間會有變動的情形，如生產原料短缺、供應商送貨途中遇到交通阻塞；或在國際運輸中遭遇不可抗拒的因素，如颱風、戰爭時，航權或航道遭到禁航、罷工、鐵路公司、航空公司或航商罷工等人為或天然因素，都會影響補貨的前置時間。此外，每單位時間之需求量均會受到景氣循環、淡旺季需求、產能或品管良率等因素，亦會影響再訂購點之衡量。

3 最適經濟訂購量

　　存量控制首重存貨數量之正確計算,然後決定維持的存量水準高低,當存量低於再訂購點或遇到訂購週期時,隨即發出訂單。因此,存量控制的下一個問題是訂購數量的決策,其目的即在於決定物料的訂購數量。以下即針對最適經濟訂購量說明如下:

3.1 最適經濟訂購量之衡量

　　經濟訂購量(Economic Order Quantity, EOQ)又稱為定量訂購法(Q 模式),是由 Ford W. Harris 於 1915 年所提出;此模型以數學公式來說明持有成本與訂購成本兩項存貨成本項目的關係,考量在最低存貨成本下,計算出特定存貨的每次固定的訂貨數量,並說明訂購成本與存貨持有成本間的關係。其中存貨持有成本隨著訂購數量增加而增加,而訂購成本則隨著訂購數量增加而減少,因而形成兩者此消彼長的關係。經濟訂購量的作業流程如圖 5.5 所示,EOQ 為庫存低於再訂購點(ROP)時發出固定數量的採購單,在 ABC 存貨分類方式,比較適合商品價值與重要性較高的 A 類與 B 類存貨管理。最終並以兩項成本加總之最低成本值推導出經濟訂購批量。

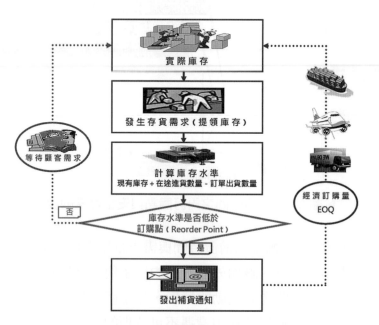

▶ 圖 5.5　經濟訂購量存貨控制流程

一般 EOQ 的衡量須在需求量已知且確定、補貨的前置時間固定、沒有考量到缺貨及數量折扣的情況下進行，最適經濟訂購量衡量必須符合下列各項假設：

1. 總成本只考慮存貨持有成本與訂購成本，不考慮缺貨成本與顧客服務水準的問題。

2. 年需求量、存貨持有成本與訂購成本等參數皆為已經固定的數值。

3. 只考慮一項物料的計算，不考慮種物料之間的交互關係。

4. 物料訂購採用一次訂購與補足的方式，物料用畢之後剛好補足，故最大庫存等於訂購量。

5. 定義補貨的前置時間為零，故最低庫存可為零。

6. 物料的耗用率固定，且最大庫存等於訂購量、最小庫存等於零，因此平均庫存量為訂購量的二分之一，如圖 5.6 所示。

7. 沒有任何購買折扣條件，也不會產生任何倉庫空間不足的問題。

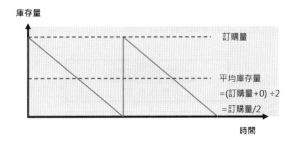

▶ 圖 5.6　EOQ 平均庫存量示意圖（補貨前置時間為零）

上述假設條件在現實情境下幾乎不可能做到，例如需求量的求得就是相當困難的任務，尤其越是競爭的產業，需求的變化量更是巨大且難以預估。再則，如果讓安全庫存降至零時再進行補貨，那會造成在補貨期間面臨嚴重的缺貨風險。然而，即便如此，EOQ 仍然可以提供一個庫存管理的思考方向，幫助我們獲得存貨管理知識的基本了解。

3.2　經濟訂購週期衡量

「經濟訂購週期」是以「時間」而非以「數量」，來找出最適當的週期時間，以達成存貨成本最適量的管理方法，又稱為定期訂購法（P 模式）。其主要概念為，設定固定訂購的週期時間來審視存貨量，並且下單補足目標庫存量為

物流與運籌管理

主,是故屬於一種「定期訂購」的管理手法。另外,因為訂購量必須考量訂購時點的庫存量,是故每次訂購的數量可能不一樣,視訂購時點的庫存量來決定。

一般來說,某些不適用持續性庫存盤點的產業通常無法執行定量訂購法,因為庫存數量無法隨時取得,是故無法知道庫存量是否已經碰觸到再訂購點。針對這些產業,導入定期訂購的方式來協助進行庫存管理或許比較方便些,像是藥局或是便利商店等。而在 ABC 存貨分類方式,經濟訂購週期模式比較適合商品價值與重要性較低的 C 類存貨管理。

假設非常理想的狀態下,庫存耗用率和補貨前置時間皆為固定常數的話,那麼定期訂購模式與定量訂購模式兩者的執行結果並不會有太多的差異。然而實務上,庫存耗用率與補貨前置時間各自存在一定的變異條件,因此非常難以固定,是故採用定期訂購模式與定量訂購模式的結果通常是不會相同的。

經濟訂購週期計算時有兩個變數必須決定:一是固定清查存貨的時間或是訂貨週期 T,通常為週、月或其他固定期間,一般設定為常數;另一變數是目標存貨水準,而訂購數量是依據過去的需求量與設定之目標存貨水準間的存貨數量差異而定,其訂貨數量的選擇如圖 5.7 示。

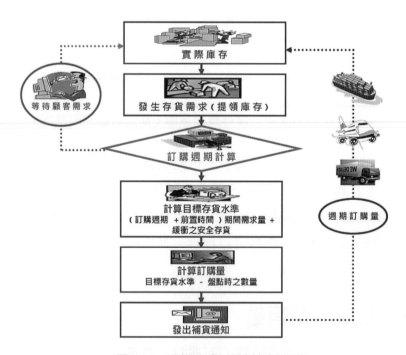

▶ 圖 5.7　週期存貨系統控制流程

此一模式具有下列特性：

1. 需求量非固定常數，而是成機率之分佈。

2. 前置時間固定不變，而訂購量則一次補足。

3. 此模式訂購量非固定，而是訂購週期固定不變。

4. 此模式每週期之存貨數量必須能滿足訂購週期＋前置時間之需求。

5. 由於訂購週期＋前置時間＝保護期間，因此存貨水準相對較高。

6. 每週期之訂購量為：每週期所需之存貨盤點時之數量。

3.3　定期訂購（P 模式）與定量訂購（Q 模式）之比較

針對定期訂購（P 模式）與定量訂購（Q 模式），在訂購決定、訂購量、需求異常增加、存貨監督、安全存量、庫存量、維護時間、物料種類，整理如表 5.1 所示：

▶ 表 5.1　定期訂購（P 模式）與定量訂購（Q 模式）之比較

比較項目	定期訂購（P模式）	定量訂購（Q模式）
訂購決定	以時間決定訂購點	以數量（ROP）決定訂購點
訂購量	每週期所需之存貨－盤點時之數量	經濟訂購量（EOQ）
需求異常增加	導致較大的訂購量	導致訂購周期縮短
存貨監督	下訂單或補貨前檢查持有庫存水準，決定訂購或補貨數量多少	嚴密監督庫存水準，以便瞭解持有庫存水準何時到達再訂購點（ROP）
安全存量	因為需考慮前置時間及下次訂購周期內的需求，考慮時間較長，所以安全庫存量也多	只考慮前置時間內需求，故安全庫存量較少
庫存量	較多	較少
維護時間	定期訂購，不須費時紀錄	需持續記錄，故較耗時
物料種類	C類物料	A、B類物料

 國際標竿

追殺庫存的匈奴王，改造蘋果供應鏈

當年所謂「WIN-TEL 聯盟」：微軟加上英特爾、以及低價代工的臺灣廠商，席捲全球個人電腦市場。而蘋果堅持使用自己系統、自己製造的蘋果，卻到愛爾蘭做組裝，所有零組件從美國與亞洲運到愛爾蘭，然後又花大筆費用再運回美國與亞洲市場。蘋果虧損超過 10 億美元，倉庫裡堆滿賣不出的電腦，光是庫存就高達 4 億多美元，

蘋果創辦人賈伯斯回頭收拾殘局，他請獵人頭公司幫他找人，重組經營團隊。但賈伯斯個性強烈、主觀好惡甚強，賈伯斯深信主管與他一定要在「情感上對盤」（Emotionally Connected）。正如同庫克演講說的，他與賈伯斯兩人的「直覺」對盤，面談不到五分鐘，庫克決定辭去康柏副總裁的職務；但康柏的薪水優渥，蘋果卻是搖搖欲墜，賈伯斯當場立刻從高高在上的精神領袖，變成銷售員，他半哄半騙地利誘庫克：「我相信蘋果公司的股票，不久一定漲到每股 100 美元！」當時，蘋果的股價不斷破底，連 20 美元的關卡都守不住。

當然，1998 年那場五分鐘定生死的面談，只是一個開場，接下來庫克展現驚人的工作狂精神，短短不到一年，庫克將庫存從平均 31 天，降到只剩 2 天；庫存金額從 4 億 3,000 萬美元，降到 2,000 萬美元以下。

這是庫克替賈伯斯建立的第一個戰功，是成功降低蘋果的庫存，當時蘋果的生產系統效率低落，庫存堆積如山，庫克稱自己是「追殺庫存的匈奴王」，全面改造蘋果供應鏈。當時，蘋果在亞洲的分公司，一年的庫存週轉率是 25 次，庫克提出的目標，卻是一年庫存週轉「1,000 次！」，所有人都以為，他在開玩笑。

幾年後，庫克的團隊已經可以做到存貨週轉率接近「無限大」，這代表蘋果幾乎沒有庫存！

資料來源：取材修改自今周刊，林宏達、何佩珊、乾隆來。

4 物料盤點與庫存周轉率

對物料進行盤點的目的就是確認存貨數量與紀錄上的資料是否相符，管理人員可採用兩種策略來進行盤點（Physical Counting）：第一個策略是讓整個倉庫停止運作，在此期間內，由存貨盤點小組對封閉式倉庫與現場的存貨進行物料盤點，一旦清點完畢且誤差消除，倉庫就即刻恢復各項倉儲作業；另一種方法是循環盤點（或持續存貨盤點），這種方法無須中斷各項倉儲作業，存貨盤點小組定期對存貨進行盤點，並將持續更新存貨的結果。

4.1 物料盤點目的

以下說明物料盤點，主要目的與管理重點：

1. 確保物料供應穩定

物料盤點能主動掌控庫存量，瞭解各單位庫存狀況，俾使企業能依營運計畫順利運作，適時、適量供應各部門所需物料。

2. 合理控制庫存

存貨和應收帳款是同樣性質，屬於流動資產，如果庫存量太多，會造成資金囤積、孳息損失外，也會造成管理費及損耗率增加；反之，若庫存量不足，則無法適時供應顧客需求，或貽誤商業契機。

3. 成本與利潤的計算

透過物料盤點，能瞭解企業營運物料實際成本支出費用的多寡，進而可核算出營運的毛利與利潤。

4. 避免物料耗損與呆料發生

物料盤點可防止物料因管理不當造成的的過期、變質、霉爛或呆料之損失，同時也可防範物料之失竊與私用，減少舞弊事件發生。

4.2　物料盤點方法

物料盤點的方法有下列數種，茲分述如下：

1. 依實施時間而分

(1) 定期盤點法

所謂定期盤點法，係指以固定的時間，如日、週、月、季、年，對倉庫存貨進行盤點，以瞭解實際庫存情形，並作為核算該期物料成本的依據，及物料請購之參考。通常大型企業是以一個月為單位，分上、下旬作二次盤點，但至少每個月要進行一次盤點，避免物料閒置或變質產生浪費。至於小型企業因物料數量少，每週盤點一次即可。

定期盤點法是物料成本計算法中，最基本而簡單，且廣為普遍使用的一種方法。其成本計算公式如下：

$$物料成本 = 期初存貨量 + 本月進貨量 - 期末存貨量$$

其中，本月進貨指使用單位該月份直接進貨量，以及來自其他單位或倉庫撥入材料量之總數。

(2) 不定期盤點法

所謂不定期盤點法，係指物料管理者或會計稽核等部門人員，為落實物料管理，瞭解各部門有關物料管制的情形，及對所屬部門人員之日常考評，採取不定期盤點的抽查方式，可以瞭解平常庫存量管理情形，減少人為弊端，發揮倉庫物料管理的功效。

2. 依實施方式而分

(1) 全面性盤點

所謂全面性盤點，係指物料管理者，根據庫房物料清冊、物品收發報表及庫存量帳卡，逐項加以清點盤存，並逐筆予以詳細登陸在物品盤存表上，以供成本控制及相關管理部門參考。

(2) 抽樣性盤點

所謂抽樣性盤點，通常係在物料中篩選出數種主要材料作為抽樣盤存對象，而不像前述「全面性盤存」將庫存所有物料均加以詳細盤點查核。因此不必耗費太多人力、物力，即可達到物料管制之效。

(3) 異動性盤點

所謂異動性盤點，係指在某一特定期間（通常為每天）的物料有發生進貨或出貨作業時，則僅針對這些有異動的物料，逐項加以清點盤存，而不像前述「全面性盤存」將庫存所有物料均加以詳細盤點查核，耗費太多人力、物力，同時也避免前述「抽樣性盤點」發生抽樣代表性不足之問題。

4.3　庫存周轉率

指一定期間（一年或半年）庫存物料周轉的速度，為企業庫存管理有效指標。其基本意義為資金→物料→產品→銷售→資金為一個周轉，單位時間內周轉數多時，則銷售數多，利潤有可能相對增加，即在相同資金下的利益率較高。因此，單位時間內周轉的速度即可代表企業利益，稱為庫存周轉率（Inventory Turnover /Inventory Carry Rate）。

基本上，庫存周轉率高，相對的資金周轉速度快，表示資金之利用率高，即以少量現金即可有效產生利益，但可能增加採購、進貨、庫存的管理工作量。因此，如何取得平衡需視資金多寡與營業經驗而定。

有關庫存績效評估與分析，庫存周轉率為相當重要之績效指標。例如：A公司在 2019 年一月份的銷售物料成本為 50 萬元，月度初庫存價值為 10 萬元，月度末庫存價值為 15 萬元，其庫存周轉率計算如下：

平均庫存金額 =(10+15)/2=12.5

庫存周轉率 =(50/12.5)*100%=400%

其結果表示，A 公司用平均 12.5 萬的現金在一個月度裡面讓物料周轉了 4 次，取得 4 次利潤。因此，假設每月平均銷售物料成本與庫存平均值不變的條件下，可估算年庫存周轉率為 4*12=48，即每年以 12.5 萬的現金轉換成 48 次利潤。

存貨管理所涵蓋的範圍廣泛，為支援生產相關活動及滿足顧客需求所預先準備的物料或產品，彌補「需求」與「供給」在時間與數量上不確定性的措施。其在物流與運籌管理中扮演重要的角色，因此存貨的規劃、管理與控制至為重要。另一方面，國際物流系統控制全球供應鏈的產品及物料的移動與儲存，存貨管理水準的高低，將直接影響整個供應鏈是否可以達到其預期目標與效益，為企業整體營運成本的關鍵因素。

物流與運籌管理

趨勢雷達

物聯網物流商機，思科估產值近 2 兆美元

隨著物聯網裝置迅速增加，物聯網成為當前最熱門的名詞，帶動影響許多產業帶來商機，思科（Cisco）分析表示，物聯網將於未來 10 年在全球產生 8 兆美元的潛在價值，主要來自五大成長動能，其中供應鏈與物流業部分，產值可達 1 兆 9 千億美元。

國際快遞與物流品牌 DHL 及網路設備品牌 Cisco 聯合公布一份關於物聯網的最新趨勢報告。該報告表示物聯網將於未來 10 年在全球產生 8 兆美元的潛在價值，其中包括物流業 1.9 兆美元，其他還包括創新與營收（2.1 兆美元）、資產利用（2.1 兆美元）、員工生產力提高（1.2 兆美元）、強化客戶體驗（7 千億美元）與企業社會責任等五大動能。

根據這份報告，未來 10 年，由於物聯網每日即時連結數百萬正在移動、被追蹤及裝載的貨件，物流業者可望大大提升運作效率。在倉儲方面，連結網路的棧板與貨品將使存貨管理更聰明輕鬆。在貨運方面，追蹤貨件就能更快速、更精確、更能預知、更加安全，在此同時，分析連結網路的車隊有助於預測資產是否受損，自動安排維修檢查。

最後，快遞人員與周圍人車互相連結，讓運輸回程產生獲利及最佳化，改善「最後一哩」的效率及服務。物聯網將在這場全球變革中擔任要角。

資料來源：取材修改自大紀元時報，方惠萱。

1. 王立志 (2006)，系統化運籌與供應鏈管理，滄海書局。

2. 李均、李文明編著 (2006)，生產作業管理，普林斯頓國際有限公司。

3. 呂錦山、王翊和、楊清喬、林繼昌 (2019)，國際物流與供應鏈管理 4 版，滄海書局。

4. 沈國基、呂俊德、王福川 (2006)，運籌管理，前程文化事業有限公司。

5. 林則孟 (2012)，生產計劃與管理 2/E，華泰文化事業股份有限公司。

6. 洪振創、湯玲郎、李泰琳 (2016)，物料與倉儲管理，高立圖書。

7. 洪興暉 (2017)，供應鏈不是有料就好，美商麥格羅希爾國際股份有限公司台灣分公司。

8. 許振邦 (2017)，採購與供應管理，5 版，智勝文化事業有限公司。

9. 黃惠民、楊伯中 (2007)，供應鏈存貨系統設計與管理，滄海書局。

10. 歐宗殷 (2017)，圖解生產計畫與管理，1 版，五南文化事業。

11. Ananth V.Iyer, Sridhar Seshadri and RoyVasher 原著 (2009)，洪懿妍 譯，TOYOTA 豐田供應鏈管理，第一版，美商麥格羅 希爾國際股份有限公司 台灣分公司。

12. Ballou, R. H., Business Logistics/Supply Chain Management. 5th Edition Prentice-Hall, Upper Saddle River, New Jersey (2004).

13. Bowersox, D. J., Closs, D. J. and Cooper, M. Bixby, (2002), Supply Chain Logistics Management, McGraw-Hill.

14. Lee J. Krajewski, Manoj K. Malhotra, Larry P. Ritzman 原著 (2018)，白滌清 編譯，作業管理，第 11 版，台灣培生教育出版股份有限公司。

15. Richard B. Chase, F.Robert Jacobs,Nicholas J.Aquilano, (2007), Operations

16. Management , for Competitive Advantage 11th edition, McGraw-Hill Education.

17. Stanley E Fawcett, Lisa M. Ellram, Jeffrey A.,Ogden, Supply Chain Management: From Vision to Implementation ,1st edition, Pearson Education (2007).

18. Sunil Chopra, Peter Meindl 原著 (2011)，陳世良 審訂，供應鏈管理，第四版，台灣培生教育出版股份有限公司。

19. William J. Stevenson, Operations Management 11th edition, McGraw-Hill Education (2011).

CHAPTER 06

運輸與配送管理
Transportation and Distribution Management

⊞ 物流故事

渝新歐鐵路，臺灣筆電運往歐洲的交通大動脈

⊞ 國際標竿

豐田汽車的物流成本管理

⊞ 趨勢雷達

低碳經濟時代的企業物流發展趨勢

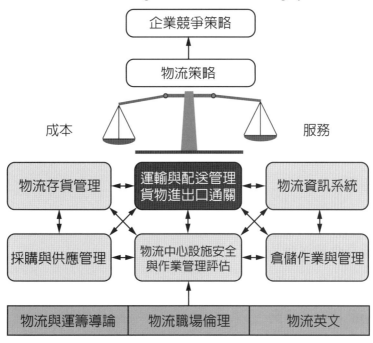

物流決策系統（Logistics Decision－Making System）

運輸管理（Transportation）為「物流決策系統」架構中重要的物流因子之一，物流的運輸管理決策也十分重要，運輸管理決策除會影響搜源（Sourcing）、設施（Facilities）、庫存（Inventory）、訂單（Order）、資訊情報（Information）等其他物流因子外，更會影響整體物流的服務水準與成本水準。本章旨在介紹運輸與配送管理與物流作業關係，使能與其他物流因子相互搭配，以發揮物流策略的綜效。

運輸作業是指透過運輸工具對人員與商品貨物的載運，即利用不同的運輸模式將旅客或物品從起點運送到目的地，克服空間阻隔的一種活動。運輸作業是物流與供應鏈活動的重要內涵，從成本面來看，運輸成本約佔物流總成本的 4 到 6 成，是物流成本最主要的一部分。另一方面，配送作業管理的主要目標，即在保證服務品質的前提下，降低物流配送成本、減少物流損失、加快速度、發揮各種物流方式的最佳效益、有效銜接幹線與末端運輸。

讀者們在讀完本章之後，將會瞭解貨櫃與貨櫃船、貨櫃運輸出口與進口作業流程、航空貨運的優點與運送方式、航空貨運出口與進口作業流程等，並有能力來進行服務與成本的平衡與折衷，以形成物流策略，進而支援企業的整體競爭策略。

1 運輸與配送作業導論

運輸作業與配送作業是物流活動的基磐,扮演著實際將商品由甲地移至乙地的角色。雖然運輸作業與配送作業均是物流活動最根本的內容,但一般而言,兩者間的差異不大,不過為求較精確的描述,以下分別加以說明。

1.1 運輸作業

➡ 作業範圍相對較大。

➡ 長距離、大批商品貨物的移動。

➡ 常常是企業為企業送商品。

➡ 點對點間,商品貨物的移動。

➡ 區域間,商品貨物的移動。

➡ 常常是一輛車,一次替客戶將貨送到一個地方後,再返回。

1.2 配送作業

➡ 作業範圍相對較小。

➡ 短距離、小批商品貨物的移動。

➡ 常常是企業為客戶送商品。

➡ 區域內,商品貨物的移動。

➡ 常有的作業方式是,一輛車路過多家客戶,挨家挨戶逐一將貨送到。

一般而言,運輸作業常指長距離、大量、少樣商品貨物的移動,其移動距離大於 30 公里的區間運輸,下貨點較少,常在三點以內,使用五噸以上的大型貨車,如圖 6.1 所示;而配送作業常指短距離、少量、多樣商品貨物的移動,移動距離小於 30公里以內的區域內配送,不但使用的

▶ 圖 6.1 運輸作業使用大型貨車進行長距離、大量、少樣商品貨物的移動

貨車載重噸位較輕,且移動路線多採一對多的巡迴配送,即下貨點較多的規劃方式。

就運輸與配送作業系統的組成元件來看,一般包括:廠商(貨物託運者)、物流中心 DC(Distribution Center)、客戶(貨品收訖者,收貨者)以及運輸工具等。

在運輸作業的實踐方式上,則包括:專車運輸、集貨運輸、共同運輸等基本方式,如圖 6.2 所示。

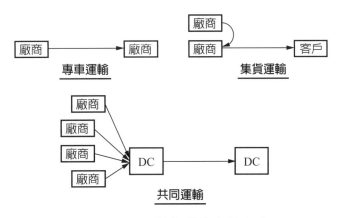

▶ 圖 6.2　運輸作業的實踐方式

在實務上,運輸與配送作業必須有良好的整合,才可提升物流活動的整體效能,如圖 6.3 所示。

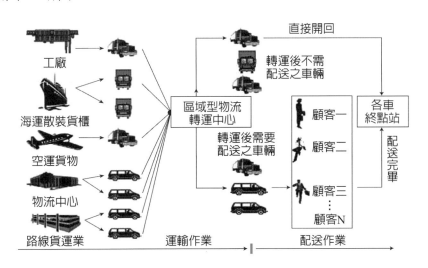

▶ 圖 6.3　運輸作業與配送作業之結合

從客戶的觀點看運輸與配送作業，又與傳統的觀點有所不同。因為現今的客戶希望提升供應鏈整體效能，並控制供應鏈作業、降低庫存、提高現金流量，同時希望物流業者提供完善的倉儲規劃與管理服務，以便獲得最好的運輸與配送管理、縮短交貨時間，甚至量身訂做具有成本效益的解決方案。換言之，傳統的運輸與配送作業強調提供快速、安全、準時的服務，而現代化的運輸與配送作業除了「持續加強傳統運籌能力」之外，還必須加強「商品貨物處理能力」、「全面物流管理能力」、「即時回應式通報能力」與「特殊物流商品貨物運送能力」等。圖 6.4 為各型貨車在熱鬧的市街上進行快速、安全、準時的配送卸貨作業。

▶ 圖 6.4　客戶希望有具成本效益的解決方案來獲得最好的運輸與配送作業

2 運輸管理概論

運輸作業是指透過運輸工具對人員與商品貨物的載運，即利用不同的運輸模式（Mode）將旅客或物品從出發地－起點（Origin）運送到目的地－迄點（Destination），克服空間阻隔的一種活動。運輸作業是物流與供應鏈活動的重要內涵，從成本面來看，運輸成本約佔物流總成本的 4 到 6 成，是物流成本最主要的一部分。

2.1　運輸基本要素與功能

運輸作業提供「實體移動」與「儲存」兩大基本功能。運輸的基本要素包括：「人、車、路」，也就是指：運輸標的（人員或商品貨物）、運輸工具（車輛、船舶、飛機）與運輸媒介（道路、海洋、天空）。

運輸的基本功能包括「物品的移動」、「物品的儲存」、「為客戶創造效用」，如下說明：

1. 物品的移動

即希望在時間、財物、與環境資源使用最少的情況下，將商品貨物從出發點移至目的地。

2. 物品的儲存

雖然不是運輸最主要的目的，但是運輸過程中可能出現「在途存貨」，在途存貨也可視為一種暫時的儲存，以及當目的地倉儲空間不足時，利用運輸工具作為暫存的空間。運輸所提供的儲存功能，是從託運人交付商品貨物後就開始產生，儲存期間可能只有幾天、幾個星期，也可能長達幾個月。

3. 為客戶創造效用

運輸作業通常可以為客戶創造三種效用：空間效用、時間效用、持有效用。

　　一般運輸服務的參與者，包括：託運人（貨主，Shipper）、運輸服務中間商（Intermediaries，例如：貨運承攬商）與運送人（Carrier）——這三者合稱運輸服務供應商，以及受貨人（Consignee）等，如圖 6.5。

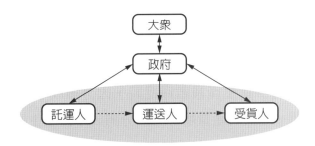

▶ 圖 6.5　運輸服務之參與者

　　運輸服務供應商還可分為運輸業與運輸服務中間商：

1. **運輸業**：例如：單一運具運輸公司、特殊服務運輸公司（基本包裹運輸服務、快遞包裹運輸服務）以及複合運具運輸公司（Intermodal Carrier）。

2. **運輸服務中間商**：例如：貨運承攬業、託運人協會等。

　　圖 6.6 為日本三井船運位於大阪港的據點。三井船運為典型的運輸服務供應商，在全球有 325 個據點，擁有貨櫃船、散裝船、汽車船、油輪等各式各樣的船舶 400 餘艘，全球員工超過 7,000 人，核心業務為全球海運併櫃業務、供應商存貨管理、供應鏈管理等。

▶ 圖 6.6　日本三井船運為全球性的運輸服務供應商

物流與運籌管理

2.2　運輸管理與營運的基本經濟原則

運輸管理與營運的基本經濟原則，包含以下：

1. 規模經濟性

指在一定的運輸量範圍內，隨著運輸量的增加，會讓平均成本不斷降低。也就是每單位運輸成本，會隨著運輸量的增加而遞減。

2. 距離經濟性

指當運送的距離增加時，每單位距離成本亦將遞減。

3. 範疇經濟性

是指有關生產者同時生產多種產品時，其成本會低於多種產品各自分別生產。主要是衡量運輸業者面對多樣的產出時，聯合產出是否具有效益，也就是運輸業者是否適合具關聯產出的多角化經營。例如：海運業者可以評估是否還要切入做承攬、報關、倉儲等業務的多角化經營。

簡而言之，範疇經濟是生產複數產品時，因分攤成本而產生的經濟效益；而規模經濟指的是單一產品的產量增加，因分攤成本而產生的經濟效益。

從事運輸管理與營運時，也應該具備「彈性」的基本觀念，包括需求的價格彈性、需求的交叉彈性以及需求的所得彈性，說明如下：

1. 需求的價格彈性

一般用來衡量需求的數量隨商品價格的變動而變動的情況。例如：當汽油的價格上漲時，汽油的需求量就會減少，人們會買更省油的汽車、改搭大眾運輸工具、或搬到離上班地點較近的區域居住；反之，當汽油的價格下降時，汽油的需求量就會增加。

2. 需求的交叉彈性

是指一種運輸方式、一條運輸線路或一家運輸企業的運輸價格的變化，對其他可以替代的另一種運輸方式、另一條運輸線路或另一家運輸企業的運輸需求量的變化之敏感程度。例如：航空運價提高，會使鐵路、陸運的運輸需求量增加，表明航空運輸與鐵路、陸運的交叉替代性。

3. 需求的所得彈性

衡量消費者「所得變動」引起的「需求量變動」之敏感度。例如：純粹就運輸目的而言，所得較低的時候，可能使用自行車、機車的需求就高；一旦所得提高，可能使用小汽車的需求就增高了。

　　運輸對經濟成長影響極大,一般而言,政府會投資運輸基礎設施,藉管制措施,期望達成運輸供給充足、有效率,而且有足夠的公平性與競爭力。換言之,傳統認為運輸產業具有公用事業的性質,運輸市場常受政府政策之管制,管制的內容包括:經濟管制與安全與社會管制,其中經濟管制包括:進出管制、費率管制、費率調整管制、費率補貼、運輸服務(班次)等。近年來,各國政府逐漸解除經濟管制,但是對安全與社會管制反而日趨嚴格。

　　運輸是經濟活動的基礎,運輸供應鏈各環節業者(託運人、運輸服務中間商與運送人)都必須思考運輸管理與營運的經濟原則。

2.3　運輸服務型態分類

　　一般運輸服務型態可依照服務的範圍,分為都市運輸與城際運輸。城際運輸可再分為國際運輸與國內運輸,並根據運具的不同,分為:公路運輸、鐵路運輸、航空運輸、水運運輸、管道運輸等不同的運輸服務類型,如圖 6.7 所示。

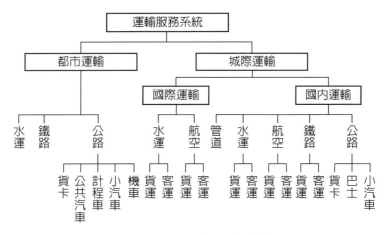

▶ 圖 6.7　運輸服務型態

　　不同運輸工具,各有不同的服務特性與優缺點,說明如下:

1. 公路運輸

　　優點是具有彈性高、接近度(可及性)高、成本投資相對便宜;缺點是運輸量相對較小、可靠度與安全性相對較低、運輸時間準點率較差等。

2. 鐵路運輸

　　優點是具有運輸量大、運輸貨物種類較多、適合於長途運輸、可較精確計算運送時間;缺點是投資成本昂貴、接近程度(可及性)低、前置作業時間長。

3. 水路運輸

優點是運輸量大、運輸成本低廉、運輸距離長；缺點是運輸速度較慢、運輸時間掌握不易等。

4. 航空運輸

優點是運輸效率高、續航能力強；缺點是易受天候影響、成本高昂、運量有限等。

5. 管道（線）運輸

優點是運輸量大、成本低廉、運送效率高；缺點是運輸商品貨物種類有限，且僅限於單純的液態或氣態物品、系統維護困難、一旦損壞成本高昂、普及率低等。

各種不同運具服務特性之相對優缺點，如表 6.1 所示。

▶ 表 6.1　不同運具服務特性之相對優缺點比較優點缺點

	優點	缺點
公路運輸	◆ 彈性程度高 ◆ 接近程度高 ◆ 成本投資便宜	◆ 運輸量小 ◆ 可靠度與安全性低 ◆ 運輸時間準點率差
鐵路運輸	◆ 運輸量大 ◆ 運輸貨物種類繁多 ◆ 適合於長途運輸 ◆ 可精確計算運送時間	◆ 投資成本昂貴 ◆ 接近程度低 ◆ 前置作業時間長
管路運輸	◆ 運輸量大 ◆ 成本低廉 ◆ 運送效率高	◆ 運輸物品種類有限且僅限於單純的液態或氣態物品 ◆ 維護困難 ◆ 損壞成本高昂 ◆ 普及率低
水路運輸	◆ 運輸量大 ◆ 運輸成本低廉 ◆ 運輸距離長	◆ 運輸速度較慢 ◆ 運輸時間掌握不易
航空運輸	◆ 運輸效率高 ◆ 續航能力強	◆ 易受天候影響 ◆ 成本高昂 ◆ 運量有限

3 國際運輸

　　國際運輸是國際物流服務中重要的項目，由於運輸具有路線複雜、距離遙遠、運輸時間長、手續繁雜、風險大的特性。國際貿易與全球供應鏈管理皆是透過不同的運輸模式的選擇，將物料或半成品移運至下一個生產單位，或是將成品運送至顧客端的作業。以下介紹國際運輸主要運輸載具，分別是貨櫃運輸與航空航空貨運，依序說明如下：

3.1　貨櫃運輸

　　貨櫃化運輸起源於 1960 年代，國際標準組織（International Standards Organization, ISO）定義標準貨櫃（Standard Container），主要因貨櫃具有下列特性：

1. 貨櫃具有堅固、密封的特點，可避免貨物在運輸途中受到損壞。

2. 貨櫃具有單元負載（Unit Load）特性，裝卸效率很高，受氣候影響小，船舶在港停留時間大幅縮短，因而船舶航次時間縮短，船舶週轉加快，航行率大大提高， 船舶生產效率隨之提高，從而提高船舶運輸能力。

3. 適合於複合式聯運，責任劃分清楚，貨櫃運輸涉及面廣、環節多，包括海運、陸運、空運、港口、貨運站以及與貨櫃運輸有關的海關、商檢、船舶代理公司、貨運代理公司等單位和部門。由於貨櫃是一個堅固密封的箱體，貨物裝箱並鉛封後，途中無須拆箱倒載，一票到底，即使經過長途運輸或多次換裝，也不易損壞箱內貨物。貨櫃運輸可減少被盜、潮濕、污損等引起的貨損和貨差，責任可依封條是否被打開劃分清楚。

3.1.1　貨櫃的分類

　　目前世界上廣泛使用的貨櫃按其主體材料分類為：

1. 鋼製貨櫃

其框架和箱壁板皆用鋼材製成。最大優點是強度高、結構牢、焊接性和水密性好、價格低、易修理、不易損壞，主要缺點是重量較重、抗腐蝕性差。

2. 鋁製貨櫃

鋁製貨櫃有兩種:一種為鋼架鋁板;另一種僅框架兩端用鋼材,其餘用鋁材。主要優點是重量較輕、不生鏽、外表美觀、彈性好、不易變形,主要缺點是造價高、受碰撞時易損壞。

國際海運標準貨櫃根據其長度尺寸可分為有 20 呎(英呎)、40 呎(英呎)和 45 呎(英呎);標準貨櫃的寬度一律為 8 英呎;貨櫃根據高度可分為普通(8.6 英呎)和超高(9.6 英呎)貨櫃。一般海運貨櫃以 20 英呎貨櫃為計算單位(Twenty-Foot Equivalent Unit, 稱為 TEU),40 呎貨櫃換算為 2 TEU。例如:2 個 20 呎與 1 個 40 呎的貨櫃(2 TEU),相當於 2 x 20 呎 +1x 40 呎 = 2 TEU + 2 TEU = 4 TEU。

3.1.2 貨櫃的種類

1. 普通貨櫃(Dry Container)

俗稱「乾櫃」,貨櫃之一端或一側有櫃門可以開關,用以裝運一般雜貨,除其尺寸互有不同外,均為密封裝箱。20 呎、40 呎與 40' Hi-Cube 貨櫃如圖 6.8、6.9 及 6.10 所示。如表 6.2 所示,一般 20 呎普通鋼製貨櫃可載運貨物的總重量為 21.63 噸(Payload),加貨空櫃本身重量(Tare)2.37 噸,最大限重為 24 公噸(Ton)。

▶ 圖 6.8　20 呎普通貨櫃

資料來源:呂錦山、王翊和、楊清喬、林繼昌 (2019)

▶ 圖 6.9　40 呎普通貨櫃

資料來源:呂錦山、王翊和、楊清喬、林繼昌 (2019)

▶ 圖 6.10　40' Hi-Cube 超高鋼製乾貨貨櫃

資料來源：陽明海運公司網站 (2020)

2. 冷藏貨櫃 / 冷凍貨櫃（**Refrigerated Container**）

貨櫃內部四壁具有隔熱層，貨櫃另一端則設置冷凍壓縮機，此種貨櫃專用以裝載需儲存於一定溫度冷凍或冷藏貨物，使櫃內之貨物不致腐壞，如肉類、魚類、蔬菜或精密電子儀器及材料等高單價貨物，如圖 6.11 及 6.12 所示。如表 6.2 所示，以一 20 呎鋼製冷凍貨櫃為例，可載運的貨物重量為 27.41 噸，加上貨櫃本身重量，總最大重量限制不得超出 30.48 噸。

▶ 圖 6.11　20 呎鋼製冷凍櫃

資料來源：呂錦山、王翊和、楊清喬、林繼昌 (2019)

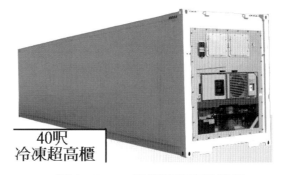

▶ 圖 6.12　40 呎鋼製超高冷凍櫃

資料來源：呂錦山、王翊和、楊清喬、林繼昌 (2019)

3. 開頂貨櫃（**Open Top Container**）

特別用以裝運超高的貨物，如大型整體機械、鋼鐵材料等笨重貨物，無頂部，通常以帆布覆蓋並捆綁以避免貨物本身暴露在外，可以用起重機於貨櫃上方進行裝載，如圖 6.13 所示。開頂貨櫃的重量與體積容量如表 6.2 所示，以 20 呎鋼製開頂貨櫃為例，加上貨櫃本身重量，最大的重量限制為 24 噸。

▶ 圖 6.13　20 呎鋼製開頂櫃

資料來源：呂錦山、王翊和、楊清喬、林繼昌 (2019)

4. 平板貨櫃 / 平台貨櫃（Flat/Platform）

僅有底板及兩端端牆，無頂蓋及邊牆結構之貨櫃，特別用以裝運極重或是超過寬度的貨物，可裝載較高的貨物，如鋼鐵材料、電纜、玻璃、木材、機器或其他整體貨物，其底板結構特別堅固，如圖 6.14 及 6.15 所示。若無兩端端牆者，則稱平台貨櫃。如表 6.2 所示，20 呎平板貨櫃可承載貨物重量為 31.1 噸，加上 2.8 噸貨櫃本身重量，總重量限制為 34 噸。

▶ 圖 6.14　20 呎鋼製平板櫃

資料來源：呂錦山、王翊和、楊清喬、林繼昌 (2019)

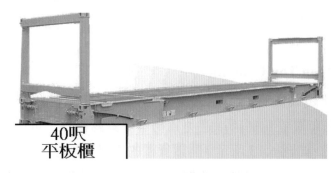

▶ 圖 6.15　40 呎鋼製平板櫃

資料來源：呂錦山、王翊和、楊清喬、林繼昌 (2019)

▶ 表 6.2　貨櫃尺寸、重量與體積容量

貨櫃種類		載重量（Kg）			内部尺寸（M）			
		總重	空櫃重	載重	長度	寬度	高度	容積
20呎	20呎鋼製乾貨貨櫃	30,480kg	2,370kg	21,630kg ｜ 28,110kg	5.90m	2.35m	2.39m	33.20m³
	20呎鋼製冷凍櫃	30,480kg	3,160kg	20,950kg ｜ 27,410kg	5.90m	2.29m	2.26m	26.70m³
	20呎鋼製開頂櫃	24,000kg	2,460kg	21,420kg ｜ 27,900kg	5.90m	2.35m	2.39m	32.00m³
	20呎鋼製平板櫃	34,000kg	2,800kg	31,100kg	5.85m	2.20m	2.23m	27.90m³
40呎	40'鋼製乾貨貨櫃	30,480kg	3,940kg	26,480kg ｜ 28,500kg	12.03m	2.35m	2.39m	67.74m³
	40' Hi-Cube 超高鋼製乾貨貨櫃	30,480kg	4,170kg	26,280kg ｜ 28,300kg	12.03m	2.35m	2.69m	76.40m³
	40呎鋼製開頂櫃	30,480kg	4,290kg	26,190kg ｜ 28,210kg	12.02m	2.35m	2.31m	65.40m³
	40呎鋼製平板櫃	34,000kg	5,870kg	28,130kg	11.99m	2.20m	1.96m	51.90m³
	40呎鋼製超高冷凍櫃	32,500kg	4,170kg	25,790kg ｜ 29,270kg	11.62m	2.29m	2.51m	67.90m³

資料來源：萬海航運股份有限公司網站 (民 109)

　　隨著國際物流之發展，有些中小型託運人，因貨物不足一個整櫃時，則會利用貨運承攬運送業（Forwarder）的服務，與其他小的託運人合併為一整櫃，再運往同一目的港。如何在有限的貨櫃空間內，考量重量與體積限制，做量大的使用，對承攬業而言，是一重要的利基所在。一般而言，承攬業會向小的託

運人依貨物的體積立方公尺 Cubic Meter（CBM）收費，再向船公司付一整櫃的費用，以賺取其間的差價。貨物與貨櫃體積重量之換算如下：

重量噸：1 Ton（噸）=1,000kgs

體積噸：1 M3 = 1CBM = 1 立方公尺

計算方法：

1 M =100 cm

$1M^3$ =100 cm×100cm×100cm

$1M^3$ =1 Cubic Meter=1 CBM

1 材 =1 Cubic Feet（英制）=$1Feer^3$ =1 feet×1feet×1feet（英呎）^{3}

    =12"×12"×12"=1,728 吋^3

    =30.48 cm×30.48 cm×30.48 cm

    =（0.3048M）^{3}

    =$0.02831684659M^3$

    =$28317cm^3$

∴ $1M^3$=35.315 材

    實務作業常用的材數計算方法：

1. 每一外箱盒（Carton）的長（cm）× 寬（cm）× 高（cm）÷28317= 材數（cuft）
   例如：貨物箱尺寸爲 30 cm ×40 cm × 50 cm（長 × 寬 × 高），則材數計算如下：
   材數 =30 cm ×40 cm × 50 cm / 28317 = 2.119 材數（cuft）

2. 材數 × 箱數 ÷35.315=CBM（M^3）
   如一 20 呎的普通貨櫃爲例，內徑長爲 5.9 公尺，寬 2.35 公尺，高爲 2.39 公尺，則約爲 5.9×2.35×2.39=33.14 CBM，就實務作業，約可裝 20 ～ 23CBM 之間。
   續上題：貨物箱尺寸爲 2.119 材數（cuft），訂單數量爲 1000 箱，則爲多少 CBM ？
   解：2.119 cuft ×1000 箱 = 2119 cuft / 35.315 60 CBM

3.1.3　貨櫃船（Container Ship）

　　貨櫃船為載運貨櫃的船舶，即以貨櫃為裝載容器之運輸船，貨主將貨物裝入貨櫃之中，以貨櫃承運又分整裝貨櫃與併裝貨櫃，整裝貨櫃內均為同一貨主之貨物，併裝貨櫃內由不同貨主之散貨集合成一整櫃貨櫃內，可裝任何東西。現在已經發展出各種用途櫃，如：標準櫃、冷凍貨櫃、開頂櫃、平板櫃、牲畜櫃、穀物櫃、液體貨櫃等不同形式。

　　貨櫃船可提供便利、整裝運送、即時運輸、定期航運、船期迅速準時及方便複式聯運等特性，但單位運量小，價格較散裝船高昂。其甲板與船艙均經特別設計，用來裝載的標準貨櫃須符合 ISO 的規定，貨櫃通常裝在艙內與甲板上。船舶本身並非一定配置有起重設備。新式全貨櫃把船艙做成細胞式（Cellular）分格，便利貨櫃裝卸。貨櫃船通常以其所能裝載的 20 呎標準貨櫃（Twenty-foot Equivalent Unit, TEU）數量，來表示其船型的大小，航運市場上從數百 TEU 貨櫃船，到 21,413 TEUs 運載量的貨櫃船。通常近洋航線的貨櫃船，大多是 2,000TEU 以下的貨櫃船；越太平洋或大西洋的長程航線，大多是 7,000 TEU 以上的貨櫃船，如圖 6.16 所示，2017 年全球最大的貨櫃船，可裝載貨櫃量達 21,413 TEUs，由中國香港的東方海外公司（Orient Overseas Container Line Ltd.）營運，預估每一單位可節省油料成本 20% 至 30%。

　　由於貨櫃船所裝載的貨物，大多數為成品或半成品，與民生消費及工廠生產關聯性很密切，必須快速運抵目的地，所以貨櫃船是所有貨船當中，航行速度最快的船舶。貨櫃船不僅航速快，裝卸貨速率也非常快，因此泊港時間也很短暫，通常不會超過一天。2,000TEU 以下的貨櫃船，常配備貨櫃裝卸起重機；大型貨櫃船的裝卸貨櫃，則依靠碼頭的貨櫃裝卸機，多台同時作業，快速完成貨櫃的裝卸。

　　基本資料：

➡ 船長：399.9公尺

➡ 船寬：58.8公尺

➡ 船深：32.5公尺

➡ 載重噸位：205,000噸

➡ 載重吃水：16公尺

➡ 航速：24節

▶ 圖 6.16　Orient Overseas Container Line － 21,413 TEUs 貨櫃船
資料來源：東方海外公司網站 (2020 年)

3.1.4　貨櫃船運輸模式

全球貨櫃運輸的航線，大體上可分為東西航線與南北航線，北半球國家因多屬經濟工業國家，國際貿易發達，因此東西向航線一向為國際航運業者主要的市場之一。近年來，隨著南半球國家經濟的發展，南北向航線的市場也漸成為重要的貨櫃航線市場。

全球貨櫃航線的服務範圍很廣，遍及全球五大洲，如：北美、南美、紐澳、亞洲、歐洲、非洲、中東與地中海等航線。而複合式運輸（Multimodel Transportation）為貨櫃船主要運輸模式：即貨物由目的地經由兩種或以上之運輸工具（如船舶、拖車及鐵路），配合完整之輸配送系統運送至目的地，並提供單一載貨證卷，以明確規範運送人與貨主的權利與義務。

以下介紹北美與歐洲航線兩種複合式運輸模式：

3.1.4.1　遠東至北美航線（含美國、加拿大及墨西哥）

北美航線涵蓋美國、加拿大及墨西哥，其中美國幅員廣大，是全球最大的經濟實體，亦為全球最重要的消費市場之一。美國是臺灣對外貿易第三大的出口國，僅次於中國大陸與香港地區，而加拿大亦是臺灣重要的貿易出口國之一，雖然貨量沒有像美國多，但其中有很多的進出口貨物，是經由美國西北岸港口如西雅圖（Seattle）或塔科馬（Tacoma）轉運。

此外，北美另一重要的國家，墨西哥因加入北美自由貿易協定（North America Free Trade Agreement, NAFTA）後與美國結合成一個貿易實體，主要以美國為主要市場，與亞洲的貿易量並不大。由於美國內陸有很多大城市，如芝加哥（Chicago）、底特律（Detroit）、休士頓（Houston）、亞特蘭大（Atlanta）、達拉斯（Dallas）等，各自形成商業、工業與消費中心，貨櫃於內陸運輸品質的好壞，將會是影響貨主選擇航商重要的考量因素之一。

1. 北美航線主要港口

北美地區一般分為西岸、東岸與海灣三個地區，貨櫃航商主要的泊靠港口如表 6.3 與圖 6.17 所示，其中洛杉磯、長堤、奧克蘭與塔科馬等港是美國西岸重要的港口；東岸重要的港口則有紐約、巴爾的摩延伸至邁阿密等港；休士頓、加爾維士頓與新奧爾良則為墨西哥灣地區重要的貨櫃港。

▶ 表 6.3 北美地區主要港口

北美地區	港口
西岸地區	西雅圖（Seattle）、塔科馬（Tacoma）、溫哥華（Vancouver）、洛杉磯（Los Angeles）、長堤（Long Beach）、舊金山（San Francisco）、奧克蘭（Oakland）
東岸地區	紐約（New York）、巴爾的摩（Baltimore）、查爾斯頓（Charleston）、沙瓦那（Savannah）、邁阿密（Miami）
海灣地區	休士頓（Houston）、加爾維士頓（Galveston）、新奧爾良（New Orleans）

▶ 圖 6.17 北美主要貨櫃港口

資料來源：呂錦山、王翊和、楊清喬、林繼昌 (2019)

2. 複合運輸作業

複合式運輸為貨物由目的地經由兩種（含）以上之運輸工具（如船舶、拖車及鐵路等），配合完整之輸配送系統運送至目的地，並提供單一載貨證卷，以明確規範運送人與貨主的權利與義務。美國內陸有很多大城市，貨物必須經由西岸或東岸的港口以複合式運輸作業進行轉運，北美航線現行複合式運輸主要有下列三種：

(1) 陸橋運輸

陸橋運輸是指貨櫃在美國太平洋岸港口卸下，原貨櫃經鐵路運至預先選定的美國大西洋沿岸港口，再交由船公司承運橫越大西洋的航程，橫跨整個北美大陸，載貨證券只簽發一套，一票直達的運輸方式，如圖 6.18。

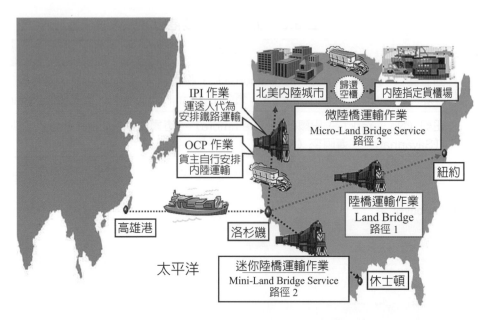

▶ 圖 6.18　北美航線複合式運輸

資料來源：呂錦山、王翊和、楊清喬、林繼昌 (2019)

託運人支付的運費已包含內陸的運費，船公司在其運費收入中，按與鐵路公司議定的內陸運費支付予鐵路公司。自 1984 年美國航業法允許貨櫃航商申報複合式運輸運費後，越太平洋航線貨櫃船隊即開始大量開發以美國西岸主要港口為中心，向北美大陸建置幅軸式鐵路運輸系統，每列雙層貨櫃列車（Double Stack Train, DST）承載量達 400TEU 至 800TEU，如圖 6.19 示。貨櫃在北美西岸主要港口卸載後，可接駁北美雙層貨櫃列車進行北美內陸地區的鐵路運輸作業，依據市場之分佈安排列車路線，到達北美任何內陸點，並裝載美國出口重櫃，或是回收內陸點收貨人交還之空櫃。相較於利用巴拿馬運河全程水路運輸服務（All Water Service）的方式，北美鐵路運輸路程節省 2,000 至 3,000 英哩，從美西港口至芝加哥的行車時間約 55 小時，至紐約約 90 小時，較全程水路運輸服務可節省 10 天左右的時效性。

▶ 圖 6.19　北美雙層貨櫃列車

資料來源：呂錦山、王翊和、楊清喬、林繼昌 (2019)

(2) 迷你陸橋運輸服務

係指貨櫃自遠東啟運，以貨櫃船運至美國太平洋沿岸港口卸船後，原貨櫃經鐵路或其他陸上運輸工具接運至收貨人目的地最近的美國大西洋或墨西哥灣港口，收貨人自行安排與負擔由交貨港至其最終目的地時轉運事宜及費用的運輸方式，如圖 6.18 所示。迷你陸橋運送方式在內陸運送範圍上並沒有似陸橋運輸方式涵蓋整個北美大陸，而僅是涵蓋部分北美大陸的地區。

(3) 微陸橋運輸服務

係指貨櫃自遠東啟運，至美國太平洋港口卸下，再利用內陸運輸轉運至內陸城市的聯運方式。運輸時間較全程水路運輸服務快，但運費較 All Water 昂貴。如圖 6.18 所示，進行內陸點一貫運送作業，由航商辦理保稅運輸通關，以鐵路運送至美國內陸各大城市的貨櫃基地，之後收貨人在內陸點指定貨櫃集散站向海關辦理通關提貨手續。待收貨人將貨櫃拖往目的地或自己工廠完成卸貨後，需將空櫃歸還至航商指定的內陸貨櫃場。

另一種運送方式稱為北美西岸內陸轉運服務，係指貨櫃在遠東啟運至美國太平洋岸港口卸船後，由收貨人自行安排內陸運輸至內陸城市。收貨人以原貨櫃轉運至內陸者，須將空櫃還至船公司所指定之港口或內陸貨櫃集散站。此種運輸方式船公司簽發至美國太平洋港口為止之海運載貨證券，船公司僅負責海上運送責任。

(4) 全程水路運輸服務

貨櫃船由遠東地區橫越太平洋，如圖 6.20 所示，繞道至巴拿馬運河，達美南之墨西哥灣，載至美國東岸之紐約港，全程運輸距離約 11,000 海浬。運輸時間約 22 ～ 25 天，相較於迷你陸橋服務約慢 7 天，但運費較迷你陸橋運輸服務節省 200 ～ 300 美元 / 櫃。近年來，位於北美東岸的收貨人，為避免西岸港口碼頭工人罷工而導致交貨延遲的情形，選擇全水路運輸服務至北美東岸的貨載有增加的趨勢。

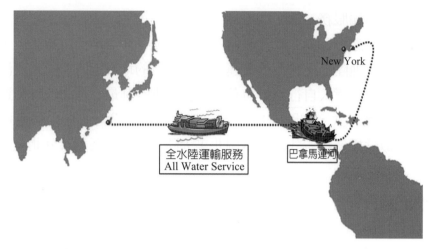

▶ 圖 6.20　北美航線全程水路運輸服務

資料來源：呂錦山、王翊和、楊清喬、林繼昌 (2019)

　　遠東至北美航線為定期貨櫃運輸重要的航線與市場，由於北美主要港口集中於美國西岸的樞紐港，內陸城市或海灣地區各港口的貨櫃可經由迷你陸橋運輸服務轉運。航商在考量貨量、航程與船舶大型化帶來的營運效益，船舶多配置 8,000TEU 以上的貨櫃船經營此條航線。

　　在承運上，值得注意的是自從美國 2001 年 911 恐怖攻擊事件後，為維護美國本土安全，於 2003 年針對輸往美國及途經美國輸往第三國之貨物，執行預報艙單系統（Advanced Manifesting System, AMS）必須於裝船前 24 小時，預先向美國海關申報貨物資料，以便事先查核，而對有安全疑慮的貨物，美國海關有權拒絕入境。

　　在此航線大型貨主與運送人間的交易行為，常採國際運送契約招標的方式。如美國大型企業 Walmart、IBM、可口可樂、P&G 等國際品牌大廠，常以其全球市場的貨運量對船公司公開招標並簽訂運送合約，承諾在一特定時間內（通常為一年）給予約定量的貨載予得標的航商。此交易行為下，航商通常會提供此大型貨主在運價、艙位、港口與裝卸貨條件的保證與優惠。

　　就出口而言，北美航線的貿易型態多為 F 類的貿易條件，如 Free on Board（簡稱 FOB，指賣方將貨物交到出口港海洋輪船上，責任即告解除，此後的費用與風險均由買方負擔），及 D 類的貿易條件，如 Delivered Duty Paid（簡稱 DDP，指賣方於輸入國目的地付訖關稅後，將貨物交付買方）、Delivered Duty Unpaid（簡稱 DDU，指賣方於輸入國目的地將尚未支付關稅，且尚未從運輸工具卸下的貨物交付買方，即已履行其交貨義務），以上約佔 85%。

　　C 類的貿易條件，如 Cost, Insurance and Freight（簡稱 CIF，指賣方於起運地裝貨港船上交貨，故賣方負責沿船、裝船並預付目的地港海上運費又負責洽購海上保險並支付保費）、Cost and Freight（簡稱 CFR 或 C&F，指賣方在起運地裝貨港船上交貨，故負責洽船、裝船，並預付至目的港運費及貨物通過大船欄杆前的 一切費用與風險；買方負責海上保險以及貨物通過大船欄杆後的一切費用與風險）則較少，約佔 15%。除了大型貨主之外，航商於北美航線的經營，還會以代理貨主及在北美市場具有攬貨能力的國際海運承攬運送業或無船公共運送人（Non-Vessel Operating Common Carrier, NVOCC）為目標顧客。

3.1.4.2　遠東至歐洲航線

　　歐洲多國林立，目前的歐洲聯盟（European Union, EU）由 27 個國家組成，區域人口近五億，可見具有一定之經濟實力，遠東至歐洲航線亦是全球主要貨櫃市場之一。根據 Alphaliner 於 2019 年統計全球前十大貨櫃船公司運力排名依序為：馬士基、地中海航運、中遠海運集運、達飛輪船、赫伯羅特、ONE、長榮海運、陽明海運、現代商船、太平船務。對臺灣業者而言，德國、荷蘭、英國、義大利及法國是對我國對外貿易重要的出口國家。

1. 主要港口

　　歐洲地區一般分為北歐、西歐、地中海及東歐四個地區，主要港口如表 6.4 與圖 6.21 所示，其中鹿特丹、漢堡、安特衛普及不萊梅等港是歐洲重要的貨櫃港。歐洲內陸國家的貨物，多經由荷蘭的鹿特丹港或是德國漢堡港轉運，特別是荷蘭地處歐洲樞紐地位，已成為歐洲的門戶與轉運中心，倉儲物流業非常發達，貨物由鹿特丹轉運至歐洲內陸國家均可在一至二天內送達。

2. 航線

　　各家航商航線的規劃會有些差異，由遠東至歐洲主要港口的航線，大體上如圖 6.22 所示，如果以高雄港（Kaohsiung）為起點，依序停靠香港（Hong Kong）→ 新加坡（Singapore）或巴生港（Port of Klang）→ 塞德港（Said）或 亞歷山大（Alexandria）→ 熱內亞（Genoa）→ 福斯（Fos）→巴塞隆納（Barcelona）→ 利哈佛（Le Havre）→鹿特丹（Rotterdam）→漢堡（Hamburg）→南漢普敦（Southampton）等主要港口，航期（Transit Time）約 25 天左右。

▶ 表 6.4　歐洲地區主要港口

國　家	港　口
德國	漢堡（Hamburg）、不萊梅（Bremerhaven）
瑞典	哥登堡（Gothenburg）
丹麥	哥本哈根（Copenhagen）
挪威	奧斯陸（Oslo）
荷蘭	鹿特丹（Rotterdam）
比利時	安特衛普（Antwerp）
法國	利哈佛（Le Havre）、福斯（Fos）
英國	倫敦（London）、佛列斯多（Felixstowe）、南漢普敦（Southampton）
西班牙	巴塞隆納（Barcelona）、瓦倫西亞（Valencia）
義大利	那普勒斯（Naples）、熱內亞（Genoa）

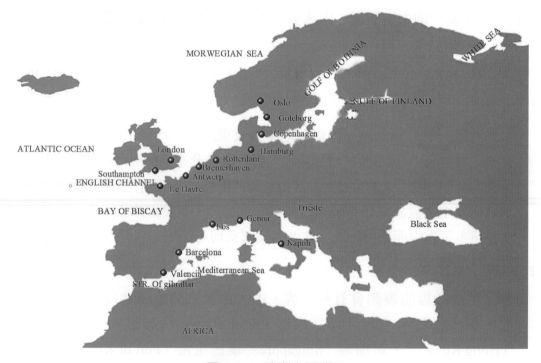

▶ 圖 6.21　歐洲主要港口

資料來源：呂錦山、王翊和、楊清喬、林繼昌 (2019)

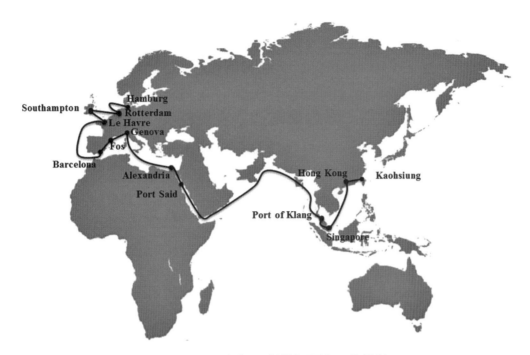

▶ 圖 6.22　遠東至歐洲主要港口的航線

資料來源：呂錦山、王翊和、楊清喬、林繼昌 (2019)

　　貨櫃船由裝運港（Loading Port）直接運送至歐洲主要港口的直達運輸作業，中途不作任何轉船或接駁（Transhipment）。一般而言，歐洲主要港口皆採行此一運輸作業。因歐洲地區幅員甚廣、多國林立，法令不同，除了傳統的港至港（Port to Port）直達運輸作業外，跨國與複合式運輸興盛，貨物由目的地經由兩種或以上之運輸工具（如：船舶、拖車及鐵路）運送至目的地，配合完整之配送系統、提供單一載貨證卷，以明確規範運送人與貨主的權利與義務。

　　一般船舶運送人（航商）主要經營港至港的直達運輸服務為主，港至戶的內陸運送服務有限，且費用較為昂貴。因此歐洲的貨主常利用國際承攬運送業於歐洲之物流網路與代理，提供報關、倉儲及內陸運輸等整合性物流服務，如Schenker、Kuehne & Nagel 及 DHL 等皆是知名且具規模的國際性全程物流服務提供者。在貿易條件以 FOB Term 為主，約佔 85%，CIF Term 約佔 15%。航商在船型的配置上，多以 8,000TEU 至 12,000TEU 或以上的貨櫃船經營此條航線。

渝新歐鐵路，臺灣筆電運往歐洲的交通大動脈

　　2011 年 9 月 22 日晚間，4 萬台宏碁筆記型電腦搭上了重慶一班貨運專車，從此掀起內陸臺商的物流革命。當外界聚焦於大陸「一帶一路」戰略中的基礎建設互聯互通之際，始自重慶，只要 13～15 天就能抵達德國杜伊斯堡的渝新歐跨境鐵路，將古代的絲路升級成運輸界成吉思汗。這一次，不是燒殺的兵馬，而是載著臺商的筆電等其他產品，征戰歐陸。

渝新歐跨境班列路線圖
資料來源：新華網

以前將貨品自重慶運至上海，搭乘最快速貨輪運往德國也要30天

渝新歐跨境班列 小檔案

里程 全長11179公里　　　　整理：李道成

開通
2011年1月28日開通，當年9月台商開始使用

運營
2012年合資成立的「渝新歐物流公司」，德國、俄羅斯與哈薩克的鐵路公司，各占16·3%；大陸中鐵聯運公司占10%，重慶交運集團占41·1%

貨品
以惠普、宏碁等主攻歐洲市場的筆電為主，也開始運紅酒、汽車

運費　每兩個標準貨櫃每公里0.4美元

跨國
共經中國、哈薩克、俄羅斯、白俄羅斯、波蘭及德國，共6國

時間
約13-15天
以往貨品自重慶沿長江，或搭火車運往上海，再搭貨輪到歐洲，皆需30-40天

班次
去程可達150班，回程則有100班。現今每周固定有3-4班，每班列車都有41節車廂

中國重慶至德國杜伊斯堡只需 13-15 天

　　從重慶出發的渝新歐班列不僅是最早開通的中歐列車，同時已成為目前貨運量最大、最火的中歐班列。除了重慶，目前大陸還有成都、鄭州、蘇州、武漢、長沙、義烏 6 個城市相繼開通了中歐班列，競爭激烈。但在所有中歐班列中，負責渝新歐鐵路協調事務的重慶物流辦綜合處表示，依靠龐大的筆電產能，渝新歐最早開通並獨占鰲頭，輸歐的鐵路運量中，有 50% 以上來自這裡。

　　重慶臺商說，內陸省分積極招商，對於以外向型為主的臺商而言，重點就是如何解決運輸問題？從路線來看，渝新歐國際鐵路聯運從重慶始發，經西安、蘭州、烏魯木齊，向西過北疆鐵路到達大陸邊境阿拉山口，進入哈薩克，再轉俄羅斯、白俄羅斯、波蘭，至德國的杜伊斯堡，這條全長 11,179 公里的鐵路，與陸上絲路不謀而合，一條國際貿易大通道自此形成。

一年輸出 1,000 萬台

　　據負責運輸的中鐵聯集重慶中心站透露，今年預計從重慶輸出歐洲的筆電將超過 1,000 萬台，其中包括惠普、宏碁、華碩，還有代工廠富士康、廣達、英業達、仁寶與緯創等臺資企業。

　　筆電一直都是重慶出口歐洲的大宗，至今年 1 月底，渝新歐班列共行駛 207 趟次，僅筆電一項就占貨運總量 40%，達到 6,000 萬台。在歐洲市場上，每 2 台筆記型電腦，就有 1 台產自重慶。去年，全球筆電市場整體萎縮 5%，但重慶的筆電產業逆勢增長 15%。

物流革命征戰歐陸

　　隨著中國擴大內需的戰略成熟後，去年開始歐洲的紅酒、高級食材等貨物，也開始用渝新歐運到大陸。BMW、賓士、奧迪三大品牌車今年至少有 5,000 輛以渝新歐班列直接運抵重慶。

　　古代絲路從絲綢貿易到印刷術西傳促成東西文化交流，渝新歐這條現代絲路從筆電運起，刻正改變整個大陸投資與物流的戰略格局。

資料來源：取材修改自中國時報，李道成。

3.2 航空貨運的優點與運送方式

航空貨運（Air Cargo Transportation）顧名思義就是以航空器為交通工具來運輸貨物；由於航空運輸最主要的特色就是快速，可有效應付市場瞬息萬變的需求與商機，適合載運高單價、體積小、易腐壞的生鮮商品及產品生命週期短的貨物。以下分別就航空貨機種類、航空貨運的優點、種類與運送方式逐一說明。

3.2.1 航空貨機種類

航空貨機是航空公司重要的提供運輸服務的工具，世界主要的飛機製造商為波音與空中巴士公司，各類機型介紹如下：

1. 波音公司各類機型

(1) 波音 747

為一廣體民航機，又稱為「空中巨無霸」，是一款雙層四發動機之客、貨兩用機，有上層甲板設計，能夠在機首裝設一個貨艙門。波音 747-400 是747 系列中最新服役的型號，航機特性為主翼尖上加小型垂直翼，駕駛艙內的操作介面重新設計，擁有高度電腦化系統設置的全電腦螢幕駕駛艙（Glass Cockpit），最大載重航程因不同的機型約由 9,800 公里至 14,815公里不等。就貨運裝載量而言，依其機型系列的不同，客貨機約可載運20 公噸（B747-300 Combi）至 36 公噸（B747-400 Combi）；B747-400 F全貨機則達 102 公噸（見圖 6.23），發展中的 B747-8F 可裝載 120 公噸。

▶ 圖 6.23　波音 747-400 F 全貨機

資料來源：呂錦山、王翊和、楊清喬、林繼昌 (2019)

(2) 波音 777

是目前全球最大的雙引擎廣體客機，三級艙佈置的載客量由 283 人至 368 人（圖 6.24），最大載重航程因不同的機型從 6,020 公里至 13,890 公里不等。波音 777 採用圓形機身設計，起落架共有十二個機輪，所採用的發動機直徑也是所有客機之中最大的。波音 777 可裝載 14 公噸的貨物，此型飛機有 5 個貨艙及 3 個隔間，1-4 艙可裝航空盤櫃（Unit Load Devices, ULD），第 5 艙裝散貨。

▶ 圖 6.24　波音 777 全貨機

資料來源：呂錦山、王翊和、楊清喬、林繼昌 (2019)

2. 空中巴士公司各類機型

(1) A320 系列

▶ 圖 6.25　A320 客貨機
資料來源：呂錦山、王翊和、楊清喬、林繼昌 (2019)

A320 系列（含 A318、A319、A320、A321）是空中巴士家族中的小型機（圖 6.25），機身直徑 3.96 公尺，屬於窄體短程客機，滿載乘客時，約可乘載 2 噸的貨物。腹艙設有 3 個貨艙，2 個可裝載 ULD，後艙裝散貨。

(2) 空中巴士 A330 / A340

空中巴士 A330 為高載客量的中長程廣體客機，與四引擎的 A340 同期研發，除引擎的數目 A330 為 2 具、A340 為 4 具，A330 的機翼與機身的形狀與 A340 幾乎相同，A330 最大載重航程因不同的機型分別由 7,400 公里至 12,500 公里不等（見圖 6.26）。在機體方面，其設計取自 A300，但是機鼻、駕駛室及線傳飛控系統則是取自 A320。A340 是一種長距離廣體客機，最大載重航程因不同的機型分別由 14,800 公里至 15,900 公里不等。

A330 / A340 的貨載能量為 12.1 噸或 141 立方公尺，前艙可裝 14 個 AKE 航空貨櫃，或 5 個貨盤、或 ALF / AMF 貨櫃（見圖 6.27）。後艙則裝 12 個 AKE 航空貨櫃，4 個貨盤、或 ALF / AMF 貨櫃，另有一散貨艙可裝散貨。

▶ 圖 6.26　A330 客貨機
資料來源：呂錦山、王翊和、楊清喬、林繼昌 (2019)

▶ 圖 6.27　A340 客貨機
資料來源：呂錦山、王翊和、楊清喬、林繼昌 (2019)

(3) 空中巴士 A380

為全球載客量最高的客機，有「空中巨無霸」之稱。A380 為雙層四引擎客機，打破波音 747 統領 35 年的載客與載貨紀錄，採最高密度座位安排時可承載 853 名乘客，採三艙等配置（頭等艙、商務艙、經濟艙）下也可承載 555 名乘客，最大載貨重量約 150 公噸，最大載重航程因不同的機型分別由 10,400 公里至 15,200 公里不等（見圖 6.28）。

▶ 圖 6.28　A380 客貨機
資料來源：呂錦山、王翊和、楊清喬、林繼昌 (2019)

3.2.2　航空盤櫃設備

航空盤櫃設備（Unit Load Devices，以下簡稱 ULD），指裝載空運貨物、行李之貨櫃、貨盤及附帶的貨網（Nets）。航空 ULD 具有的特性與使用目的，歸納如下：

1. 載具因素

航空 ULD 需考慮航線之航班、飛機機型及其幾何輪廓、飛機裝載容量及所提供總艙位數等因素。

2. 多元運具因素

為滿足託運人的需求，航空公司往往具備各種形式的 ULD，因飛機艙位不大，故航空公司竭盡思慮的設法提高裝載率，以至於 ULD 的組合更加複雜。

國際航空運輸協會（IATA）針對 ULD 發行了一 ULD 操作手冊（ULD Handling Manual），詳細登錄 ULD 的分類型別（Classification Identifier）、尺寸、額定負載、材料、操作說明及使用限制。

由於各飛機製造商所生產的機型不同，例如：波音公司生產的 747-400F，或是法國空中巴士生產的 A-300-600R，即使同一機型內部貨艙，也因用途不同而有所差異。因此大部分的 ULD 皆是特定使用機型，而每一種機型提供的艙位亦有所不同。

以下詳細說明 ULD 操作手冊中裝備代碼的意義，包括九個或十個字符，由各個成員航空公司向 IATA 登記，以便每個裝備均可被辨認。各個字符均有其代表意義。

例如，AKE 63000 CI：

AKE －描述外型、大小和適裝性。

63000 －是一組五位數字的序號。

CI －是所屬航空公司的二字英文代碼。

以下就各個字符的代表意義，說明如下：

(1) 第一個字符代表裝備類型，最常遇見者如下：

　　A-Certified Aircraft Container；經認證之航空貨櫃。

　　D-Non Certified Aircraft Container；未經認證之航空貨櫃。

　　P-Certified Aircraft Pallet；經認證之航空貨盤。

　　R-Thermal Certified Aircraft Container；經認證之航空溫控貨櫃。

(2) 第二個字符代表裝備底部面積（單位：英寸 inch）：

　　A：88×125 inchs　　　G：96×238.5 inchs

　　M：96×125 inchs　　　E：53×88 inchs

　　L：60.4×125 inchs　　R：96×196 inchs

　　K：60.4×61.5 inchs

(3) 第三個字符代表裝備外型及適裝性。

實務上，每一家航空公司對於裝備外型及適裝性的定義皆有差異，最常見的有下列 5 種類型（Type）：

(1) E Type：裝載於貨機底艙航空櫃（圖 6.29）

(2) P Type：裝載於貨機底艙（Lower Deck）的航空櫃（圖 6.30）

(3) F Type：同樣裝載於貨機底艙（Lower Deck）的航空櫃（圖 6.31）

(4) D Type：裝載於貨機主艙（Main Deck）的航空櫃（圖 6.32）

(5) A Type：裝載於貨機主艙（Main Deck）的航空盤（見圖 6.33）

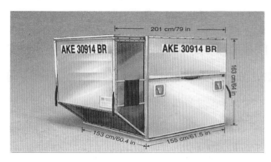

▶ 圖 6.29　E Type 航空櫃

資料來源：長榮空運倉儲網站 (2020)

▶ 圖 6.30　P Type 航空櫃

資料來源：長榮空運倉儲網站 (2020)

▶ 圖 6.31　F Type 航空櫃

資料來源：長榮空運倉儲網站 (2020)

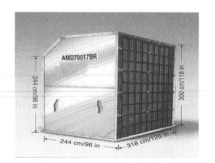

▶ 圖 6.32　D Type 航空櫃

資料來源：長榮空運倉儲網站 (2020)

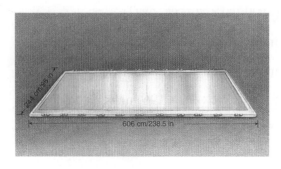

▶ 圖 6.33　A Type 航空盤

資料來源：長榮空運倉儲網站 (2020)

3. 使用 ULD 的目的

(1) 提高飛航安全

配合機艙底板的固定設備，使盤與櫃在飛航期間不會移位，故可提高飛航安全。

(2) 提高貨載與燃油效率

利用盤與櫃將貨物事先規劃，使貨物重量在機艙平均分佈，如此可裝載更多貨物與提升燃油效率。

(3) 降低作業成本

減少貨物搬運次數，降低貨損機率，同時提升裝卸作業效率，降低作業成本。

(4) 提高貨物保護性

ULD 類似海運貨櫃具有堅固、密封的特性，可以提供貨物在裝卸作業或是運輸途中的保護，降低貨損、氣候變化、被偷竊的風險。

(5) 提高航班準點率

ULD 具有作業單元化特性，由於 ULD 裝卸效率很高，受氣候影響小，航機在機場停留時間大幅縮短，固可提高航班準點率。

3.2.3 航空貨運的優點

1. 運送時間短與降低交貨成本

空運為目前所有運輸中速度最快的一種運送方式，從全球供應鏈的觀點，可降低原物料與成品的運輸前置時間，及降低原物料與成品的庫存與存貨管理成本，並滿足企業進行全球運籌管理對於及時供應的要求，縮短交貨時間，建立商譽，提高市場競爭力。此外，可提昇貨物週轉率，增加資金流動率，及提早收回貨款。

2. 貨損率低

相較海運運輸，空運的貨損成本相對於海運為低。主要是因運輸時間短，運輸途中的貨物損毀、破損及失竊的機率較低。

3. 緊急供貨擴大商流

適合運送季節性與流行性商品，如花卉、生鮮食品及精密機械之設備與零件等需配合市場緊急情況且具有時效性的貨物，擴大國際貿易商流的範圍，提昇企業全球運籌範疇與功能。

3.2.4　航空貨物的種類

　　空運具有速度快，但運輸成本高昂的特性，因此適合空運的貨物不外乎是利用此兩種特性。現代商品特別是科技產品具有「輕薄短小」的性質，所以適合空運的貨品有增加的趨勢。除此類貨品之外，某些特種貨物也會使用空運。列舉說明如下：

1. 高價值的貨物

　　例如：高科技產品、電子產品、寶石等。高價值的貨品運費能力負擔也較高，因此很適合使用空運。以電腦零件為例，其體積很小，價值又很高，空運成本所占貨物成本比例很低。但交貨稍有耽擱，很可能影響到電腦的組裝，延誤交貨期，因此必然須使用航空運送。

2. 生鮮產品及活體動物

　　例如：鮮花、魚苗、螃蟹、活龍蝦、熱帶魚、馬匹等。這是利用空運的高速度，使這些貨物的損失率降到最低。以螃蟹為例，活體與否的價值差異極大，必須使用航空運送。

3. 具時效性的貨物

　　例如：書報雜誌、時裝等。雜誌有發行日期的限制，因此必須使用航空運輸；時裝亦然。

4. 降低包裝和保險成本的貨物

　　例如：汽車零件等。空運的安全性高，因此使用航空運輸可能降低貨物包裝成本，以及保險成本。

5. 利用空運使貨損和延遲減至最低之貨物

　　例如：大型機器設備等。臨時性機器發生故障，若不使用航空運輸即可能發生生產線停工的問題，此時即須不惜成本，使用航空運輸。

6. 特種貨物

　　某一些特殊的貨物也會利用航空運輸：

　　(1) 危險貨品

　　　　危險品也一樣可以使用航空運輸，只是必須嚴格遵照相關規定。

　　(2) 貴重物品

　　　　貴重物品如黃金、美鈔、珠寶等，也可以利用航空運輸安全的特性運送。

(3) 靈柩與骨灰

靈柩與骨灰的運送具有時效性，因此也以航空運送。

(4) 超大或超重貨品（over gauge cargo）

此指超大件但具有時間急迫性的物品，也可利用航空運輸。雖然運費可能較高，但因縮短運送時間，仍具高度效益。

3.2.5　航空貨運的運送方式

航空貨運的運輸方式大致可分為定期班機運輸、契約包機運輸、集中託運及航空快遞業務四種類型，說明如下：

1. 定期班機運輸

通常係指具有固定啟航時間、航線和停靠航站的飛機。通常為客、貨混合型飛機，貨艙容量較小，運費較貴，但由於航期固定，有利於客戶安排少量、高價商品、易腐商品、生鮮商品或急需運送的商品。

2. 契約包機運輸

通常為貨機，係指航空公司按照既定的條件和費率，將整架飛機租給一個或幾個包機人（指航空貨運承攬業者或航空貨運代理公司），並從一個或數個航空站裝運貨物至指定目的地。包機運輸適合於大宗貨物運輸，運費較定期班機低，運送時間則比定期班機長。

3. 集中託運

可以採用班機或包機運輸方式，航空貨運代理公司（Air Cargo Agents）或航空貨運承攬業（Air Freight Forwarder）將若干批單獨交運的貨物集中成一批向航空公司辦理託運，填寫一份總運單送至同一目的地，然後由其委託當地的「併裝貨運分送代理人」負責通知各個實際收貨人或指定的報關行辦理提關手續。這種託運方式，可降低運費，是航空貨運代理的主要業務之一。

4. 航空快遞業務

航空快遞業務是由快遞公司和航空公司合作，向貨主提供的快遞服務，有些專業的快遞業者擁有自己所屬的機隊。其業務包括：由快遞公司派專人從發貨人處提取貨物後，以最快航班將貨物運出，飛抵目的地後，由專人接機提貨，辦妥通關手續後直接送達收貨人，稱為「戶到戶服務」（Door to Door Service）。這是一種最為快捷的運輸方式，特別適合於各種急需物品、商業樣品和文件資料。

3.2.6 航空貨運的託運方式

空運貨物的貨物屬性可區分為整批貨物或是零星貨物，因此託運手續區分為直接交運貨物與併裝貨物兩種：

1. 貨主（託運人）直接交運貨物

當貨物數量較多時，如圖 6.34 所示，貨主可自行向航空公司或航空貨運代理洽訂艙位，將貨物運送至機場進倉。一般而言，如果是搭載貨機，則須於飛機到達前 12 小時進倉，如果是搭載客機，則須於飛機到達前 6 小時進倉，經過出口通關、海關查驗與放行等程序後，航空公司簽發主提單（Master Air Waybill）交與貨主，待貨物運送至目的地，航空公司或當地的航空貨運代理在完成進口通關、海關查驗及放行手續後，直接通知收貨人提領貨物。

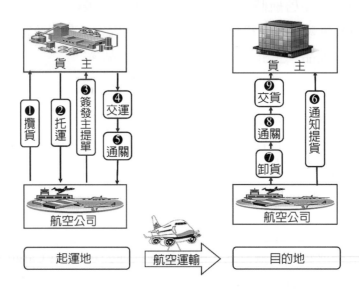

▶ 圖 6.34　貨主（託運人）直接交運貨物流程

2. 貨主（託運人）委託航空貨運承攬業併裝貨物

一般的航空貨物多屬零擔且數量較少，如圖 6.35 所示，貨主將貨物交給航空貨運承攬業者或併裝業者辦理併裝託運手續較為便利。而航空貨運承攬業者透過各方的攬貨，集中運往同一地區的貨量，經過出口通關、海關查驗與放行等程序後，併裝成盤（櫃），再以自己為託運人的名義，向航空公司或航空貨運代理洽談運費，較具有議價優勢。貨主因此可以獲得較為低廉的運費，但相較於直接交運的方式，運送時間較久，需多等待 2～3 天，因此貨主必須在時效與運輸成本之間選擇最適的方案。

併裝運送的提單的部分，主提單由航空公司或航空貨運代理簽發給航空貨運承攬業者，再由航空貨運承攬業者簽發分提單（House Air Waybill）給貨主，貨物運抵目的地後，由航空貨運承攬業者在進口地的代理人辦理進口通關、海關查驗及放行手續後，通知收貨人提領貨物。

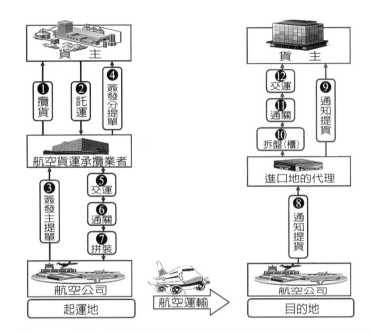

▶ 圖 6.35　貨主（託運人）委託航空貨運承攬業併裝貨物流程

4 運輸與配送管理

4.1 運輸計畫的編制

　　企業編制運輸計畫，應先考量企業的運輸策略（運輸配合企業政策目標所產生的大方向）。企業的運輸策略應注意：企業本身擁有的資源、託運商品特性、客戶需求、環境條件（市場特性、供應商政策、存貨政策、倉儲需求）、自行購買／租用／委外取得運具、物流共同化（流通加工與配送、物流資訊網路構築、物流作業標準化）等因素。

　　企業面對運輸配送的需求，應該編制運輸計畫，運輸計畫包括：例行性期間運輸計畫、每日運輸作業計畫、特別運輸計畫等。企業編制運輸計畫時，也必須考量中長期營運計畫、短期營運計畫、主要客戶需求、季節變動因素、人力資源規劃、運具配置與維修計畫、營運計畫等。

此外，編制運輸計畫還需要考慮車輛運行路線與時間的安排，以達最佳化之規劃，其中，考慮的限制條件應包括：

1. 每個送貨點的提貨數量與送貨數量
2. 每個送貨點可裝卸時間
3. 司機休息前，最多可行駛時間
4. 司機等人員休息與用餐時間等

▶ 圖 6.36　企業應考量運輸策略後再編制運輸計畫

圖 6.36 為某物流中心採用運輸外包，表示該企業已考量企業的運輸策略後，再制定出外包的運輸計畫。

4.2　車輛管理與人員管理

企業如果自己擁有車隊從事運輸作業，則應該注意車輛及運輸相關人員的管理工作，包括：人員選任、人員訓練、人員管理、肇事處理、車輛使用與維護、車輛選擇、（長期）購車計畫、（短期）任務需求、以及車輛保養與維修等。如圖 6.37。

▶ 圖 6.37　企業擁有車隊應注意車輛及運輸相關的管理工作

運輸作業管理的相關工作則包括：訂單處理、派車作業、裝載作業、運輸作業、卸貨作業、回程載貨作業、返回作業等。

企業內運輸部門人員的基本責任與能力，包括：確保相關工作安全（行車安全的維護、作業安全的管理）、清楚相關法規規定、熟悉保險相關作業、有效規劃讓人員與車輛獲得最大利用、迅速妥善送達、減低貨損、降低成本、掌控貨況、貨物保全、關心並掌握最新技術發展、尋找最佳運輸服務供應商或運輸業者（隨時掌握運輸成本／運輸業費率、清楚任何地點可提供服務之運輸業者、隨時掌握優質的承攬業與報關業）、瞭解各地法規與關務、具備路線與運具規劃之能力、具備良好溝通能力、具備向下管理與向上管理的能力、掌握環境變遷因素（政治、氣候、經濟、事件）、掌握各地運輸基礎設施條件（港埠、機場、公路、鐵路、內河）、具備風險管理概念、具備危機處理能力等。

此外，運輸作業應注意隨著商品特性的不同，例如：重量、體積、形狀、價值、特殊處理需求（易碎、不得傾倒、溫度、壓力、溼度、餵食）、是否容易變質／危險品、以及特殊包裝需求等，而使用合適的裝載工具（盤、櫃、棧板）。

對於企業進行運輸作業時，應注意班次之起訖點、運程（包括：收貨地點、倉儲地點、製造地點、客戶／零售地點）、服務政策、車輛使用政策、回頭車處理政策、企業的安全政策等；以及客戶所在的位置、卸貨時間限制、碼頭（地點）限制、重量限制、訂單特性（大量少次、小量多次、穩定性）、回程有無載貨、服務水準要求、付款信用紀錄等。

至於，企業的基層運輸管理人員則應該掌握：運輸路線（行駛路線有無限制）、車輛型號、數量、基本運能、輔助裝卸設備之配置、駕駛人員與隨車人員資料、駕駛人員一定要有執照、有無違反工時限制、排班情形、車況（保養維修狀況與紀錄）、行車記錄器判讀、車輛管理設備之操作、肇事處理能力等。

顧名思義【回程運輸（Backhaul）】

指運輸工具回程時，所再運載的商品貨物，以充分地利用返程的貨運能力。例如：以公路運輸而言，某貨車原為台北到高雄，因單趟到高雄交貨後，便須空車再返回台北，故有時貨車便會貼出回頭車之標語，以較低的價格來招攬貨物，寧可多做一筆生意，雖然賺的比較少，但至少不會是空車而回，損失更多。

4.3　裝載作業計畫與車輛排班考慮因素

在規劃裝載計畫時，應考慮客戶特性、商品特性與企業特性，進行車輛調度與人員排班，如圖 6.38 所示。

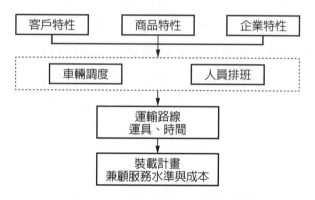

▶ 圖 6.38　裝載計畫之規劃架構

同時，企業日常運輸裝載作業能力，將大大影響其運輸作業效率。裝載計畫的規劃，應考量滿足企業本身之政策，以及客戶在時間、成本、服務水準的要求，滿足相關法規對車輛載重與行車人員的要求，不超過運具容量等限制下，兼顧運具載重（含回程）最大化、運具利用最大化、運程最小化（合理的行駛路線規劃，避免重複行駛）、運輸時間最小化等目標。

通常裝載計畫的完成，必須應用最佳化方法（例如：線性規劃），首先必須確定規劃的目標，再分別訂出限制條件（容量、工作時間、送貨時窗、滿足客戶需求），再利用數學規劃方法求算最佳解。近年來在此一領域的發展極爲迅速，許多應用軟體（如：CPLEX、Lingo、Excel）均可求算最佳解，同時，亦可利用模擬方式進行規劃，常見的軟體包括 Arena、Flexsim 等。

至於車輛排程時，應考慮的因素包括：商品、客戶、道路、車輛、人員、成本等，規劃車輛排程時，應能因應業者、客戶需求全盤考量，利用符合經濟效益的模式求解，最後自動輸出規劃的成果，如圖 6.39。

圖 6.40 爲德國郵政 DHL 位於桃園的機場服務中心，DHL 身爲一位規模大得足以運送任何種類商品貨物的物流夥伴，能配合客戶的個人需求，透過空運、海運、公路或鐵路將任何種類的貨件運送至任何地方。爲達此目標，裝載計畫規劃時，都需考慮客戶、商品與企業特性，進行運具調度與人員排班。

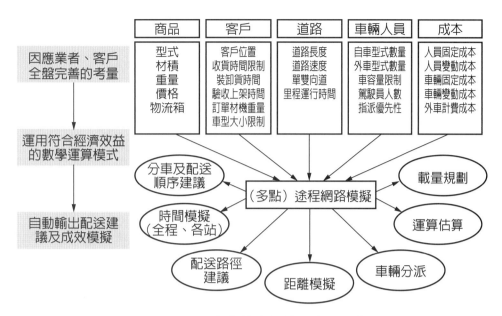

▶ 圖 6.39　完整的車輛排程考量因素

▶ 圖 6.40　規劃裝載計畫應考慮客戶、商品與企業特性

國際標竿

豐田汽車的物流成本管理

越來越多的企業將物流業務外包，而把主要精力集中在擅長的核心業務上。在此以豐田汽車（TOYOTA）的零件物流為例進行分析，提供不同的企業經驗供參考。

豐田汽車在大陸的物流業務外包商，為 2007 年 10 月成立的同方環球（天津）物流有限公司（以下簡稱 TFGL）。TFGL 全面管理豐田供應鏈所涉及的生產零件、整車和售後零件等廠外物流。作為豐田汽車的協力廠商，TFGL 在確保物流品質、幫助豐田有效控制物流成本方面，擁有一套完善的管理機制。在維持良好合作關係的基礎上，TFGL 透過以下方法，科學系統地利用 PDCA 循環，來控制物流成本。

步驟 1：物流成本企劃

每當調整物流策略的大方向或出現新的物流路線時，物流成本企劃往往是日後物流成本控制的關鍵。企劃時，需要全面瞭解企業的物流模式、供應商分佈、物流量、包裝型態、物流大致成本等各方面的資訊。此外，還要考慮到供應商和企業間的供需差異、企業的裝卸貨和場地面積等物流限制條件。TFGL 在物流成本企劃中，遵守以下原則：

1. 企劃內容從頭到尾，都必須採用詳細可靠的數據

2. 在整體分析和評估後，分別制定幾種可行方案，並推薦最優的方案

3. 各方案，都必須反映為成本資料，以利比較及瞭解

4. 向企業說明各方案的優劣，並尊重企業的最後選擇

由於方案的資料均涉及到豐田的企業策略，所以彼此必須要有良好的溝通管道，而且充分互信。

步驟 2：原單位管理

原單位管理是豐田物流管理的一大特色，也是豐田物流成本控制的基礎。豐田把構成物流的成本因素進行分解，並把這些因素分為兩類，一類是固定不變（例如：車輛投資、人工）或相對穩定（例如：燃油價格）的項目，豐田稱之為原單位；另一類是隨著每月線路調整而發生變動（如行駛距離、車頭投入數量、司機數量等）的項目，稱之為月度變動資訊。

　　為了使原單位保持合理性及競爭優勢，原單位的管理，遵循以下原則：

1. 所有的原單位，一律通過招標產生：在採用的企劃方案基礎上，TFGL 向（經豐田已採認合格）物流承運商（運送人）進行招標，把物流穩定期的物流量、車輛投入、行駛距離等月度基本資訊告知承運商，並提供標準版的報價書進行原單位詢價。

2. 定期調整：考慮到原單位因素中，燃油費用受市場影響波動較大，而且在運行總費用中的比重較大，TFGL 會定期（4 次／年）根據官方公佈的燃油價格對變動金額予以反映。對於車船稅、養路費等其他固定費項目，承運商每年有兩次機會提出調整。

3. 合理的利潤空間：原單位專案中的「管理費」是承運商的利潤來源。合理的管理費是輸品質的基本保障。TFGL 會確保該費用的合理性，但同時要求承運商也要通過營運及管理的改善來增加盈利。

步驟 3：調整月度路線至最優狀態

　　隨著各物流點的月度間物流量的變動，區域內物流路線的最優組合也會發生變動。TFGL 會根據企業提供的物流計畫、上月的載運狀況以及成本 KPI，分析得出改善點，調整月度變動資訊，以維持最低的物流成本。

步驟 4：分析改善成本 KPI

　　對於安全、品質、成本、環保、準時率等物流指標。TFGL 建立了 KPI 體系進行監控，並向豐田進行月次報告。通過成本 KPI 管理，不僅便於進行比較，也為物流的改善提供了最直觀的依據。

步驟 5：協同合作降低物流費用

　　TFGL 作為一個平臺。管理著豐田在大陸各企業的物流資源，在與各企業協調的基礎上，通過整合資源，充分利用協同效應，大大降低了物流費用。例如：統一購買運輸保險，降低保險費用；通過共同物流，提高車輛的載運率，減少運行車輛的投入，從而達到降低費用的目的。

　　豐田汽車物流成本控制的基本思想，是使物流成本構成明細化、資料化，通過管理和調整各明細專案的變動，來控制整體物流費用。

資料來源：取材修改自物流技術與應用，何新。

5 配送作業

　　配送作業，係屬物流活動之一，可以看成是二次運輸、支線運輸或末端運輸活動，包含了商流與物流活動。從物流的角度來看，一般配送作業結合了裝卸、包裝、倉儲保管、末端運輸等活動，將貨物送達目的地。

　　一般物流的主體活動由倉儲保管與運輸所組成，而配送作業的主體活動則包含分揀、配貨與末端運輸等。

　　配送作業管理的主要目標，即在保證服務品質的前提下，降低物流配送成本、減少物流損失、加快速度、發揮各種物流方式的最佳效益、有效銜接幹線與末端運輸。

5.1　配送作業的意義、特色與功能

　　配送作業的意義，係物流作業中，結合商流與物流的一種綜合活動。配送作業是資源配置活動的一部分，是屬於最接近客戶的最終配置，若解構配送作業活動，則如字義所示，包括「配」與「送」兩部分，故配送作業含「中轉」的特性。一般而言，配送作業常指短距離、少量、多樣商品貨物的移動，移動距離小於 30 公里以內的區域內配送，不但使用的貨車載重噸位較輕，且移動路線多採一對多的巡迴配送，即下貨點較多的規劃方式。

　　現代化配送作業具有以下幾項特色：

1. 配送作業包含送貨、流通加工、理貨、揀貨、分類、配貨等內容

2. 配送作業常屬二次運輸、支線運輸或末端運輸

3. 現代化的配送作業，常全程結合現代化技術與裝備

4. 配送作業強調專業分工與整合

5. 配送作業常與行銷活動相結合

6. 配送作業過程，要求準確穩定、即時配送、集中高效、合理順暢

7. 配送作業是物流與商流的結合

8. 配送作業係物流系統的基磐、功能的核心

　　圖 6.41 為日本黑貓宅急便的配送作業，屬二次運輸、支線運輸或末端運輸，是屬於最接近客戶的最終活動。

▶ 圖 6.41　配送作業是屬於最接近客戶的最終活動

5.2　配送作業的類型

　　配送作業可以按照配送組織型態、配送商品的種類與數量、配送時間、配送企業專業化程度、配送組織的經濟功能、以及是否共同配送等加以區分，茲分述如下。

5.2.1　按組織型態區分

1. 生產企業配送

2. 物流中心配送

3. 倉庫配送

4. 商店配送

5.2.2　按配送商品的種類與數量區分

1. 單一貨種，大批量配送

2. 多貨種，小批量配送

3. 成套配送

5.2.3 　按配送時間及數量區分

1. 定時配送

2. 隨（即）時配送

3. 定量配送

4. 定路線配送

5.2.4 　按配送企業專業化程度區分

1. 專業配送：包括雜貨、金屬材料、化工產品、預拌混凝土、燃料油、木材、生鮮食品等

2. 綜合配送

5.2.5 　按配送組織的經濟功能區分

1. 供給配送

2. 銷售配送

3. 供給＋銷售一體化配送

4. 代存代供配送

5.2.6 　共同配送

　　共同配送是近年非常受到大家重視與應用的一種配送方式，其目的在爲提高物流效率，讓許多企業一起進行配送，有效調節倉儲與運輸設施，提高配送設備使用率。

　　共同配送的實施方式有許多種，包括：系統最佳化共同配送、運具利用最佳化共同配送、接貨場地共享型共同配送、物流中心與配送設備共同利用之共同配送。其中，關於運具利用最佳化共同配送又可分爲：車輛混載運送共同配送、利用客戶車輛共同配送、以及利用回程車輛共同配送等。

　　共同配送照理應可提升配送效率，但實際實施常遭遇以下問題，包括：參與人員多且複雜、保密性低；貨種與貨主多，服務要求不一，難以合理化管理；尖峰性高、運作主體多元，最佳化管理不易；參與成員複雜，管理較爲不易等。

圖 6.42 為統一流通次集團捷盛運輸停靠於基隆暖暖低溫物流中心的配送作業車輛，該配送作業的類型屬於物流中心配送、多種類小批量配送、定時的配送等。

▶ 圖 6.42　配送作業可以有不同區分

5.3　配送作業基本流程

　　一般而言，現代化的配送作業內容包括：訂單處理、進貨、儲存、加工、分揀、包裝、配裝、送貨、送達、結算等。作業內容如圖 6.43 與圖 6.44 所示。

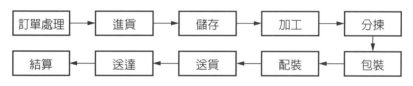

▶ 圖 6.43　現代化的配送作業內容

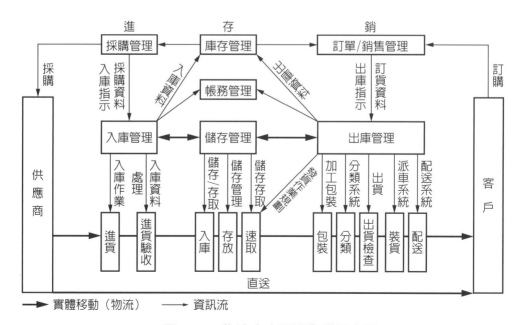

▶ 圖 6.44　物流中心配送作業示意圖

物流與運籌管理

5.4 出貨與配送作業關聯性

出貨作業與配送作業密切相關。此處所指之出貨作業，係利用配送車輛將客戶訂購的商品貨物，從批發商或物流中心送到客戶手中的過程。通常出貨加上配送作業是面對客戶的「最後一哩」作業。

圖 6.45 為生鮮物流中心正在裝車的情形。一般出貨主要的作業流程，如圖 6.46 所示。此外，送貨與送達階段的相關作業，還包括：車輛調度、車輛配裝、配送、送達服務與交接、費用結算等。

▶ 圖 6.45　為生鮮物流中心正在裝車的情形

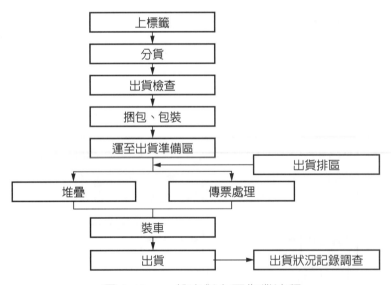

▶ 圖 6.46　一般出貨主要作業流程

5.5 配送作業的規劃

當然此階段的作業，具有較短距離、小批量、高頻次的特性，如前述，還有多項工作需要詳細規劃，茲分述如下：

1. 配送區域的劃分

2. 配送路線規劃

3. 客戶需求

4. 配送路線與時間

5. 貨物狀態

6. 配送頻率

7. 配送作業計畫

8. 配送車輛管理

9. 配送搬運工具的規劃

10. 轉運網路的設計

　　近年來，隨著資訊科技的發展，配送過程特別強調配送人員與車輛的管理監控，如圖 6.47。

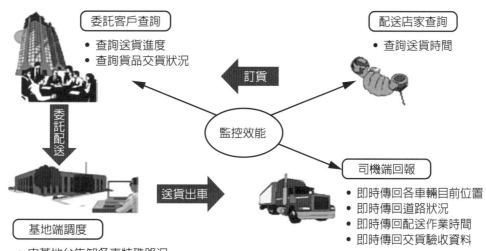

▶ 圖 6.47　基地台可視配送狀況調派車輛負責

　　配送作業的工作影響企業的物流成本甚鉅，其作業品質良窳對企業物流作業與策略有很大的影響。

配送作業部門的主要責任包括：

1. 運費管理

2. 求償管理：遺失及損壞求償

3. 貨運帳單審計

4. 設備與人員排班

    例如：運具與運輸人員的排班、詳細的裝車及卸車規劃、特殊設備需求的評估與執行、各項設備的有效運用與維修等。

5. 費率協訂

6. 追蹤與催運

7. 配送研究

以上配送作業部門的主要責任，當然也是長程運輸作業部門需要關注的責任。

圖 6.48 為統昶行銷位於基隆暖暖所設立的低溫物流中心，為滿足多元的客戶需求，該物流中心提供客戶單溫層配送（冷凍、冷藏、鮮食）、多溫層共配等客製化、多頻率的物流服務外，更提供上游原物料的供應鏈整合，以及結合陸、海、空等物流聯運的離島配送服務，用最完備的多元化配送體系，作為客戶戰略發展的最佳後勤支援。圖 6.48 位於物流中心頂樓的車輛，多為短程配送的物流車輛，都需要經過內部詳細地進行配送作業規劃後，方能提供客戶最優質的服務。

▶ 圖 6.48　統昶行銷低溫物流中心經配送作業規劃來提供優質服務

5.6　各型貨車與才積（材積）計算方式

通常以裝載之才積重量，來區分使用貨車的車型。

　　小型車分為總重 1.5 公噸、3.5 公噸兩種，其中，總重 1.5 公噸貨車載重 1 公噸（100 才），3.5 公噸貨車載重 1.5 公噸（200 才，橫置約計 3 個 120cm×100cm 棧板）。

　　中型車分為總重 6.8 公噸、8.8 公噸、11 公噸，其中，總重 6.8 公噸貨車載重 3.5 公噸（400 才）、8.8 公噸載重 4.5 公噸（600 才，約計 8 個 120cm×100cm 棧板），11 公噸載重 6 公噸（800 才）。

　　大型車分為總重 17 公噸與 24 公噸。總重 17 公噸的大貨車載重 9 公噸（900 才，約計 12 個 120cm×100cm 棧板），24 公噸載重 12 公噸（1000 才，約計 14 個 120cm × 100cm 棧板）。各型貨車的載重如圖 6.49 所示。圖 6.50 為常見的中型貨車。

車輛總重	載重	材積	棧板數
1.5T	1T	100	不可
3.5T	1.5T	200	3
8.5T	4.5T	600	8
17T	9T	900	12
24T	12T	1000	14

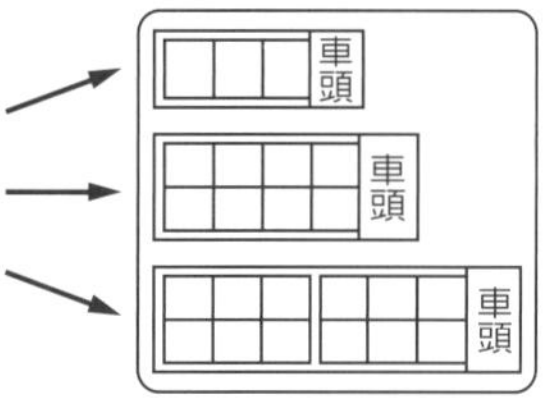

▶ 圖 6.49　各型貨車之載重

▶ 圖 6.50　通常以裝載之才積重來區分貨車車型

　　此外，「才積」的「才」是運輸業常用的體積單位。1 才＝ 0.0283169 立方公尺，臺灣運輸業使用才積換算的單位基礎並不太統一，因此在與運輸業者談判運價時，應特別注意轉換基礎。常見的才積計算方式如下：

長 cm× 寬 cm × 高 cm÷28317 ＝才

長 cm× 寬 cm × 高 cm÷27826 ＝才

長 cm× 寬 cm × 高 cm÷27000 ＝才

例如：有一商品（長、寬、高）分別是（25cm、35cm、55cm），換算等於 25cm×35cm×55cm÷28317（或者 27826、27000）＝約 1.699 才（1.72 才、1.78 才）。

才積是運輸業常用的體積單位，圖 6.51 為在家電物流中心正等待配送的不同才積的商品。

▶ 圖 6.51　才積是運輸業常用的體積單位

5.7　常用運輸配送工具種類與配送規劃因素

常用的運輸配送工具，以車體區分貨車，包括：平板車、箱型車（雙開門式、…海鷗式）、蓬式車。以車廂溫度區分：冷凍車（-18℃ ~-25℃）、冷藏車（0℃ ~7℃）、恆溫車（溫度可客製化調整）以及常溫車。圖 6.52 為常溫的箱型車，是經常使用的運輸配送工具之一。

▶ 圖 6.52　常溫的箱型車是常用的運輸配送工具

進行配送作業規劃時，應考量下列因素：

1. 配送區域

區域多寡、車型之選擇。

2. 路線

路線與客戶間的關係。

3. 商品屬性

危險品與一般品，應該分車裝載。

4. 時間的考量

行駛時間與距離、裝卸貨時間。

5. 人員能力

執行力（例如：路線熟悉度、下貨地點的特性）。

低碳經濟時代的企業物流發展趨勢

　　鑑於全球暖化的問題持續浮現，各地紛紛出現氣候異常現象，故減少溫室氣體的議題也隨之熱絡，未來企業活動及其產品製程的碳排放量，若超過額定的數量，將會被課徵碳稅，而影響獲利。因此不論是溫室氣體減排、碳權、碳交易、碳捕捉與封存、碳足跡等議題，都成為近期各界所關心的重點項目。

　　過去 20 年全球化的發展趨勢之下，企業本身在運作上及其產品（或服務）的推出過程中，已形成各地分工合作的基本態勢，尤其在製造業的發展軌跡中觀察到，透過現代化的趨勢雷達供應鏈物流配送，可以讓企業以最有效率的方式，以低廉的成本匯集各地的資源，經過組裝、加工或加值之後，再透過配送物流的體系，運銷往各個市場。然而，此一分工及運輸模式在經歷 2008 年全球金融海嘯與油價飛漲之後，似乎開始產生調整，再加上近期的減碳訴求與低碳經濟的興起，各地分工製造的模式似乎面臨了新的挑戰。

　　基於上述現象，各企業在評估未來物流活動的立足點上，似乎也必須有相對應的調整，以下係針對企業物流在未來可能發生的變革趨勢進行論述。

一、群聚效應擴大，以減少在製品物流配送成本

在全球化的效應之中，各產業龍頭廠商在各地所設置的據點，將會吸引上下游相關產業進駐，形成新的產業聚落，也稱之為磁吸效應。在低碳經濟的影響下，供應鏈的各分工環節必須思考，如何透過減少配送距離、增加運送批量（用較大的運具一次載送較多的商品，進一步取代頻繁、少量而不定期的配送）。也因此，上下游的產業，在同一區域內形成更完整的聚落，將可以有效降低零件運輸過程產生的能源消耗及溫室氣體排放。同時，同一區域內的產業，亦可發展共用的配送模式，將能近一步降低營運成本。另外值得注意的是，由於跨區域的運輸代價可能日益昂貴，因此在地生產、在地銷售的趨勢將重新抬頭，此一趨勢同樣有助於減少物流配送的成本。

二、製造業的各級倉庫將整併集中；通路產業則略呈相反趨勢

針對製造業而言，過多分散的存貨據點（包含在製品的庫存），將代表該企業有相對較高比例的成本，是由裝配過程的零件配送所產生，而過多存貨據點往往也造成積壓在各倉庫的安全存貨量總額較多，以上將可能使企業在低碳經濟中不利生存。畢竟，較高的運輸成本可能也代表其擁有較高的碳排放量，而過多的存貨數量也代表著在生產過程中所累積的碳量較多。

另針對通路產業而言，在各地設置分散的存貨據點（或於銷售點累積更多的存貨），雖然會造成整體安全存貨額的增加，但此舉有助於讓存貨的位置與市場更為接近，除了可以降低缺貨（銷售機會的喪失）的風險、達到快速運補的功效之外，亦可減少商品配銷至消費者的階段，所產生運輸成本。

三、貨物運輸的形式，將受到進一步的限制與檢討

傳統的陸上運輸模式，在未來可能會遭遇更多的阻礙，尤其陸運業者將被迫花費更多的成本，來改善燃油效率與達成減排的目標；甚至於無法提供低碳運輸方案的物流業者，可能提早面臨被淘汰的趨勢。而以往被忽略的鐵路運輸、水上運輸，可能都將成為未來跨區域物流配送的優勢選項。

針對臺灣而言，透過海運網絡的完善配置及資訊流的暢通，臺灣將有機會成為供應大陸沿海各城市的主要發貨據點（由臺灣港口運送至大陸沿海各省的配送成本與碳排放量，有可能低於大陸內部跨省運輸所產生的數量）。惟兩岸未來的局勢演進及關稅稅務的流程改善，將是上述發展能否成形的重要因素。

四、企業的供應商數量將明顯減少，以利發展長期合作

　　未來企業生產每項商品，將被迫標上「碳足跡」，亦即標示該商品從原料的採擷、生產、運送到廢棄所產生的二氧化碳數量。甚至全球零售業的龍頭－沃爾瑪超市，已訂出一定的期限，在期限之前，所有上架的商品必須完成碳足跡的標示。當然，在環保風潮的催促下，必然會有更多的企業開始注意其產品的碳足跡，這也代表著企業的上下游，必須更加的緊密合作，分享資訊，才能使商品的碳足跡維持在預定的標準之下。

　　若要進一步做到減少碳足跡，則上下游產業將發展出長遠而深入的合作夥伴關係 CPFR（Collaborative Planning Forecasting and Replenishment, 協同規劃、預測與補貨），共同進行規劃、預測及補貨的協同關係。這代表從產品概念的形成、設計、製造、配送、銷售、客服、保固、回收、廢棄等各環節，上下游廠商必須共同參與開發及討論。而這樣的發展態勢，其實也代表著各產業的採購大廠，將捨棄唯低價是圖的作風，而傾向於和少數體質健全、通過製程認證（技術認證、環保認證）的合格供應商發展長期關係、分享營運資訊，如此方能確保在低碳時代的長遠利益。

五、結語

　　環境保護意識的抬頭，已是不可逆轉的事實，企業若能越早進行相應的調整，則未來能夠存活並獲利的機會也就越高。低碳時代的來臨，象徵著人類必須犧牲短期的經濟利益，去確保未來長遠的生存條件。但從另一個面向而言，低碳經濟將對於過去全球分工的態勢造成影響，使得在地生產、在地銷售的布局更加落實，亦將使物流運輸成本的計算條件有所轉變，這些皆有助於使臺灣的產業選擇留在本地深耕，並且透過貿易壁壘的突破，以及海、空運網絡的暢通，進而能對於大陸沿海市場進行布局，爭取新的商機。

資料來源：取材自國家政策研究基金會，黃心華。

1. 李淑茹 (2019)，圖解國貿實務，第四版，五南文化事業。

2. 呂錦山、王翊和、楊清喬、林繼昌 (2019)，國際物流與供應鏈管理，第 4 版，滄海書局。

3. 東方海外公司網站，http://www.oocl.com/eng/Pages/default.aspx，民國 109 年。

4. 波音公司網站 (2020)，http://www.boeing.com。

5. 美國 Sole 國際物流協會 台灣分會 (2016)，物流與運籌管理，6 版，前程文化。

6. 林光、張志清 (2018)，航業經營與管理，第 10 版，航貿文化。

7. 林光、張志清、趙時樑 (2016)，海運學，第 10 版，航貿文化，。

8. 莊銘國、李淑茹 (2014)，國際貿易實務，第七版，五南文化事業。

9. 曾俊鵬 (2013)，國際航空貨運實務，第二版，華泰書局。

10. 曾俊鵬 (2010)，國際貨櫃運輸實務，第三版，華泰書局。

11. 張錦源、康蕙芬 (2018)，國際貿易實務新論，修訂第十六版，五南圖書。

12. 萬海航運股份有限公司網站 (2020)：http://web.wanhai.com。

13. 楊文全 (2005)，出口貨櫃堆儲指派之研究，國立交通大學運輸科技與管理學系碩士論文。

14. Moreland Property Group 網站 (2020)：http://www.morelandpropertygroup.com。

15. 法務部，民用航空法，全國法規資料庫 (2020)，http:law.moj.gov.tw。

16. 長榮空運倉儲網站 (2020)，http://www.egac.com.tw。

17. 長榮航空 (2008)，UNIT LOAD DEVICE，長榮航空簡介。

18. 長榮航空網站 (2020)，http://www.evaair.com。

19. 洪偉濤 (2008)，安全氣候對安全績效影響之探討　以航空地勤業為例，國立高雄海洋科技大學航運管理研究所碩士論文。

20. 恩德利報關網站 (2020)，http://www.minsuzen.com。

21. 航空貨物運輸理論 (2007)，FIATA 教育訓練認證教材，台北市海運程攬運送商業同業公會編著，民國 96 年。

22. 財政部關稅署 (2020)，財政部海關管理進出口貨棧辦法。

23. 國泰航空網站 (2020)，http://www.cathaypacific.com。

24. 國際航空運輸協會 (International Air Transportation Association, IATA) 網站 (2020)，http://www.iata.org。

25. 新加坡航空公司網站 (2020)，http://www.singaporeair.com。

26. 波音公司網站 (2020)，http://www.boeing.com。

27. Hinkelman, Edward G. Dictionary of International Trade Handbook of the Global Trade Community, 6th Edition, World Trade Press (2005).

28. International Air Transportation Association ULD Handling Manual, 18th Edition (2003).

29. International Cargo Agent Trainning Programme Air Cargo Course Textbook (2007).

CHAPTER 07

貨物進出口通關
Customs Clearance of Import/Export Goods

學　習　目　標

1. 貨物進出口通關概述
2. 貨物進口通關作業
3. 貨物出口通關作業
4. 台灣保稅區通關作業與商業模式

趨勢雷達

　　優質企業 AEO 供應鏈安全認證

國際標竿

　　世界海關組織：唯一專門研究海關事務的
　　政府間國際組織

物流決策系統（Logistics Decision－Making System）

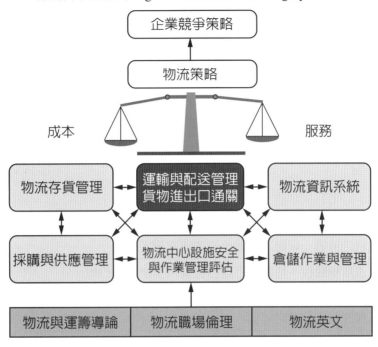

運輸管理為「物流決策系統」架構中重要的物流因子之一，物流的運輸管理決策也十分重要，運輸管理決策除會影響搜源（Sourcing）、設施（Facilities）、庫存（Inventory）、訂單（Order）、資訊情報（Information）等其他物流因子外，更會影響整體物流的服務水準與成本水準。本章旨在介紹貨物進出口通關作業，使能與其他物流因子相互搭配，以發揮物流策略的綜效。

海關掌理全國進出口貨物通關徵稅、邊境查緝、保稅、退稅業務、進出口貿易統計、資訊服務、建管助航設備及代辦業務等工作。海關的任務跟隨世界潮流一直不停的轉型與變革，關稅徵收功能，由財政功能轉變成經濟功能；通關需求也演變成便捷與安全並重。目前我國海關適時引進服務導向的思維，進行一系列的業務興革、法令鬆綁、查驗技術科技化等作為，提供即時、便捷安全、有效率之服務。

讀者們在讀完本章之後，將會瞭解關稅的意義與課徵方式、我國現行關稅制度、貨物進出口通關、進口通關作業流程、出口通關作業流程、台灣保稅區與通關作業與商業模式等，並有能力來進行服務與成本的平衡與折衷，以形成物流策略，進而支援企業的整體競爭策略。

1 關稅介紹

1.1 關稅法

我國關稅法公布於民國 56 年 8 月 8 日，最近一次修正爲民國 103 年 8 月 20 日。現行關稅法分爲七章，共有條文 103 條，另依該法訂有施行細則七章 62 條。關稅法是辦理關稅課徵及貨物通關之基本法。關稅法前六條法規摘錄如表 7.1 所示。

▶ 表 7.1　關稅法前六條

第1條	關稅之課徵、貨物之通關，依本法之規定。
第2條	本法所稱關稅，指對國外進口貨物所課徵之進口稅。
第3條	關稅除本法另有規定者外，依海關進口稅則徵收之。海關進口稅則，另經立法程序制定公布之。
第4條	關稅之徵收，由海關爲之。
第5條	關稅納稅義務人爲收貨人、提貨單或貨物持有人。
第6條	海關進口稅則得針對特定進口貨物，就不同數量訂定其應適用之關稅稅率，實施關稅配額。

1.2 關稅之意義

關稅係指「一個國家對貨物通過其國境，不論是由陸地、海港、或空中，爲達到財政目的、經濟目的、社會目的所課徵的稅」，因此通過國境之貨物，必須依規定，向該國的海關辦理報關、納稅手續。

1.3 關稅之特性

關稅是指國家授權海關，對出入國境的貨物所徵收的稅。關稅在各國一般屬於指定稅率的高級稅種，對於對外貿易發達的國家而言，關稅往往是國家稅收，乃至國家財政的主要收入。

關稅之特性有：(1) 關稅屬國稅；(2) 關稅屬國境稅；(3) 關稅對貨物課稅；(4) 關稅屬間接稅；(5) 關稅爲財政收入之政策工具；(6) 關稅可作爲經濟發展之政策工具，例如：某一國際將其某一產品以低價傾銷我國，致我國相關產業受到損害，則可依法徵收反傾銷稅。

顧名思義【間接稅】

　　間接稅是政府對消費者購買商品所課徵的租稅，其多採比例稅率或固定稅率，隨購買量之增加，稅負會比例增加。例如：關稅、貨物稅、營業稅、菸酒稅、娛樂稅。優點有：(1) 人民繳納便利：屬於零星、分散繳納的稅；(2) 對個人財富及生活狀況的干擾較少；(3) 減少納稅痛苦感：使人民繳稅於無形。

1.4　關稅之課稅方式

1. **從價稅（Advalorem Duty）**

   依貨物之價格，作為課稅標準，應徵關稅＝完稅價格 × 稅率，稅率為固定，故貨物價格愈高，則課徵關稅愈多；反之價格愈低，則課徵關稅愈少。

2. **從量稅（Specific Duty）**

   依貨物數量，作為課稅標準，通常以貨物輸入數量、大小、重量及尺寸等加以確認，即可計算出關稅之金額。

3. **複合稅（Compound Duty）**

   依政策需要，對特定貨物採從價、從混合徵稅，例如：依從價、從量計算結果從高徵收。

1.5　以關稅性質區分

1. **一般關稅**

   可分為國定關稅及協定關稅：

   (1) 國定關稅：依據國內法所制定之關稅稅率。

   (2) 協定關稅：關稅稅率係與他國簽訂之條約（例如：自由貿易協定等），對特定貨物協定其關稅稅率，並於條約有效期間內，負有不變更稅率之義務。

2. **特別關稅**

   (1) 平衡稅（Equalization Duty）：進口貨物在輸出或產製國家之製造、生產、銷售、運輸過程，直接或間接領受財務補助或其他形式之補貼，致損害中華民國產業者，除依海關進口稅則徵收關稅外，得另徵適當之平衡稅。

(2) 反傾銷稅（Anti-Dumping Duty）：進口貨物以低於同類貨物之正常價格輸入，致損害中華民國產業者，除依海關進口稅則徵收關稅外，得另徵適當之反傾銷稅。

(3) 報復關稅（Retaliatory Duty）：輸入國家對中華民國輸出之貨物或運輸工具所裝載之貨物，給予差別待遇，使中華民國貨物或運輸工具所裝載之貨物較其他國家在該國市場處於不利情況者，該國輸出之貨物或運輸工具所裝載之貨物，運入中華民國時，除依海關進口稅則徵收關稅外，財政部得決定另徵適當之報復關稅。

(4) 機動關稅（Temporary Duty）：為應付國內或國際經濟之特殊情況，並調節物資供應及產業合理經營，對進口貨物應徵之關稅或適用之關稅配額，得在海關進口稅則規定之稅率或數量之 50% 以內予以增減。但大宗物資價格大幅波動時，得在 100% 以內予以增減。增減稅率或數量之期間，以 1 年為限。

顧名思義【自由貿易協定（Free Trade Agreement, FTA）】

自由貿易協定係兩國或多國、以及區域貿易實體間，所簽訂具有法律約束力的契約，目的在於促進經濟一體化，消除貿易壁壘，允許貨物與服務在國家間自由流動。來自協定夥伴國的貨物，可以獲得本國進口稅和關稅的減免優惠。

2 關稅沿革

2.1 關稅起源

關稅之起源很早，古希臘時代便有關稅的課徵，羅馬帝國對通過海港、道路、橋樑之商品均課以關稅。最早實施國境關稅者為英國、其次法國、比利時、荷蘭等國家。關稅之由來經過若干時代的演變，從早期保護交通之報酬性質及以收入為主的關稅，漸漸轉變為以經濟政策為主的關稅；以實物課徵之關稅，漸次變為以貨物課徵之關稅；由國內區域課徵之內地關稅，漸次變為今日之國境關稅。現今關稅屬國稅，是國家主權的展現。

2.2　我國關稅起源

　　我國內地關稅起源於周代，東周之初即已實施設關徵稅，唐初因海路貿易發達，設置市舶使稽徵進口貨物，此實為我國課徵國境關稅之開端。自清朝道光 22 年開放中外通商以來，發生重大變化，因滿清政府腐敗，列強侵佔我國，無論關政或關稅均操在外國人的手中，國家主權大受損害。民國 18 年 2 月，我國關稅恢復完全自主，至抗戰勝利後恢復民國 23 年 6 月 30 日之進口稅則（稅則就是關稅局對應稅貨物，各按其不同之類別，課以不同稅率的法律依據），民國 35 年政府宣佈取消出口稅，政府遷臺後，海關管理權才完全收回。

2.3　現行海關組織

　　我國海關成立於 1854 年（清朝咸豐 4 年），組織名稱為海關總稅務司署，早期除徵收關稅外，引進西方的新觀念與新制度，並參與我國許多自強運動，諸如籌建海軍、港務、郵政、助航設備、氣象、教育、外交等。其中港務（原隸屬海關海務部門，惟遷臺後不再管轄港務）、郵政曾由海關代辦，後來港務局、郵政總局成立，始分別移交其接管，惟助航設備仍由海關負責管理，直到海巡署成立，移該署管轄。民國成立以後，其組織制度，一直沿襲下來，直到「財政部關稅總局組織條例」經公布後，正式改名為「財政部關稅總局」。並於 102 年 1 月 1 日配合行政院組織改造，與財政部關政司整併成立財政部關務署。

　　財政部關務署為我國關務政策的制定及執行機關。掌理關稅稽徵、查緝走私、保稅退稅、貿易統計及接受其他機關委託代徵稅費（例如貨物稅、營業稅、貨推費）、執行貿易管制。

　　圖 7.1 為我國財政部關務署，圖 7.2 為組織職掌。

▶ 圖 7.1　財政部關務署

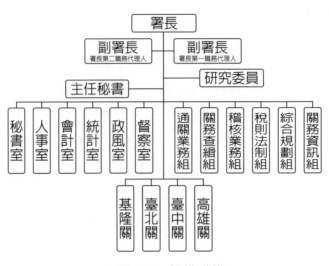

▶ 圖 7.2　組織職掌

2.4　關稅保護與經濟成長之關聯

　　產業保護及獎勵措施，在落後及發展中國家初期，有其必要性，因本國新興工業發展，若不施行保護，將無法與國外進口的產品競爭，但若政府長期採取進口保護和出口獎勵措施，則很容易刺激貿易對手國，使其採取各種報復措施，反而對本國不利，且在長期保護措施下，本國產業因不虞外國產品的競爭，故不求產品之進步而喪失國際競爭力，更阻礙經濟發展和成長，因此為因應自由化、國際化的產業政策，需撤除保護措施，維護自由公平競爭市場。故關稅政策與經濟成長息息相關，對某些新興產業若須給予若干時日的保護，在制定保護政策時，必須把握以下原則：

1. 保護是對全體產業之同業，不能對個別企業。

2. 保護的程度與期限，應明確說明。

3. 保護的方式，不得阻礙適度競爭。

▶ 圖 7.3　關稅保護與經濟成長息息相關

3 我國現行關稅制度

3.1 海關主要業務範圍

海關業務除稽徵關稅及查緝走私外，亦執行國家貿易政策等，負有財政、經濟、社會等多重任務，其主要業務可歸納六大類：

1. 稽徵關稅

海關依據關稅法及海關進口稅則等法規，對進口貨物課徵關稅。關稅從價或從量課徵，從價課徵關稅之進口貨物，其完稅價格該進口貨物之交易價格作為計算根據。海關進口稅則之稅率分為三欄，分別適用於中華民國有互惠待遇及無互惠待遇之國家或地區之進口貨物。

2. 查緝走私

海關緝私的範圍，包括對外開放之國際港口（機場），沿海二十四海里以內的水域及依海關緝私條例或其他法律得為查緝之處所。凡貨物進出國境有規避檢查、偷漏關稅或逃避管制，不向海關申報、或申報不實，都屬於走私行為，海關得依法進行查緝。

3. 外銷品沖退稅

國外進口之外銷品原料已繳稅者，於加工製成成品出口後准予退還已繳之稅、進口外銷品原料之稅，係屬擔保記帳者，准予沖銷記帳之稅。

4. 保稅業務

目前國內實施保稅制度之保稅區，已有保稅工廠、加工出口區、科學工業園區，保稅倉庫、免稅商店、物流中心及自由貿易港區。進入前三類保稅區之原料，不必繳關稅，俟加工為成品外銷後，再按實際數量予以銷帳。

5. 貿易統計

財政部關務署定期及不定期編製出版品，如：關務年報、中華民國進口貿易統計月報、中華民國出口貿易統計月報等，以及建置「關港貿單一窗口」服務之統計資料庫查詢系統，包括：海關進出口貿易統計、各關業務工作量統計、關稅收入統計（按稅則 21 類及 2 位碼）、海關徵收稅費統計、關稅配額進口貨物數量與價值等。

6. 代辦業務

海關受其他機關委託代辦之業務很多，可分為三種，一為代徵稅費，如：貨物稅、營業稅、推廣貿易服務費；二為對限制輸入或輸出物進出口之執行；三為其他輸入或輸出管理規定之執行。

3.2　通關作業

3.2.1　報關期限

1. 進口貨物

進口貨物到達之翌日起，15 日內向海關辦理。

2. 出口貨物

載運貨物之海空運航班結關或開駛前，在規定期限內，向海關申報。

3.2.2　預先清關

1. 進口貨物

海空運航班未抵達本國機場 / 港口前，運輸業者先以電腦連線方式傳輸進口貨物艙單，讓收貨人得於航班抵達前，以電腦連線預先向海關申報，海關即時辦理通關作業。

2. 出口貨物

海運運輸業傳送「出口船舶開航預報單」訊息後，空運出口貨物取得託運單號碼後，出貨人即可傳輸出口報單，經比對貨物進倉資料，即產生通關方式。

3.2.3　逾期未報關

1. 進口貨物

自報關期限屆滿之翌日起，按日加徵滯報費新臺幣 200 元，前項滯報費徵滿 20 日不報關者，由海關變賣。

2. 出口貨物

無逾期貨發生，因故無法出口時，由貨主辦理退關領回。

3.2.4　報關應檢附文件

1. 進口部分

進口報單、小提單（Delivery Order；簡稱 D/O，又稱小提單）、輸入許可證、發票、裝箱單及進口簽審文件、產地證明書、型錄、說明書等。

2. 出口部分

出口報單、託運單、發票、裝箱單及輸出許可證或出口簽審文件等。

3.2.5　通關方式

　　海關建立貨「物通關自動化系統」，與所有「相關業者」（包括報關業、運輸業、倉儲業等）及「相關單位」（各簽審機關）辦理貨物通關作業，利用「電腦連線」以「電子資料相互傳輸」取代傳統「人工遞送文書」；及以「電腦自動處理」替代「人工作業」，進而加速貨物通關，邁向無紙化通關之目標。

　　進、出口貨物以自動化連線報關後，海關電腦專家系統（篩選系統）按進出口廠商、貨物來源地、貨物性質及報關業等篩選條件，篩選貨物通關方式分為 C1（免審免驗通關）、C2（應審免驗通關）及 C3（應審應驗通關）三種。茲分別說明如下：

1. C1 通關方式（免審免驗通關，Green Channel）

免審免驗通關，即免審書面文件、免驗貨物放行。其報關有關文件，應由報關人依關務法規規定之期限妥為保管，海關於必要時，得通知其補送相關資料或前往查核。經海關通知補送資料者，報關人應於接到通知後 3 日內補送。

2. C2 通關方式（應審免驗通關，Orange Channel）

文件審核通關，即須審核書面文件後、免驗貨物放行。海關應即透過電腦連線通知報關人，限在翌日辦公時間終了以前，補送書面報單及其他有關文件以供查核。

3. C3 通關方式（應審應驗通關，Red Channel）

貨物查驗通關，即應審核書面文件、應查驗貨物後放行。海關應即透過電腦連線通知報關人，限在翌日辦公時間終了以前，補送書面報單及其他有關文件以供查驗貨物，並得通知貨棧業者配合查驗。進口貨物通關流程，如圖 7.4 所示。出口貨物通關流程的精神亦相同。

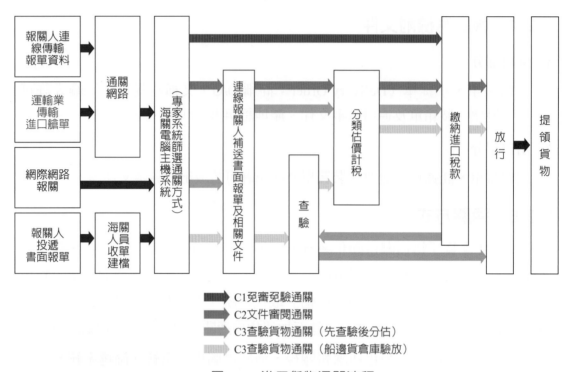

C1免審免驗通關
C2文件審閱通關
C3查驗貨物通關（先查驗後分估）
C3查驗貨物通關（船邊貨倉庫驗放）

▶ 圖 7.4 進口貨物通關流程

資料來源：財政部 關務署網站 (民 109)

優質企業 AEO 供應鏈安全認證

　　優質企業（Authorized Economic Operator, AEO），係指遵循海關所訂定供應鏈安全標準之貨物跨境移動相關業者，而符合海關設定標準之優質企業，得享有通關便捷等優惠。在 911 恐怖攻擊事件後，美國政府有鑒於依海關一己之力，實無法防堵恐怖組織進行細密籌劃之攻擊行動，因此積極尋求與國際物流業者合作，建立夥伴關係，共同防範恐怖主義分子之威脅，而推出 C-TPAT（Customs-Trade Partnership Against Terrorism），對於參加 C-TPAT 之業者，提供貨物快速通關、大幅降低貨物查驗比例之優惠，此即為世界海關組織 WCO SAFE （Security And Facilitation in a Global Environment）所規範 AEO 之始。

除了美國之外，鑑於歐盟、日本、中國大陸、韓國、新加坡、加拿大、紐西蘭等其他各國已陸續實施 AEO 認證制度，並積極推動相互承認；為了提升我國經貿競爭力，並與 WCOSAFE Framework 接軌，於國內隸屬「優質經貿網絡計畫綱要」之優質企業（AEO）認證及管理機制子計畫，於 2009 年開始推動，並於該年底頒行優質企業進出口貨物通關辦法暨優質企業安全審查項目及驗證基準，開啟我國正式實施優質企業認證制度的嶄新一頁！

依據優質企業安全審查項目及驗證基準第二點第一項規定：「配置供應鏈安全專責人員：須指定二名以上經海關或海關認可之民間機構，辦理優質企業供應鏈安全訓練合格之員工，負責公司供應鏈安全有關作業。」凡從事與貨物之國際運送有關業務，遵守 WCO 或等同之供應鏈安全標準，並獲得國家海關當局承認者，包含：製造業者、進口人、出口人、報關行、承攬業者、併裝業者、中繼運送人、港口、機場、貨車業、整合運送業者、倉儲業者、經銷商等國際物流供應鏈各環節之關係人，均可經由認證成為優質企業 AEO。

AEO 在向海關遞交符合最低要求的資訊後，應當被授予享有簡化快速便利通關的權利。各海關間亦應彼此認可所給予之 AEO 驗證狀態。當供應鏈上之所有參與業者均為 AEO 之時，則稱此種供應鏈為「安全供應鏈」，貨物自產地到目的地的整個流程，都將享有整合的進出口簡化流程，在進出口申報時，僅需提供最小限度的資訊即可。

資料來源：取材修改自財政部關務署。

4　台灣保稅區通關作業與商業模式

4.1　保稅制度的定義

所謂保稅貨物（Bonded Goods）指未經海關徵稅放行之進口貨物、轉口貨物，在海關監視下的特定場所（保稅區或境內關外），儲存、加工或裝配、測試、整理、分割、分類，納稅義務人提供確實可靠之擔保品，允許由納稅義務人將貨物存放在海關易於控制監管方式下，暫時免除或延緩繳納義務。

由圖 7.5 外購交易模式示：保稅制度（Bonded System）係針對自國外進口的商品或貨物，在海關監控的狀態下，暫時免除或延緩繳納進口關稅，進入國境內之保稅區完成相關作業（例如：儲存、加工或裝配等）；至於關稅應否繳

納，視貨物動向而定。如果貨物就原狀或經加工後出口（外銷），則免徵關稅；如貨物進口（內銷），自應繳納關稅。

▶ 圖 7.5　外購交易模式

4.2　保稅制度的功能

　　海關依據關稅法的授權來執行對保稅貨物、保稅場所作實質監控及管理。無論工業國家、開發中國家、或第三世界國家，海關都非常努力建立和發展保稅制度，隨著本身資源、經貿環境以及在全球化、跨國公司紛紛於海外設立據點情況下，設計符合本國產業需求的保稅措施。保稅制度的功能有以下四項，分述如下：

1. 彈性融通與調度營運資金

　　減輕廠商資金負擔利於資金週轉，長期儲存保稅貨物之保稅倉庫或保稅工廠，因貨物於保稅存倉期間可免繳關稅，俟貨物出倉時始繳稅，業者可減少保稅期間稅款利息之負擔。保稅貨物如為外國出口商寄售者，則非但能減輕利息之負擔，亦可促進資金之加速週轉。

2. 提升國際市場競爭力

　　保稅貨物如是提供出口外銷製造原料，業者可在無關稅負擔情形從事加工、製造，因而降低生產成本，提升國際市場競爭力。

3. 吸引外資提升經濟發展

開發中國家極需藉助外資發展其經濟，且具有低廉工資之優良條件，是已開發國家投資之理想地區，但外商因對開發中國家之稅法不甚瞭解，而不敢貿然前來投資設廠，若開發中國家有保稅制度，尤其是保稅工廠與自由貿易港區的制度，可供外商以保稅方式免稅進口原料，配合其廉價勞力，從事加工、製造後，將其產品運銷世界各國。如此可增進外商前來設廠與投資意願，引進工業技術促進工業生根，增加外匯收入，加速經濟發展。

4. 簡化通關程續有助業者營運

自國外運抵國內之貨物，海關為確保稅收，必須嚴加監視；進口廠商對貨物之保管必受種種限制，需要立即完稅。若利用保稅措施，則進口貨物可卸存於保稅區域，從容辦理通關手續且貨物無毀損之虞，海關亦對保稅區域擁有管轄與監督權，亦無逃漏稅收之虞。如果貨物要轉口或復運出口者，無須辦理進口通關後再辦理轉口或復運出口通關手續，對海關及進出口業者皆能互蒙其利。

4.3　現行我國保稅制度的區域

我國保稅制度從保稅倉庫、保稅工廠、加工出口區更進一步發展為特定保稅區域，例如：科學園工業園區、農業科技園區、物流中心、自由貿易港區等，擴大了保稅領域及優惠範圍。表 7.2 為台灣各境內關外運作場所，包含物流中心、重整型保稅倉庫比較、自由貿易港區、科學工業園區及加工出口區之比較：

▶ 表 7.2　台灣各保稅區運作場所比較表

項　目	設置功能	優惠條件	管理方式
物流中心	落實我國成為全球運籌中心，擴大轉運機能。 隸屬於境外航運中心，可從事大陸貨物之轉運、加工、重整與倉儲作業。	1. 自國外運入物流中心供營運之貨物，免徵關稅、貨物稅、營業稅、商港建設費及貿易推廣費。 2. 在國內無代理人或收貨人之外國企業，在尚未確知實際貨物買主前，可委託物流中心作為收貨人申報進儲。 3. 保稅貨物進儲國際物流中心可無限期儲存。 4. 物流中心採自主式管理，貨物進行重整作業無須海關監視。 5. 輸至保稅區得按月彙報。 6. 保稅貨及課稅貨得合併存儲。	帳冊管理 自主管理

物流與運籌管理

項　目	設置功能	優惠條件	管理方式
自由貿易港區	由行政院核准劃設範圍設置。可從事製造、加工、組裝貿易技術、服務、倉儲、物流、包裝、修配、展示或製造（深層加工）。	1. 港區事業自國外運入自由港區內供營運之貨物，免徵關稅、貨物稅、營業稅、菸酒稅、菸品健康福利捐、推廣貿易服務費及商港服務費。 2. 港區事業自國外運入自用機器、設備、免徵關稅、貨物稅、營業稅、推廣貿易服務費及商港服務費。前項設備5年內輸往課稅區時，應補徵相關稅捐。 3. 在港區經加工、產製之產品，按出港時之形態，扣除港區內附加價值後課徵關稅。 4. 港區事業銷售勞務至課稅區者，應課營業稅。 5. 港區事業運入營運之貨物變更用途時應補稅。 6. 自由貿易港區設置管理條例第26條： 第一項規定：課稅區或保稅區銷售至自由貿易港區供營運之貨物，其營業稅率為零。 第二項規定：自由港區事業或外國事業、機關、團體、組織在自由港區內銷售貨物或勞務與該自由港區事業、另一自由港區事業、國外客戶或其他保稅區事業，及售與外銷廠商未輸往課稅區而直接出口或存入保稅倉庫、物流中心以供外銷者、其營業稅稅率為零。	帳冊管理 自主管理
科學工業園區	從事高級技術工業產品之開發、製造或研究發展之事業。	1. 區內事業免徵下列稅捐：自國外輸入自用機器、設備、原料、物料、燃料、半製品、樣品及供貿易用之成品，免徵進口稅捐、貨物稅及營業稅。區內事業以產品或勞務外銷者，其營業稅率為0，並免徵貨物稅。其在課稅區提供勞務者，營業稅率5%。其以產品、廢品或下腳輸往課稅區時，除國內未產者依原料課稅外，應依進口貨品課稅。課稅區廠商售與區內事業之機器、設備、原料、物料、燃料、半製品及樣品視同外銷貨品。 2. 區內事業應補課稅捐情形：進口已享免稅之機器設備，五年內轉售課稅區者。課稅區售科園區視同外銷之貨品再行輸往課稅區時，依進口貨品課稅。	帳冊管理

項　目	設置功能	優惠條件	管理方式
加工出口區	從事製造加工、組裝、研究發展、貿易、諮詢、技術、服務、倉儲、運輸、裝卸、包裝、修配之事業。	1. 區內事業免徵下列稅捐：自國外輸入機器設備、原料、物料、燃料、半製品、樣品及供貿易、倉儲業轉運用之成品，其進口稅捐、貨物稅及營業稅。區內新建標準廠房或自管理處依法取得建物之契稅。區內事業產製之產品輸往課稅區者，按出廠時形態扣除附加價值後課徵關稅，並依進口貨品規定課徵貨物稅及營業稅。其提供勞務給課稅區者，營業稅為5%。課稅區廠商售與區內事業之貨品，視同外銷貨品。（營業稅率為何，依買受人用途而定） 2. 區內事業應補課稅捐情形：進口已享免稅之機器設備，五年內轉售課稅區者。課稅區售加工區貨品已申退進口稅捐，而後發生退回運返課稅區者。	帳冊管理

4.4　保稅商業模式

由表 7.2 台灣各保稅區運作場所比較表中列舉之「優惠條件」，因應產業需求衍生各類型保稅商業模式，包含進口配銷發貨中心（Distribution Center）、物料即時供應模式（Just In Time；JIT）與多國籍併貨（Multiple Country Consolidation;MCC）& 全球調撥作業三種商業模式，依序說明如下：

4.4.1　進口配銷發貨中心（Distribution Center）運籌模式

臺灣地狹人稠，天然資源貧乏，大部分民生必需品、生產製造所需之原物料、半成品、關鍵零組件、生產設備皆須仰賴國外進口。所謂進口配銷發貨中心作業是指從國外進口貨物至臺灣所涉及運輸、倉儲及配送等物流作業，提供企業做為進口配銷發貨中心，提供臺灣內銷市場與顧客。對於訂單快速回應（Quick Responese）與及時供貨（JIT）的需求，作業流程說明如下：

物流與運籌管理

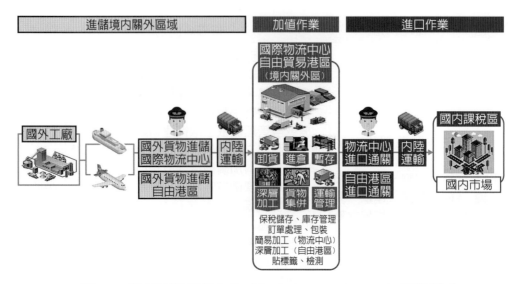

▶ 圖 7.6　進口配銷發貨中心（Distribution Center）運籌模式

　　如圖 7.6 所示，企業可自國外採購相關原物料、半成品及成品，以保稅狀態進入國際物流中心或自由貿易港區作為配銷發貨中心，經由相關流通加工作業，包含：組裝、簡易加工（國際物流中心）或深層加工（自由貿易港區）、貼標籤、檢測、包裝等流程。不僅可檢視進口貨物之品質，更可以優惠之加工成本彈性調度訂單，提升貨物附加價值，在確認接到國內市場的客戶訂單後，依據客戶實際訂單數量，分批完成進口通關作業，繳納進口關稅、貨物稅與營業稅等相關稅費，即可進行配送至臺灣各地市場，符合客戶少量、多樣化、快速回應與及時化供貨需求。

　　歸納企業利用國際物流中心或自由貿易港區作為進口配銷發貨中心之營運利基：

1. 保稅貨物可無限期儲存於自由貿易港區或國際物流中心，免徵關稅、貨物稅、營業稅、菸酒稅、菸品健康福利捐與推廣貿易服務費。

2. 單次批量進口，貨物未完成交易前以保稅狀態暫存於自由貿易港區或國際物流中心，於接單後一次或分批次報關、繳納進口關稅、貨物稅、營業稅等相關稅費、出貨、配送。符合客戶少量多樣的需求，彈性融通與調度營運資金。

3. 降低國際運輸成本及改善交期不一的情形。

4. 避免國外原產地貨物供應來源曝光，維持商業機密與合理利潤。

5. 增加產品附加價值。

4.4.2　保稅物料即時供應模式（Just In Time, JIT）

　　企業從國外進口原料、關鍵零組件、半製成品或機械設備，提供臺灣在保稅區（例如：保稅工廠、加工出口區、科學工業園區、自由貿易港區或農業科技園區等），設立保稅工廠的製造商，生產產品出口外銷或在臺灣銷售，所涉及運輸、倉儲等物流作業活動。如圖 7.7 所示，依作業流程及營運利基，分述如下：

1. 進儲國際物流中心或自由貿易港區

供應商將原料、關鍵零組件、半製成品或機械設備由國外或保稅區，進儲至保稅區工廠附近之國際物流中心或自由港區事業作為發貨中心（DC）。

2. 加值作業

進行相關物流作業包含保稅儲存、庫存管理、訂單處理、簡易加工（國際物流中心或自由貿易港區）或深層加工（自由貿易港區）、貼標籤、檢測、包裝等物流加值作業。

3. 進出口作業

供應商在獲得來自保稅區製造商的訂單後，在完成相關通關作業後，配送至臺灣保稅區的製造商，包含保稅工廠、加工出口區、科學工業園區、自由貿易港區或農業科技園區等。

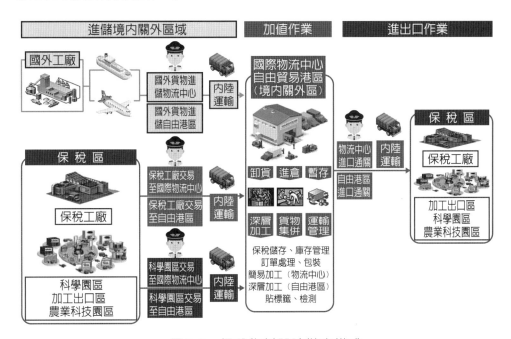

▶ 圖 7.7　保稅物料即時供應模式

物流與運籌管理

　　歸納企業利用自由貿易港區或國際物流中心進行保稅物料即時供應模式（Just In Time, JIT）的利基如下：

1. 保稅貨物可儲存於自由貿易港區事業或國際物流中心，免徵關稅、貨物稅、營業稅、菸酒稅、菸品健康福利捐、推廣貿易服費。

2. 自由貿易港區或國際物流中心貨物輸往相關具有按月彙報資格保稅區（科學工業園區、加工出口區、保稅工廠等）之通關作業，一律免審免驗，可避免貨物通關查驗所造成不必要的毀損，有效提升通關效率，降低通關作業成本。

3. 支援相關產業（例如：半導體或面板產業），要求供應商在接單後 120 分鐘內送達用戶端之 JIT 即時供貨模式。

4. 貨物以保稅狀態於自由貿易港區事業或國際物流中心可進行相關簡易加工（國際物流中心或自由貿易港區）或深層加工（自由貿易港區），增加產品附加價值。

5. 避免貨物供應來源外洩及符合客戶少量多樣的需求。

4.4.3 多國籍併貨（Multiple Country Consolidation, MCC）與全球調撥作業

　　近年來隨著國際分工及企業全球化的發展，國際企業依據比較利益原則在不同的國家生產不同零組配件，再匯集至某一國度的轉運中心內從事組裝工作，以利日後再輸往他國或本國銷售。由歐、美、日輸入關鍵零組件，以及由亞太地區輸入原料、零配件或半成品，在臺灣從事加工、製造、最後再轉運行銷世界各國。企業如能將臺灣、東南亞、大陸等地區之半成品，透過國際物流中心或自由貿易港區從事加值活動，如組裝、貼標籤、檢測、包裝等簡易加工，或生產及製造之深層加工，可提升產品之附加價值及利潤。

1. 在國際物流中心進行「簡易加工」再轉運出口作業模式

　　如圖 7.8 所示，企業可自國外、臺灣一般課稅區、相關保稅區包含加工出口區、科學工業園區及保稅工廠採購相關原物料、半成品及成品以保稅狀態於國際物流中心進行下列相關作業：

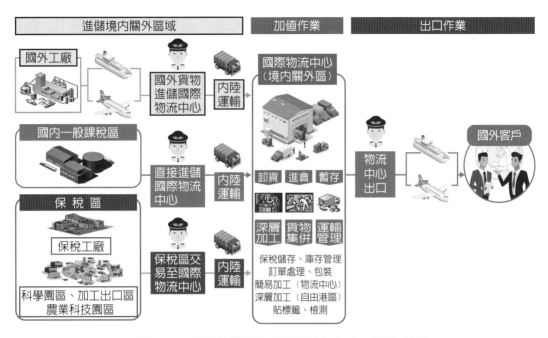

▶ 圖 7.8　多國籍併貨（國際物流中心）運籌模式

(1) 簡易加工

在收貨人不要求提示產地證明的前提下，企業可於國際物流中心進行重整、裝箱、併櫃、簡易流通加工等作業，貼上臺灣組裝標籤「Assembly in Taiwan」，再轉運出口至國外，提升產品附加價值。

(2) 簡單加工再轉運出口通關作業

簡易加工再轉運出口物流作業模式主要分為兩個階段，分別向海關申報貨物通關與查驗。第一階段為貨物進儲國際物流中心，貨物來源主要為國外、臺灣課稅區及特定保稅區，如保稅工廠、加工出口區及科學工業園區輸入。第二階段為貨物由國際物流中心輸出至國外。

業者利用國際物流中心進行簡單加工再轉運出口物流作業營運利基如下：

① 國外貨物、大陸「一般貨物」與「負面表列貨物」皆可進儲國際物流中心，從事簡易流通加工，貼上臺灣組裝標籤 Assembly in Taiwan 復運出口。

② 保稅貨物儲存在國際物流中心，免徵關稅、貨物稅、營業稅、推廣貿易服費。

③ 符合客戶少量、多樣化之需求。

④ 在國際物流中心合併裝櫃後，集中配送至客戶端，改善交期不一的情形、簡化作業流程及降低國際運輸成本。

⑤ 避免國外原產地貨物供應來源曝光，維持商業機密與合理利潤。

⑥ 企業可充分運用國際物流中心，進行國際垂直分工與全球運籌管理。

2. 在自由貿易港區進行「深層加工」再轉運出口作業模式

自由貿易港區事業可自國外、臺灣一般課稅區、相關保稅區包含加工出口區、科學工業園區及保稅工廠採購相關原物料、半成品及成品以保稅狀態於自由貿易港區事業進行下列相關作業，如圖 7.9 所示。

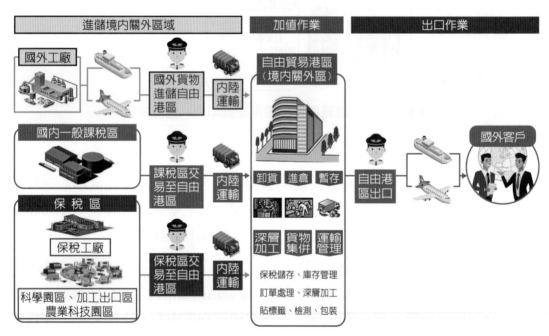

▶ 圖 7.9　多國籍併貨（自由貿易港區）運籌模式

(1) 深層加工

在自由貿易港區內廠商除可從事國際物流中心物流作業簡易加工外，也可從國外進口原物料、半成品、成品在自由貿易港區從事製造及深層加工（加工比例超過原本價值 35% 以上），使原貨品實質轉型，則可獲得臺灣當地產地證明，再轉運出口至國外；根據物流中心貨物通關作業辦法第二十六條規定，物流中心貨物之重整或簡單加工以貨物在流通過程所必需者為限，不得以大型複雜機器設備從事加工，物流中心之貨物於物流中心內重整或簡單加工，應於重整及加工專用倉區辦理。

另一方面，就深層加工比例的認定部分，根據原產地證明書管理辦法第四條規定，原產地證明書管理辦法第四條針對貨物實質轉型之認定如下：

① 原材料經加工或製造後所產生之貨品與其原材料歸屬之我國海關進口稅則前六位碼號列相異者。

② 貨品之加工或製造雖未造成前款所述號列改變，但已完成重要製程或附加價值率超過百分之三十五者。前項附加價值率之計算公式如下：

$$\frac{\text{貨品出口價格（F.O.B.）}-\text{直、間接進口原材料及零件價格（C.I.F.）}}{\text{貨品出口價格（F.O.B.）}}$$

而從事下列之作業者，不得認定為實質轉型作業：

● 運送或儲存期間所必要之保存作業。

● 貨品為銷售或為裝運所為之分類、分級、分裝或包裝等作業。

● 貨品之組合或混合作業，未使組合後或混合後之貨品與被組合或混合貨品之特性造成重大差異。

● 簡單之裝配作業。

● 簡單之稀釋作業而未改變其性質者。

(2) 通關流程

深層加工再轉運出口物流作業模式主要分為兩個階段，分別向海關申報貨物通關與查驗。第一階段為貨物進儲自由貿易港區，貨物來源主要為國外、臺灣課稅區及特定保稅區，如保稅工廠、加工出口區及科學工業園區輸入；第二階段為貨物由自由貿易港區輸出至國外。

歸納業者利用自由貿易港區進行深層加工再轉運出口作業營運利基如下：

(1) 國外貨物、大陸「一般貨物」與「負面表列物」皆可進儲自由貿易港區，從事簡易流通加工，貼上臺灣組裝標籤 Assembly in Taiwan 復運出口。

(2) 自由貿易港區事業自臺灣課稅區或保稅區採購相關供營運之貨物，其營業稅率為零，因此賣方（臺灣一般課稅區）開立零稅率發票予買方（自由貿易港區事業）。

(3) 保稅貨物可儲存於自由貿易港區事業，免徵關稅、貨物稅、營業稅、菸酒稅、菸品健康福利捐、推廣貿易服費。

(4) 符合客戶少量、多樣化之需求。

(5) 在自由貿易港區事業合併裝櫃後，集中配送至客戶端，除了可改善交期不一的情形，並簡化作業流程及降低海運成本。

(6) 自由貿易港區事業，可從事製造及組裝之深層加工（加工比例超過35%），使原貨品實質轉型，改變原產地，可獲得臺灣產地證明（Made in Taiwan），增加產品附加價值。

(7) 放寬外勞雇用比例，凡為區內廠商皆可申請外籍勞工 40% 比例。

(8) 企業可充分運用自由貿易港區，進行全球運籌管理。

(9) 避免國外原產地貨物供應來源曝光，維持商業機密。

3. 全球調撥作業

企業可以國際物流中心或自由貿易港區事業，提供業者國外貨物保稅進儲的條件，作為全球發貨與訂單調撥中心。例如：跨境電商業者如果有接到國外市場訂單，即可以存放在國際物流中心或自由貿易港區之保稅貨物，進行全球訂單調撥作業，外銷復運出口，爭取國外市場商機與布局全球市場。

 國際標竿

世界海關組織：唯一專門研究海關事務的政府間國際組織

總部：比利時，布魯塞爾

成立日期：1953 年 1 月 26 日

組織類型：政府間組織

成員國：180

總幹事：Kunio Mikuriya/ 御廚邦雄（日本，2009 年 1 月 1 日 - 至今）

官方語言：英語和法語

世界海關組織（World Customs Organization, WCO）的前身是 1952 年成立的海關合作理事會（Customs Co-operation Council, CCC），這是該組織的正式名稱。1994 年，為了更明確地表明該組織的世界性地位，海關合作理事會年會通過了一項有關為該組織命名的議案。因此，該組織獲得了一個工作名稱，即「世界海關組織（WCO）」，從而使該組織與「世界貿易組織（WTO）」相對應。

WCO 是唯一世界專門研究海關事務的國際政府間組織，它的使命是：加強各成員海關工作效益和提高海關工作效率，促進各成員在海關執法領域的合作。

　　一般而言，WCO 負責研究所有涉及海關合作的問題，即：

1. 從技術角度對海關制度和相關的經濟因素進行審議，以便提出獲得最高程度協調和統一的實際方法；

2. 起草公約；

3. 提出建議，確保公約的統一解釋和實施；

4. 從調解的角度出發提出建議，協調解決涉及公約解釋和實施方面的爭議，但 WCO 不是法院，不能偏袒任何一方和實行裁決；

5. 主動或應請求，向有關成員政府提供海關事務方面的資料或意見；

6. 就其主管範圍所涉及的事務與其它國際組織進行合作。

資料來源：MBA 智庫百科；世界海關組織，http：//www.wcoomd.org

參考文獻

1. 中華民國關稅協會網站 (2020)：http://www.customs-assoc.org.tw。

2. 呂錦山、王翊和、楊清喬、林繼昌 (2019)，國際物流與供應鏈管理 4 版，滄海書局。

3. 法務部 (2020)，加工出口區保稅業務管理辦法，全國法規資料庫網站：http://law.moj.gov.tw/。

4. 法務部 (2020)，自由貿易港區通關作業手冊，全國法規資料庫網站：http://law.moj.gov.tw/。

5. 法務部 (2020)，自由貿易港區貨物通關管理辦法，全國法規資料庫網站：http://law.moj.gov.tw/，民國 109 年。

6. 法務部 (2020)，自由貿易港區設置管理條例，全國法規資料庫網站：http://law.moj.gov.tw/。

7. 法務部 (2020)，物流中心貨物通關辦法，全國法規資料庫網站：http://law.moj.gov.tw/。

8. 法務部 (2020)，物流中心業者實施自主管理作業手冊，全國法規資料庫網站：http://law.moj.gov.tw/。

9. 法務部 (2020)，科學工業園區保稅業務管理辦法，全國法規資料庫網站：http://law.moj.gov.tw/。

10. 法務部 (2020)，科學工業園區、農業科技園區、加工出口區保稅貨物於進口地海關通關作業規定，全國法規資料庫網站：http://law.moj.gov.tw。

11. 財政部 關務署站 (2020)：http://web.customs.gov.tw/，物流中心貨物通關作業規定。

12. 財政部 關務署站 (2020)：http://web.customs.gov.tw/，貨物通關自動化報關手冊。

13. 財政部關務署 (2012)，關務年報，財政部關政司、財政部關稅總局。

14. 經濟建設委員會 (2019)，台灣新經濟網站，www.cedi.cepd.gov.tw。

15. 林清和、秦玉玲 (2019)，通關自動化實務與系統操作，1 版，全華圖書。

16. 美國 SOLE 國際物流協會台灣分會 (2016)，物流與運籌管理，前程文化，6 版。

17. 張錦源、康蕙芬 (2018)，國際貿易實務新論，第 16 版，三民書局。

18. 趙繼祖 (2014)，海關實務，15 版，三民書局。

19. 蔡孟佳 (2019)，國際貿易實務，五版，智勝文化事業有限公司。

20. 關貿網路股份有限公司 關貿網路網站 (2020)，http://tradevan.com.tw/。

NOTE

CHAPTER 08

物流資訊系統
Logistics Information System

學 習 目 標

1. 倉儲管理系統的架構及設計
2. 運輸管理系統的架構
3. 物流 e 化資訊平台
4. 倉儲管理系統自行開發或委外設計的評估
5. 倉儲管理系統的其他輔助工具

田 物流故事

穩達商貿運籌：一家傳遞愛與關懷的智慧物流企業，善用資訊科技，打造服務差異化

田 國際標竿

日本發展現代物流業的特點與經驗

田 趨勢雷達

生產力 4.0 擴至服務業、農業

田 趨勢雷達

大數據的發展與應用

田 臺灣典範

運籌網通：專注於全球運籌協同商務平台的專家

物流決策系統（Logistics Decision－Making System）

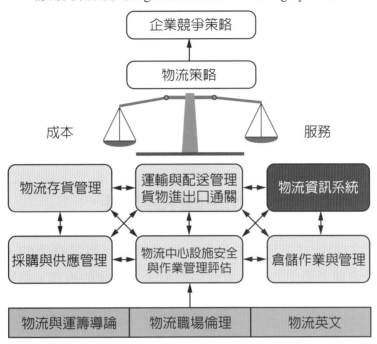

資訊情報（Information）為「物流決策系統」架構中重要的物流因子之一，物流的資訊情報決策也十分重要，資訊情報決策除會影響搜源（Sourcing）、設施（Facilities）、庫存（Inventory）、訂單（Order）、運輸管理（Transportation）等其他物流因子外，更會影響整體物流的服務水準與成本水準。本章旨在介紹物流資訊系統和物流作業的關係，使能與其他物流因子相互搭配，以發揮物流策略的綜效。

物流資訊系統的定義可以分成兩部分，廣義的物流資訊系統可以從原料的生產配送、工廠的生產製造、倉儲保管、運輸配送、到下游零售點或消費者手上，這一連串的銷售過程中間所需要的活動，也就是一般所稱的「供應鏈管理」。運用資訊技術，將活動中有關原物料或商品的流動相互連貫串接，則可稱為廣義的物流資訊系統。從上述的定義來看，物流資訊系統是協助整體商業行為的運作，其中涵蓋了「採購」、「倉儲保管」、「運輸」等基本的物流功能作業。

狹義的物流資訊系統，則是聚焦於「倉儲管理系統」（Warehouse ManagementSystem; WMS），也就是泛指一般倉儲保管作業的商品進倉、商品入庫、商品儲存、訂單處理、揀貨、出貨、退貨及存貨盤點等倉儲保管所需的作業。功能大致可分為基本資料作業、進貨作業、存貨作業、訂單作業、揀貨作業、出貨作業、退貨作業、盤點作業、帳務作業管理、異常報表管理等十個子系統。

本章為讓讀者們能夠聚焦，所以著重在介紹「倉儲管理系統」。至於兩者的差距並不十分的明顯。

讀者們在讀完本章之後，將會瞭解倉儲管理系統的架構及設計、運輸管理系統的架構、倉儲管理系統自行開發或委外設計的評估、倉儲管理系統的其他輔助工具等，並有能力來進行服務與成本的平衡與折衷，以形成物流策略，進而支援企業的整體競爭策略。

1 倉儲管理系統的架構及設計

商業行為的進行並不那麼的簡單，因為商業行為是複雜的、多變化的，所以倉儲本身會隨著產業的變化或客戶的需求，而變的複雜，為解決這樣複雜的程序，就必須藉助於完善的倉儲管理系統（Warehouse Management System, WMS）來協助。

隨著資訊技術的發達，倉儲管理系統的發展日益複雜，可協助倉儲管理的項目日增，但倉儲管理系統總脫離不了以下的幾種作業模式：商品進倉、商品入庫、商品儲存、訂單處理、揀貨、出貨、退貨及存貨盤點等一般性的日常作業。一般的倉儲保管的作業程序是大同小異的，但是藉由倉儲管理系統的協助，簡化部分的作業流程，讓整體作業更為流暢，以達增進效率、降低成本、滿足客戶需求的目的。

既然倉儲保管作業是如此重要的工作，所以若有完善資訊系統的配合，更能突顯倉儲管理在整個供應鏈上的重要性。一般的倉儲管理系統，配合倉儲保管作業的特性而有所差異，本節所要介紹的是大部分的倉儲保管模式，並不會針對單一系統做介紹，因此在本節所提的倉儲管理系統，是指一般倉儲的基本作業架構。

倉儲管理系統的功能，大致可分為基本資料作業、進貨作業、庫存作業、訂單作業、揀貨作業、出貨作業、退貨作業、盤點作業、帳務作業管理、報表管理等十個子系統，如圖 8.1 所示。

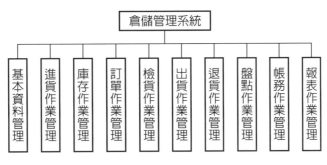

▶ 圖 8.1 倉儲管理系統

1.1 基本資料管理系統

　　基本資料作業涵蓋：權限建立、廠商別、商品別、庫位／儲位別、配送別等與倉儲保管作業相關的基本資料，任何的倉儲管理系統都必須先建立相關的基本資料，方可以運作順暢。

1. 權限建立

必須對於每位系統的使用者，建立相關的使用權限，例如：查詢的權限範圍、資料輸入、修改的權限，廠商或管理者的使用權限等。

2. 廠商別建立

建立有關廠商的基本資料，例如：廠商代號、公司名稱、負責人資料、業務聯絡人、聯絡電話、付款條件等。對於建立廠商基本的資料必須力求完整，因此除了在進出貨時的聯繫外，尚還有關於後續的帳務處理作業。

3. 商品別

建立商品的基本資料，例如：商品品名、商品條碼、商品特性、商品價格、包裝型態、商品出貨單位（如箱、個）等。

4. 庫位／儲位別

依商品的特性安排不同的儲存方式，例如：常溫倉儲、低溫倉儲、冷凍倉儲等不同的儲存條件。現今對於商品的儲存也可能因不同的需求或風險考量，必須是多倉別、多儲位別。換言之，是同一種商品或不同商品分別儲存在不同地方的倉庫或同一倉庫而不同的儲位，例如：為貼近客戶的需求或就近服務客戶，所以建立的物流中心（前進倉儲）或是方便集貨轉運的物流中心（轉運倉儲）；另外也有基於風險考量，而將商品存放在不同的倉儲（第二或第三倉儲），因此必須依商品的特性及需求，給予不同的庫位或儲位。

5. 配送別

因為物流中心所管理的廠商、商品及客戶眾多，當由物流中心配送商品給客

戶時，會因商品的特性、材積、重量、緊急程度、送貨區域、配送路線等考量而採取不同的配送模式，例如：一般配送、緊急配送，使用的運輸工具是飛機、船舶、貨櫃車、大卡車、貨車或機車配送等。如圖 8.2 所示，物流中心貨車會綜合考量各種因素，而採取不同客戶的配送模式。

▶ 圖 8.2　物流中心貨車會綜合考量而採取不同客戶的配送模式

1.2　進貨作業管理系統

　　進貨作業是物流中心作業的起點，所有商品進入物流中心的前置作業，包含進倉通知、進倉確認、進倉日期管理及進倉異常處理等。只要是與商品進入物流中心前，所有的相關活動都應一併考量在內。因此進貨作業的好壞與正確性（或是詳細與否），將攸關物流中心的後續作業。

1. 進倉通知

進倉通知是供應商決定要將商品儲放倉庫時，事先通知物流中心的作業，供應商及物流中心透過資訊系統的協助，提前知道商品何時需要進貨？需要採購多少數量或是商品的進貨數量？便於讓物流中心事先對於人力及倉儲空間作調配，所以進倉通知是雙方溝通的橋樑，也是雙方進出貨的依據。

2. 進倉確認

當商品送達物流中心時，收發人員針對進貨的商品，依供應商與物流中心事先的協議進行確認，是逐一開箱檢查？或是抽檢？例如：低單價且進貨數量龐大，可能以清點箱數或過磅稱重的方式進行；但如果是高單價或是進貨數量較少的商品可能就需要逐一清點。因為物流中

▶ 圖 8.3　物流中心商品品項眾多必須藉助資訊系統

心所管理的商品品項眾多，所以不可能依賴人腦的記憶，此時就必須藉助於資訊系統，如圖 8.3 所示。另外，在進倉清點的單據上，要清楚地顯示採用的清點方式，以避免日後商品庫存數量不符而造成不必要的紛爭困擾。

3. 進倉日期管理

進倉日期管理的目的，除了有效的知道商品何時進倉及進倉數量？以便安排人力及倉儲空間外，尚可運用商品的進倉日期來管理商品的有效期限。一般倉儲保管作業不管商品是否有日期限制，為了作業及管理的效率，對於商品的進出都採用「先進先出法」來進行商品的管制，如此一來就能有效地管理商品。避免商品因未能「先進先出」，造成停放在物流中心過久而超過使用期限。也可以因為清楚知道商品的進倉日期，而能藉由出貨的數量而計算出商品的「週轉率」，例如：存貨週轉率等，方便管理報表的提供，因此進倉日期的管理就格外重要，所以如何在資訊系統資料及儲放商品的料架上，清楚顯示商品的進倉日期是有其必要性。

4. 進倉異常處理

商品從供應商到物流中心的過程中，由於經過不同的地區、人員處理及不同的運輸工具，所以商品在進入物流中心時，不免會有短缺或破損的情形發生，所以當有這些情況發生時，收發人員如何在第一時間做出判斷？並能立即的讓管理階層及供應商收到有關訊息，做出適當的決策。當然若無法及時回應時，也必須紀錄相關訊息，作為日後追蹤的依據，而這些紀錄則有賴於資訊系統的協助。

顧名思義【存貨週轉率（Inventory Turnover）】

是指某期間的出庫總金額（總數量）與該期間庫存平均金額（或數量）的比。是指在一定期間（一年或半年）庫存週轉的速度。計算方式為：存貨週轉率＝銷貨成本／平均存貨。用以衡量一企業存貨的週轉速度，意指企業推銷商品的能力與經營績效。存貨週轉率越高，表示存貨越低，資本運用效率也越高。但比率過高時，也有可能表示公司存貨不足，導致銷貨機會喪失。相反的，若此存貨週轉率越低，則表示企業營運不振，存貨過多，易產生呆滯料情形，積壓成本。

計算方法：例如某物流中心在 2013 年商品的銷貨成本為 8000 萬元，2013 年初的商品庫存價值為 500 萬元，2013 年末的商品庫存價值為 300 萬元，那麼其存貨週轉率為 8000／[（500＋300）／2]＝20 次。相當於用平均 400 萬的現金，在一年裡面週轉了 20 次，賺了 20 次利潤。

1.3　庫存作業管理系統

　　當商品完成進倉作業後，接下來就必須將商品存放到適當的儲存空間，也就是「商品入庫」。庫存作業的系統規劃重點，在於儲位管理、庫存查詢、商品異動、儲存保管期限等。

1. 儲位管理

　　儲位管理的作用就如同地址一般，目的在於快速有效地找尋到商品存放的位置，因此在儲位管理的系統設計上，必須能詳細地提供儲位的編號、區域，所使用的儲放空間是料架或棧板、儲位內商品的品名及數量等相關資訊。當然商品所存放的儲位，也必須考慮到日後揀取商品時的動線規劃。

2. 庫存查詢

　　庫存查詢的目的，在於瞭解到真實的商品庫存，以便於向供應商再次採購時的依據或是物流中心建立自我管理機制。因此在設計庫存查詢時，必須考慮到與訂單的關係，究竟有多少在庫商品數量？有多少應出貨但尚未出貨的商品數量？或是有多少預計進貨的商品數量？在資訊系統規劃設計時，要一併考慮這些關係，如此才能一窺商品庫存的真實數量，作為向供應商再次採購的依據。下例簡單公式，可以說明庫存與訂單的關連性。

總庫存數量＝現有庫存數量＋上游在途的進貨數量

現有庫存數量＝可供出貨數量－訂單出貨數量

當然庫存查詢的目的，還可以作為物流中心內部管理的機制，例如：藉由庫存查詢，可以做為內部日常抽查的盤點機制，或是異常狀況的預警機制。如圖 8.4 所示庫存查詢的目的，便於再次採購或建立自我管理機制。

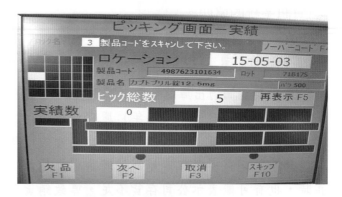

▶ 圖 8.4　庫存查詢的目的便於再次採購或建立自我管理機制

3. 商品異動

　　設置物流中心的目的，在於協助商品的流動，因為在物流中心的商品並非靜止不動（當然也有例外，例如：呆滯料，滯銷品或報廢品），所以商品在物

流中心內，一定有出貨、調撥、轉庫或調整等作業，當執行這些商品異動作業時，如何正確且有效率的執行，並能在資訊系統中，即時更新相關商品異動資料，方便日後的查詢追蹤。因此在相關資訊系統的規劃設計必須詳細，方能提供物流作業人員的使用需求。

4. 儲存保管期限

商品的有效保存期間，是與商品的壽命週期息息相關，注意商品的保管期限可以避免因管理不當而造成供應商或物流中心不必要的損失。由於物流中心所管理的商品品項數量眾多，可能因為資訊系統設計不當或作業人員疏忽而造成某樣商品停滯於物流中心過久而超過保存期限，為了避免類似的情況發生，因此就需要借助於倉儲管理系統（WMS）。

1.4　訂單作業管理系統

訂單處理作業的目的，是為了保持商品從前端的進貨處理作業到後續的揀貨、出貨作業的順暢，訂單處理作業有著承先啟後的作用，因此在資訊系統規劃設計上，必須能將相關資訊整合，並為後續作業做好預備動作。

訂單處理的範疇有：訂單 / 產品組合分析、揀貨單位組合分析、訂單數量分析、品項 / 材積分析。

1. 訂單 / 產品組合分析

一筆客戶訂單的內容，究竟是單項商品或是多樣商品的組合，將攸關到後續倉儲作業的模式。因此物流中心在接到客戶的訂單時，必須能將訂單與商品之間的組合加以分析，方可以協助後續作業的進行。由於訂單筆數眾多，所以必須仰賴資訊系統的協助，而資訊系統規劃設計好壞的評斷標準，就訂單處理作業而言，取決於訂單組合分析所花費時間的長短，因為物流中心的作業會有時效上的限制，所以必須在客戶要求的時間內，完成整個倉儲相關作業。

2. 揀貨單位組合分析

每次或每張揀貨單據上，商品的揀貨單位，究竟是以盒（Box）、箱（Carton）或整板（Pallet）為主，將關係到所使用的揀貨工具或是揀貨工作的分派。因此相關揀貨單據的產生，必須能將揀貨單位清楚地表現在單據上，以方便揀貨工作及人員的分派，如圖 8.5 所示。

▶ 圖 8.5　揀貨單位組合分析關係到所使用的揀貨工具或是揀貨工作的分派

3. 訂單數量分析

訂單數量分析在於瞭解到每個客戶所下的訂單數目，除了可以作為管理者參考的依據，也可以作為物流中心日常作業上的工作分派。例如：當旺季來臨時，物流中心可以預先準備人力因應，或是淡季時可以將多餘人力調派做其他運用。

4. 品項／材積分析

品項／材積分析的目的，在於可預知瞭解每次出貨時，所需要的裝盛工具或運輸工具。裝盛工具會因為品項數或材積數的不同，使用不同的裝盛工具，例如：物流箱、籠車、棧板，而裝載的工具也會影響到運輸工具的大小及調派。因此若能藉由資訊系統的協助，將可以節省許多的物流成本。

1.5　揀貨作業管理系統

經由訂單處理作業的完成，在揀貨作業的資訊系統規劃，則著重在節省揀貨的時間及揀貨的程序，因此在資訊系統的規劃設計上，必須有揀貨路線的規劃、揀貨數量的統計等。

1. 揀貨路線的規劃

物流中心的大小，依不同的倉儲類型而有所不同。大型的物流中心，除了人員的行走揀貨之外，有時候可能需用到運輸工具（例如：堆高機），或是小型的載運車輛，因此揀貨路線的規劃，可以經由資訊系統分析的協助，將相同的揀貨模式加以歸類，並指派不同的揀貨人員進行相同類別的揀貨，以達揀貨時效，如圖 8.6 所示。至於小型的物流中心，由於區域較小，商品的存放與揀取較為容易，而且因為區域較小，所以應用資訊系統來規劃揀貨路線，可能比較不切實際且並不符合成本效益，需視需求而定。

▶ 圖 8.6　資訊系統可規劃揀貨路線以達揀貨時效

2. 揀貨數量的統計

經由資訊系統的協助，產生揀貨數量單據，並交由揀貨人員進行揀貨作業，以方便揀貨作業，例如：小量商品的揀貨，揀貨人員可以一次完成的訂單數量，一定多於大量商品或大材積商品可以一次完成的訂單數量，而這些分析資料的取得，就有賴於完好的資訊系統設計。

1.6　出貨作業管理系統

出貨作業是物流中心內部作業的最後一道程序。物流中心作業的品質，取決於將商品送達客戶手上時，商品數量是否正確，包裝是否有破損，是否可以在指定的時間內將商品送交客戶，因此在出貨作業的資訊系統設計中，應包括客戶的基本資料、配送區域路線資料、出貨憑據資料、出貨異常及緊急資料等。

1. 客戶基本資料

客戶基本資料是收貨人資料，例如：客戶的姓名、送貨地址、聯絡電話、訂購的商品、數量等與訂單相關的出貨資料，當然這些資料應合乎相關法令規定（如個人資料保護法），並確保資料不會外洩或挪為他用。

2. 配送區域路線資料

客戶所在地或指定送貨的地點，可以作為配送路線的規劃及配送車輛排程調派的依據。可以將相同路線或最短路徑，以資訊系統設計或使用套裝軟體的方式，求得最佳解，再配合經驗調整，以達到降低成本、節省時間的目的。

3. 出貨憑據資料

將客戶及送貨商品相關資料，以表單方式呈現，交由配送人員進行配送作業，並在貨品送達時，由客戶進行簽收確認，再由配送人員將相關單據送回物流中心，以作為後續帳務處理或客訴處理的依據，如圖 8.7 所示。以實務上而言，相關單據必須保留一段時間以提供備查，若已經超過保存期效，則應該通知相關人員進行資料銷毀。

▶ 圖 8.7　配送人員需將客戶簽收單據送回物流中心作為後續帳務處理依據

4. 出貨異常 / 緊急資料

一般出貨作業必然有突發狀況發生，而當這些狀況發生時，如何透過資訊系統的協助，而能讓商品順利送達客戶所指定的送貨地點。例如：客戶的送貨地址錯誤或需臨時改變地址，甚至客戶拒收等，或是客戶有緊急訂單，必須緊急出貨時。這些狀況都是在資訊系統規劃設計時，必須加以考慮的。

1.7　退貨作業管理系統

退貨作業因為是客戶將不要的商品退回供應商，這種退貨作業因與進貨作業的商品流向相反，故又稱為「逆物流」作業，如圖 8.8 為物流中心的退貨區。

▶ 圖 8.8　退貨作業就是出貨作業的逆向流程又稱為逆物流作業

　　退貨作業其實就是出貨作業的逆向流程，因此在資訊系統的規劃設計時，所需要的相關資訊跟出貨作業或進貨作業是大同小異的。差異點在於進貨或出貨作業的起點是供應商或是物流中心，雙方可以藉由資訊系統資料交換的方式進行，終點爲客戶；但退貨作業的起點卻是客戶，終點就變成是物流中心或供應商，但一般的客戶並不一定擁有資訊能力，也不一定可以與物流中心或供應商進行資訊的串接或資料的交換，僅能以簡單的電話、傳眞或電子郵件（e-mail）的方式進行，其關係如圖 8.9 所示。

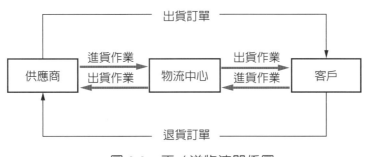

▶ 圖 8.9　正／逆物流關係圖

1.8　盤點作業管理系統

➡ **庫存盤點**：物流中心經常性的管理工作，其目的在於核對商品的品項、數量與資訊系統資料是否正確，以確保料帳一致。而盤點作業可分爲定期盤點及不定期盤點。

➡ **定期盤點**：大規模全面性的清查方式，因此必須停止所有的倉儲活動，所以其週期可爲每年、半年、每季、或每月，在進行定期盤點時，除了物流中心人員參與外，亦可以邀請上游供應商一起加入。

➡ **不定期盤點**：可以視作業需要，隨時抽查或針對有問題的品項做及時的盤點清查，因此在資訊系統的規劃設計時，必須考慮盤點週期的設定、盤點日期的設定、盤點表、盤點差異分析等。圖 8.10 爲臺灣安麗物流中心由於已事先規劃好資訊系統，故現已採用不定期盤點，不需停止所有的倉儲活動來定期盤點，節省了盤點時間與成本。

▶ 圖 8.10　臺灣安麗物流中心採用不定期盤點

1. 盤點週期的設定

盤點週期的設定，攸關盤點人力的規劃及相關廠商的通知，故在資訊系統設計時，應有盤點週期的設定，以方便使用者操作或更改設定週期。

2. 盤點日期的設定

由於定期盤點時，必須停止所有的倉儲活動及交易，所以盤點日期的設定是十分重要的。因為進行盤點作業時，勢必影響到供應商的進貨及客戶的出貨作業，所以在日期的設定，必須選擇對整體物流作業影響最小的時候。一般而言，物流中心會選擇在假日進行盤點的可能性最高，但也會因作業特性使盤點日期的設定有所不同。

3. 盤點表

盤點表的目的，在於進行盤點作業時，必須有統一的表格，以方便盤點人員的使用，因此在設計盤點表時，必須呈現有庫位、品名、庫存量、盤點數量、盤點次數、盤點人員、稽核人員等相關資料。

4. 盤點差異分析

盤點作業完成時，必須將盤點表輸入系統內。進行盤點作業時，必定會發生帳料上的差異，而差異產生時，究竟差異多少是可容許的範圍，而容許範圍如何界定，是以數量界定？還是單價來界定？會因為商品的特性及進出貨數量的多寡而不同，可以藉由盤點差異分析，瞭解到倉儲管理上的缺失，進而提出倉儲管理的改善。

物流故事

穩達商貿運籌：一家傳遞愛與關懷的智慧物流企業，善用資訊科技，打造服務差異化

商貿運籌營運模式是由素有「臺灣物流教父」之稱的蘇隆德董事長，積累並內化四十年以上的物流實踐經驗後，所率先全球提出的最新趨勢與理念。穩達商貿運籌，乃是由蘇隆德董事長為實踐這個趨勢與理念，領軍一群志同道合的事業夥伴，從「利他」觀點出發，以精實物流為底蘊，融合商貿運籌新業態，創新營運的虛實整合企業。

　　總部位於新北市林口的穩達商貿運籌是一家創新營運模式的公司,從商品進出口貿易、國內銷售、電子商務等業務到提供顧客從國內到國際全方位的物流服務方案,以混合通路商的型態,從「趨勢掌握、商品行銷、物流運籌、資金流通、資訊整合」,透過「掌握需求、創造需求、滿足需求」,建構 O2O「虛實整合」五流合一,創新營運模式之企業。

　　穩達商貿運籌透過 O2O(Online to Offline)服務機制,在消費者方面,提供消費者豐富、多元的商家及商品的線上服務,並可檢視其他買家的評比及受歡迎的程度,作為消費選擇的參考,更藉由宅配安裝的優質服務,傳遞了購買者「愛與關懷」的動機,並確保商品能安全使用!讓銷售大型物件的企業,進入最後一尺(Last Meter)聚焦在家庭通路的經營。在線下服務,使商家獲得更多直接的宣傳、展示與提供下次消費者購買的資訊,以吸引更多新舊客戶到店消費,並針對商家推廣效果的查詢、每筆交易的追蹤,掌握消費者資料,藉此大大提升對老客戶的維護與行銷效果,帶動新產品、新店頭的消費更加快捷。

精實倉儲保管(**Lean Warehousing**)

1. 入庫保管

　　包含對商品進行堆存、保管、保養、維護等管理活動,來保證商品的使用價值。客戶商品入庫之後,穩達即利用自行研發且冠於業界的倉儲管理系統(Warehouse ManagementSystem, WMS)進行裝卸、驗收、序號維護及流通加工等程序,並依照客戶商品特性,安排最適合的儲位與最佳的動線規劃來上架客戶的商品,並依照不同客戶的需求進行客製化服務,每日出貨的商品皆實施異動盤點作業,並提供每週、每月的盤點工作。讓客戶的商品得到最優質的服務。

2. 出庫管制

　　從接到客戶出貨通知開始,透過電腦 EOS、EDI 或傳真方式給運籌中心,立即進行配送作業,再由運籌中心依配送點交由配送作業部門進行統一派車程序。穩達派車輔助決策系統依所有派車單,進行自動檢查、列印、派車、分類,並根據每度車的狀況迅速進行派車流程。接著,再交由倉管人員依車次揀貨,出庫後之貨品則送至待運區,並由電腦自動消帳。鄰近之交貨地點可透過穩達的配送車輛於當日送達,若交貨地點偏遠時,則可透過長途貨運車調撥於隔日送達。

3. 資訊情報處理

企業物流活動的資訊要及時收集，商流和物流之間要經常互通訊息，各種物流功能之間的訊息也要相互銜接，這些都要靠物流的資訊情報功能來完成。穩達以累積四十年的運籌經驗，重金投入資訊系統的自行開發來加速運籌與商貿的作業速度，滿足上游客戶與下游消費者對時效、服務、商流、物流與金流精確的要求，穩達自行研發的物流資訊系統有：倉儲管理系統（Warehouse Management System, WMS）、運輸管理系統（Transportation Management System, TMS）、EDI 電子資料交換（Electric Data Interchange）、線上庫存查詢系統、RF 無線倉儲系統、自動派車系統、智慧型貨況回報系統及智慧型車輛資訊及通訊系統、物流 KPI 報表、貨物追蹤查詢系統、客訴／異常管理系統、簽單網路自動回傳等先進物流技術，滿足消費者對商品即時的掌握。

4. 流通加工

因應客戶的需求並為了促進銷售，故需對商品作進一步的再加工，彌補企業或銷售部門在生產過程中加工程度的不足，有利於縮短商品的生產時間，滿足消費者的多樣化需求。部分進口的產品需要經由加工、組裝成為最終產品，才能進而儲存、銷售，穩達所提供流通加工的內容，包括裝袋、分裝、定量化小包裝、貼標籤、配貨、數量檢查、挑選、混裝、掃條碼、裁切、組裝和再加工改製等，為客戶提升了商品的附加價值，滿足顧客需求，並將生產與消費聯繫起來，有效節省上游客戶與下游消費者的時間及成本。

宅配安裝（Smart Home-Installation）

1. 運輸服務

由於供應端與消費端之間存在著空間的距離，必須藉由運輸活動（Transport），使商品快速分撥到距離銷售區域最近的節點（Depot），再透過區域配送（Delivery）將商品送到通路商或消費者指定的地點。穩達運輸配送服務系統能針對不同需求的廠商，提供合宜的運輸配送規劃、宅配時程預約、貨物追蹤、讓貨主放心、收貨人安心，特別是大型物件宅配到家、拆箱、定位、安裝、舊品回收等靈巧的物流作業，降低通路商的物流成本，避免不必要的物流浪費，提升時效性、溝通性、安全性、服務性、方便性與經濟性，讓消費的需求得到最大的滿足！

2. 最後一尺（Last Meter）

穩達家族的「運務工程師」因為與顧客面對面的接觸，故在專業技術與服務態度上接受除了擁有交通部核發的營業駕照外，更接受勞動部、銷售廠家的大型物件安裝訓練（家電、家具、按摩椅等），領有受訓的結業證書，在累積四十多年的大物件物流服務經驗下，從消費者購買商品的那一刻起，穩達立即啟動消費者 VIP 級的精緻禮遇，包含銷售平台到穩達下單、宅配預約受理作業、派工、出車上傳、勤前教育、注意環境、產品確認交付、確認安裝位置、商品搬運方法、說明增加材料／額外施工費用、安裝預估時間說明、完工確認、安裝後環境整頓、宅後電訪等，為消費者提供既專業又貼心的服務流程，創造多方共榮的價值體驗。

社會企業（CSR）

穩達商貿運籌公司，是一家平衡多方利益的 B 型企業，把所有的同仁都視為共同創業的夥伴，矢志成為履行社會責任的企業，把成為「亞洲地區商貿運籌產業標竿」，列為公司長期發展的願景。

1.9 帳務作業管理系統

倉儲保管作業並非只有進、存、揀、出、退等作業，尚有理貨、包裝等「流通加工作業」，而這些作業的目的在於增加物流中心的營收或附加價值。但不論如何，這些作業最終仍與帳款的收支有關，所以在系統設計時，必須將帳款的收支考慮在內，因此在規劃設計資訊系統時，必須有報價系統、應收帳款、應付帳款等相關設計。

1. 報價系統

物流中心的倉儲主要收入來源有二，一為倉租的收入，一為流通加工收入。因此對於上游供應商的報價就格外重要，倉租的計算可以用固定坪數來計算倉租，或以變動坪數（也就是使用多少坪數，支付多少倉租）來計算，兩種方式對於系統的複雜度不同。至於流通加工收入是物流中心的附加價值，而流通加工並非只有人力成本，尚有包材、紙箱的成本，因此報價系統就必須有相關欄位的設計，並能提供報價單據，以方便使用者的操作。如圖 8.11 所示為物流中心正進行流通加工作業，必需涵蓋許多成本後，再向客戶報價。

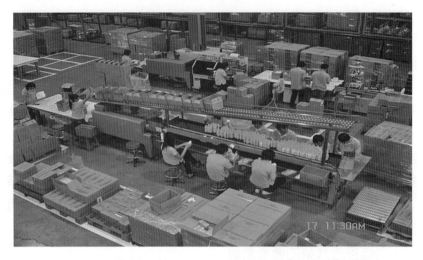

▶ 圖 8.11　報價系統需設計流通加工等相關成本的欄位

2. 應收帳款

收款條件的設定，除了對帳單之外，尚必須有日期、出貨明細及流通加工費用是否有折扣條件等相關資料，當然廠商的基本資料也是必備的。由於應收帳款是物流中心的收入來源，故必須與後端的會計報表結合，且規劃設計有關應收帳款的資訊系統之前，必須先通盤瞭解整個帳務的作業流程。

3. 應付帳款

付款條件的設定、付款對象的資本資料、付款明細、是否有折扣條件等相關資料，都可以設計在資訊系統內，以方便使用。

 國際標竿

日本發展現代物流業的特點與經驗

東方物流的理念，最早出現在日本。

日本憑藉在電子資訊通信技術的領先地位，努力推動和促進物流領域的資訊通信技術，儘快形成物流的國際統一標準，在國際標準的制定過程中，發揮主導作用，並使日本的企業進入全球供應鏈管理的經濟物流時期，從而提高日本物流業在全球的國際競爭力和影響力。另外，日本還制定了一系列措施：對造船企業進行機構重整，重振造船工業，加強船隊的建設，發展遠洋運輸；重點扶持和發展神戶港，計畫將其建設成為東北亞地區的物流中心。

特點

　　日本現代物流業的發展具有以下特徵：物流技術高速發展，物流管理水準不斷提高；專業物流形成規模，共同配送成為主導；物流企業向集約化、協同化、全球化方向發展；電子物流需求強勁，物流與電子資訊通信技術的整合加強；綠色物流將成為主導和新增長點；物流專業人才需求增長，教育培訓體系日趨完善。

經驗

　　日本高度重視現代物流配送系統的革新與發展。因為現代物流配送是社會化生產和國民經濟發展的客觀要求，對城市經濟的發展、商品流通和大眾消費起了重要的促進作用，其經驗有：

1. 重視物流配送基地的規劃與建設

　　日本政府考慮到國土面積較小，國內資源和市場有限，商品進出口量大等因素，因而將物流配送基地都集中在中大城市、港口、主要公路樞紐等地。並對全國的物流設施用地進行了全面的規劃，形成了大大小小比較集中的物流園地，在這些物流園地，集中了多個物流企業。例如：橫濱港物流中心是日本最大的現代化綜合物流中心，倉儲面積約為 32 萬平方米，具有商品儲存保管、分揀、包裝、流通加工以及商品展示、洽談、銷售、配送等多種功能，配備有保稅區、辦公區、資訊管理系統等。

2. 物流配送的社會化、組織化、網路化程度較高

　　日本的一般生產企業、商業流通企業，都不是自設倉庫等流通設施，而是將物流業務交給專業物流企業去做，以達到減少非生產性投資、降低成本的目的。例如：東京大部分的大企業，就把生產需要的原材料和成品放在專業物流企業的倉庫裡，由專業的物流中心去保管和運送，自己不設倉庫。日本菱食公司面向下游 1～2 萬個連鎖店、中小型超市和便利店配送食品，自己不設物流中心，而全部交由菱食公司的物流中心實施配送，統一採購，而且供貨一般都是透過當地的物流企業或代理商按需要配送，各大超市只有很小的庫存間，僅保持兩三天的商品庫存。

3. 物流配送注重降低人工成本，提高勞動效率

　　例如：美國俄亥俄州的本田公司，強調與供應商之間的長期戰略合作夥伴關係。本田公司總成本的 80% 都是用在向供應商的採購上，這在全球範圍是最高的。大多數供應商與本田的總裝廠距離不超過 150 英里。在俄亥俄州生產的

汽車的零部件本地率達到 90%，只有少數的零部件來自日本。強有力的當地供應商的支持是本田公司成功的原因之一。

4. 提高物流配送的精確性

日本努力提高現代物流配送的精確性，其精確度是世界上少有的。例如：坐落在琦玉縣川口市加工食品配送的物流和資訊中心，是由營運的食品批發商和伊藤洋華堂公司共同開發的，為伊藤洋華堂公司在東京都、琦玉縣、櫪木縣、茨城縣的 51 家店鋪供給商品。中心全年 365 天運轉，年基本業務處理量約 250 億日元，中心的營運是由食品批發業大公司菱食公司承擔。中心占地面積 2,618 坪、建築樓板面積 4,786 坪，保管商品數約 4,500 種，其中加工食品 2,400 種、點心 1,500 種、酒類 600 種。庫內有與伊藤洋華堂公司交易的 16 家批發商的商品，採用共同保管方式。伊藤洋華堂公司在東京圈內的新食品物流系統，是世界上少有的高度現代化物流系統。

5. 大力發展第三方物流

第三方物流（Third Party Logistics, 3PL），是 80 年代中期由歐美提出。協力廠商物流的發展程度，是體現一國（或地區）現代物流水平的重要標誌，經濟越發達的地區，第三方物流佔整體物流市場的比重就越大。目前，歐洲占約 76%，美國約為 58%，日本則高達到 80% 左右，居世界第一，日本的企業和第三方物流企業之間的社會化配送是世界上最先進、最發達的。

資料來源：取材修改自現代日本經濟，《日本發展現代物流業的經驗及啟示》，孫仁中。

1.10　報表管理系統

　　管理報表的目的，在於讓物流中心的管理者在執行、規劃、管理時參考之用，因此在資訊系統的報表規劃中，需有進貨分析報表、庫存分析報表、訂單分析報表、出貨分析報表、盤點分析報表等相關報表。而報表產出的格式，可依不同的產業別而不同，而報表的內容，也會因管理者的需求而有所差異。

　　倉儲管理系統的設計是龐大且複雜的，會因為供應商、物流中心、商品、客戶的特性及需求而不同，因此本章提供的是觀念性的架構，並非一成不變，而且倉儲管理系統也必須與作業流程相互配合，方可事半功倍。

2 運輸管理系統的架構

　　物流作業中，每當需要商品移動時，就必須使用到運輸工具、貨物的追蹤、人員的調派及運輸過程中人員的聯繫，所以運輸管理系統（Transport Management System, TMS）在物流作業管理中，有不可或缺的地位，如圖 8.12。而一般的運輸管理系統大致的功能，應包含託運及預約系統、車輛調度系統、車輛排班系統、運輸人員管理系統、監控系統、資費系統及客戶服務系統等不同的子系統。

▶ 圖 8.12　運輸管理系統在物流管理有不可或缺的地位

2.1　託運及預約系統

　　商品由廠商經由運輸業者交給客戶，由早期的電話、傳真、親自送達託運站到現在大量的使用網際網路，由人工作業進而邁向電子化作業，將初期的實體表單轉化成為電子表單。託運及預約系統的內容，必須有託運站（地）、轉運站（地）、目的站（地）、託運人、收貨人、貨物名稱、重量、材積等與運輸作業有關的完整訊息。

2.2　車輛調度系統

　　車輛調度系統是針對運輸工具的監控，其中涵蓋了車輛即時動態及車輛維修狀況等相關的內容。車輛即時動態的掌握，可以提供運輸業者、廠商、客戶即時的貨物狀態訊息。而車輛維修狀況則是確認車輛行駛的安全及確保人員、貨物能安全抵達。

2.3 車輛排班系統

車輛排班系統能讓運輸業者對車輛及人員等重要的資源，做有效的分配及應用。一般的排班系統大致可以分為預約班表、當日班表、當月班表及臨時班表，除了臨時班表外，其餘的班表皆可以事先得知並預作安排，然而這並不能保證不會發生其他突發狀況，例如：運輸貨物的過程中，車輛拋錨、突發的交通事故等，為了因應突發的情形，所以運輸業者必須有其他的因應方法，而臨時班表就是其中一項方案。

2.4 運輸人員管理系統

運輸人員長期工作於狹小的空間（車輛駕駛座）內，故在工作之餘必須能有充分的休息，以確保車輛行駛的安全，因此運輸人員管理系統就相對重要。

運輸人員管理系統包括：人員工時的安排方式、休假方式以至於人員的操守問題等，皆可以規劃在這個子系統內。

2.5 監控系統

監控系統的目的，在於商品運輸過程中，確保商品能依雙方的協議，安全地將商品送達，因此監控系統有：定點回報、即時任務調度及指派、派車單接收及確認、貨物接收及確認等相關功能，當然也可以運用電子地圖或衛星定位系統（GPS）的協助以確保監控系統的完整性。

2.6 資費系統

資費系統是針對廠商或客戶，計算應收帳款或應付帳款的子系統，除了運費的明細之外，尚應包含大宗貨物的折扣或是其他代收貨款等項目。

2.7 客戶服務系統

在運輸的過程中，難免有延遲、毀損或遺失的情況發生，因此當有突發狀況發生時，如何在第一時間通知客戶，或提供客戶的查詢申訴管道就格外重要了。因此在客戶服務系統的設計規劃上，就必須針對客服對象、客服事件、客服處理過程、客服事件結案等相關議題，做細部的規劃及設計，以期達到降低客訴事件，做好後續服務。

生產力 4.0 擴至服務業、農業

行政院挑選 3C、工具機、金屬加工、食品、物流、醫療、農業等七大重點領域帶頭示範,導入物聯網、大數據、機器人等關鍵元素,至 2024 年製造業拚人均產值超過 1,000 萬元。

生產力 4.0 先進技術將擴散至服務業及農業!經濟部在商業服務業上,將選定全通路零售業及物流業;農委會則在農業選定菇類蘭花種苗等七大應用領域,將導入大數據物聯網等智慧化生產技術,跟上時代潮流。

在臺灣批發零售業佔服務業 GDP 約 27% 為最大宗,而物流與零售密不可分,因此服務業選定全通路零售業及物流業二大應用領域導入大數據、物聯網及雲端等關鍵生產元素。而全通路零售業將導入商業 4.0,大幅提升生產力。所謂全通路零售指在實體及電商等虛實整合的多元通路資訊要暢通,不只做到網實合一,和客戶互動管道範圍更廣,可做到網路線上購物,到實體店面線下退貨退錢等境界,未來擬選擇服飾或 3C 產品做全通路零售的示範。

農業部分,農委會篩選菇類、蘭花、遠洋鮪釣漁業、種苗業、蔬果外銷專區、水禽及室內場養殖等七大類作為導入生產力 4.0 的項目;期 2020 年篩選七大領域人均產值超過 200 萬元台幣,農業產值提升 15%,引進廠商投資 3 億元,減少農產品損耗 10%。

資料來源:取材修改自工商時報,呂雪彗。

3 物流e化資訊平台

3.1　國際物流系統

在複雜的國際物流與供應鏈體系中,涉及多個國家、多個地區的實體物流作業系統,如圖 8.13 所示,國際物流成員包含國際承攬業者、報關行、倉儲業者、陸運業者、航運業者、航空業者、鐵路業者、航空貨運集散站及貨櫃集散站等業者,各司其職彼此進行聯繫與協同作業,方能順利將貨物準時、準確的由起始地送達目的地。

物流與運籌管理

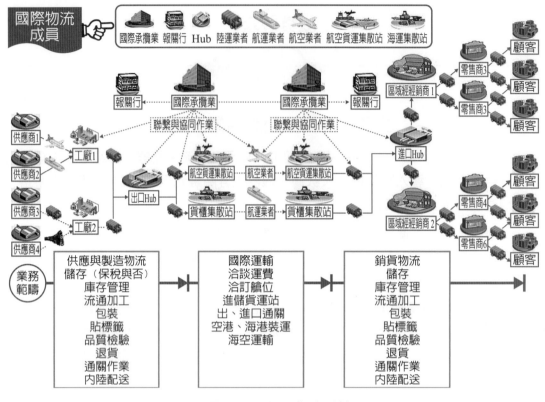

▶ 圖 8.13　國際物流系統

　　供應與製造物流部分，供應商透過各種運輸模式，將原物料運送至工廠生產及製造成產品後，因時、因地制宜選擇不同的運輸工具，將貨物運送至海運或空運進出口集散站。在國際運輸方面，考量運輸成本與顧客交期等因素，選擇以海運或空運的運輸模式，將貨物運送至進口國港口或機場。在銷貨物流方面，準備進口的貨物則須完成通關、拆櫃、分裝等作業，再經由當地陸運業者將貨物運送至區域經銷商、發貨中心，或直接運送至顧客手中。

　　在此全球供應鏈系統中，牽涉複雜的海空運複合運輸、報關、倉儲管理、流通加工與配送等實體物流服務。出口過程中，成員包括原料供應商、出口廠商、國際承攬業者、報關行、倉儲業者、陸運輸業者、航運業者、航空業者、航空貨運集散站、海運集散站、國外代理行、進口廠商與貿易商、國外倉儲配送與最終顧客。以往顧客需面對多種或多家不同的國際物流業者與成員，牽涉眾多的業者與不同的業務。而傳統作業模式，以傳統的電話、電子郵件或傳真作為溝通聯繫方式，缺乏建立全球資訊管理系統和電子商務服務平台，與國際物流成員進行資訊分享，在傳遞文件、聯絡及後續的追蹤事宜，將耗費很多的時間與成本。

3.2　物流 e 化資訊共同平台架構

隨著總體經濟環境快速變化，顧客在不斷要求成本降低與提昇效益的壓力下，建立物流共同資訊平台，以單一窗口提供顧客與國際物流成員進行供應鏈管理必要且即時的資訊，同時以協同作業串聯與整合國際物流中相關採購、訂單、通關、運輸、入出庫、庫存、交貨及帳務管理等實體物流活動。

鑒於未來全球供應鏈發展趨勢及因應各類型的國際物流作業模式，如圖 8.14 所示，藉由建立 e 化物流資訊共同平台，串連國際物流系統的成員，包含供應商、進出口廠商、倉儲業者、報關行、海關、航空貨運站、海運集散棧、陸運業者、航空業者與航運業者，進行資料交換；提供原料供應商、進出口廠商、顧客與國際物流成員全球即時資訊系統服務，建立國際物流協同作業。進而達到提升訂單處理的正確性、降低安全庫存、縮短接單到發貨的交期、合理安排運輸路線、提升車輛裝載率與利用率、貨況追蹤、即時庫存查詢、文件與單據無紙化、倉儲與揀貨作業的正確性等效益。

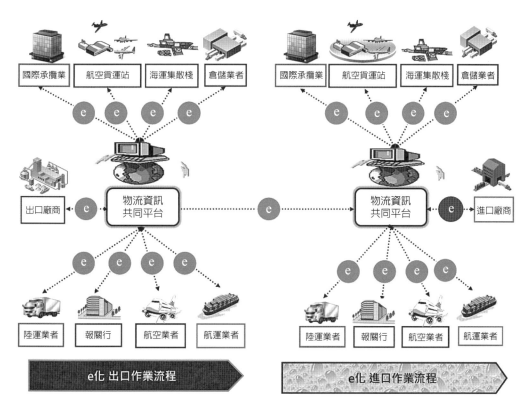

▶ 圖 8.14　物流 e 化資訊共同平台架構

物流與運籌管理

3.3　e 化物流資訊共同平台 e 化服務項目及功能

　　e 化物流資訊共同平台提供原料供應商、進出口廠商、最終顧客與國際物流成員 e 化服務，其服務項目及功能如表 8.1 所示，包含 e-Hub、e-Booking、e-Document、e-Billing 及 e-Tracking 等五項 e 化服務，其效益如圖 8.15，說明如下：

1. 建立單一窗口服務

　　供應商、進出口廠商、顧客與國際物流成員均可進入 e 化物流資訊共同平台查詢最新的貨物追蹤資訊、即時庫存資訊及通關放行訊息等，使資訊傳遞的型態由以往的「接力式資訊傳遞」，轉變成「同步式資訊傳遞」。平台提供廠商、最終顧客或國際物流成員必要的物流、關務流、貨物動態追蹤與即時庫存查詢等相關資訊與功能，避免傳統的電話或傳真聯絡所發生的資訊延遲或錯誤，節省供應商、進出口廠商、顧客與國際物流成員聯繫時間與成本，確實掌握貨物動態與交期，提昇整體供應鏈協同合作的績效。

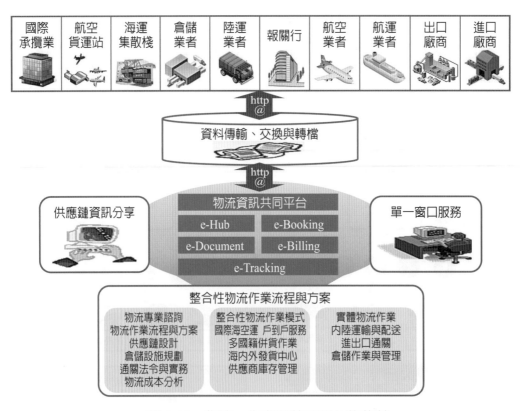

▶ 圖 8.15　物流 e 化資訊共同平台的效益

▶ 表 8.1　e 化物流資訊共同平台 e 化服務項目及功能

e化服務項目		功能說明
e-Hub	庫存查詢	提供顧客正確、及時的庫存訊息,進行存貨管理,確實掌握存貨動態與補貨時間,降低廠商與國際物流成員聯繫時間、成本及缺貨風險。
	線上下單	因應顧客物流作業需求量身訂做,提供顧客客制化線上下單系統介面與選項欄位,提升顧客訂單處理的正確性及效率。
	庫存報表	因應顧客存貨管理需求,提供客制化庫存報表。
e-Booking	船期或航班查詢	供應商、進出口廠商、顧客與國際物流成員透過物流資訊共同平台進入船期查詢頁面,輸入停靠港口或機場可得停靠該港口或機場所有航線資訊。輸入船名或航班資料,可查詢該船運行航線之船期資料或是該班機運行航線之航班資料,避免傳統的E-mail或電話聯繫查詢所耗費的成本與時間。
	電子訂艙與訂艙資訊查詢	供應商、進出口廠商、顧客與國際物流成員透過物流資訊共同平台進入訂艙畫面,直接進行線上訂艙及航班、航線艙位資訊查詢,並確認是否接受訂艙的即時資訊,避免傳統的E-mail或電話聯繫查詢所耗費的成本與時間。
e-Document	資料傳輸與轉檔	供應商、進出口廠商、顧客與國際物流成員將報關資料電子檔格式化,進行資料傳輸與轉檔,避免人工繕打所產生的人為失誤,傳統的傳真或E-mail傳送耗費的成本及文件遺失的風險。
	通關放行訊息	供應商、進出口廠商、顧客與國際物流成員輸入報單號碼,主動回覆貨物通關放行訊息,避免傳統的E-mail或電話聯繫查詢所耗費的成本與時間。
e-Billing	電子化帳單	提供顧客電子帳務明細單與電子化帳單的功能,減少人工對帳所產生的人為失誤,提升帳務處理的正確性與效率。
e-Tracking	國際運輸貨況追蹤	供應商、進出口廠商、顧客與國際物流成員輸入海運或空運提單相關資料與訊息,主動回覆貨物於國際運輸每一運送階段的貨況,避免傳統的E-mail或電話聯繫查詢所耗費的成本與時間。
	內陸運輸貨況追蹤	供應商、進出口廠商、顧客與國際物流成員輸入訂單號碼,主動回覆貨物於內陸運輸的貨況,避免傳統的E-mail或電話聯繫查詢所耗費的成本與時間。

參考資料:呂錦山、王翊和、楊清喬、林繼昌 (民 108)

2. 供應鏈資訊分享

提供供應商、進出口廠商、顧客與國際物流成員資訊 e 化作業界面與平台,進行資料傳輸、交換與轉檔,以整合式的協同作業改善傳統獨立作業產生重複訊息輸入、連絡與回覆的缺點,並簡化傳統人工輸入作業所造成的人為失誤,降低通訊時間與成本。另一方面,國際物流成員間可藉由彼此之核心業務互補建立策略夥伴關係,擴大各國際物流成員協同合作的績效與策略夥伴關係。

3. 提供顧客整合性物流作業流程與方案

由表 8.1 顯示 e 化物流資訊共同平台之 5 項 e 化項目的功能,可提供供應商、進出口廠商、顧客或國際物流成員相關整合性物流作業流程與方案,包含下列三項,分述如下:

(1) 物流專業諮詢

針對供應商、進出口廠商與顧客實際物流需求,提供包含物流作業流程與方案、供應鏈設計、倉儲設施規劃、通關法令與實務物流成本分析等五項量身訂做的差異化物流服務與專業諮詢。

(2) 整合性物流作業模式

針對供應商、進出口廠商與顧客實際物流需求,建立國際物流作業模式,包含國際海空運戶到戶(Door to Door)服務、多國籍併貨作業(MCC)、海內外發貨中心(HUB)、供應商庫存管理(VMI)等四項整合性物流營運模式。

(3) 實體物流作業

依據針對供應商、進出口廠商與顧客實際物流需求與規劃,串聯包含倉儲作業與管理、內陸運輸與配送及進出口通關等三項實體物流作業。

建立 e 化物流資訊共同平台的目的為串連進出口廠商、最終顧客、倉儲業者、報關行、海關、航空貨運站、海運集散棧、陸運業者、航空業者與航運業者等國際物流成員,進行資料傳輸、交換與轉檔,提供顧客單一窗口與供應鏈資訊分享服務。達到提升訂單處理的正確性、降低安全庫存、縮短訂單前置時間(交期)、合理安排運輸路線、提升車輛裝載率與利用率、貨況追蹤、即時庫存查詢、文件與單據無紙化、倉儲與撿貨作業的正確性等效益,進而維持國際物流協同作業的順暢性,避免長鞭效應的發生,及提升整體供應鏈管理的效益與附加價值。

4 倉儲管理系統自行開發或委外設計的評估

倉儲管理系統是將人、設備、流程的互動架構,將相關的訊息藉由資訊系統串接,而得以提供結合上游供應商、倉儲保管作業人員、管理者、客戶等相關人員,用以進行規劃、執行與控制,所以倉儲管理系統的好壞,關係到物流作業的成敗。

而好的倉儲管理系統需具備哪些條件?應如何評估倉儲管理系統究竟是自行設計開發呢?或是委外設計開發?孰好?

4.1 倉儲管理系統的基本條件

好的倉儲管理系統,除了友善的使用介面外,尚必須具備下列好條件:

1. 穩定且快速的取得供應資訊

這是設計資訊系統的首要條件,現代企業的交易頻繁且複雜,因此提供一個穩定且能快速回應的系統是必要的。

2. 資訊傳遞的準確性

系統是由「人」在實務上的作業,為節省成本或簡化工時,而將部分作業由資訊系統替代,因此在設計資訊系統時,整體性的邏輯必須與作業流程相結合,如此方能提供準確的資訊,讓管理者有效的運用,以降低庫存及營運上的不確定性。如圖 8.16 所示。

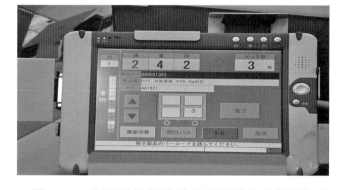

▶ 圖 8.16 資訊系統整體性的設計邏輯必須與作業流程相結合

3. 資訊傳遞的即時性

資訊系統,除了穩定快速、準確地將資訊傳遞外,尚必須能夠即時地提供各項資訊,以便管理及回饋。

4. 異常資訊的回報

是指當整個交易的過程,有臨時或突發狀況發生時,可以即時警示,以突顯問題及機會點,方便管理者改善或掌握。

5. 資訊系統必須保有彈性

隨著科技的快速變化，在資訊系統的規劃設計必須保有彈性，以滿足使用者及客戶的需求。

6. 適當的格式（報表）呈現

資訊系統設計完成後，呈現的結果就是格式或報表，所以適當的格式或報表，將有助於使用者或管理者的使用及評估。

4.2　自行開發或委外設計的評估

現在物流管理所強調的是：整體活動成本的最低化，而並非單一作業項目成本的節省。而倉儲活動中的儲存規劃、訂單處理、存貨管理、揀貨作業、包裝、裝載、出貨及配送等各項作業項目，彼此之間關係相當密切，前端的任何一項作業決策，都會影響後續作業的效率與成本。因此倉儲管理系統所面臨的問題是相當複雜的，當考慮倉儲管理系統是自行開發或是委外設計，在評估時要依循下列步驟進行評估：

1. 是否瞭解現有的系統。

2. 是否必須重新規劃新的系統。

3. 是否有不同的規劃方案。

4. 評估不同的規劃方案，所需要成本費用及時效。

5. 整體性評估各種規劃方案的優劣，比較績效指標值後提出最佳方案。

4.3　自行開發

自行開發倉儲管理系統，物流企業本身必須具備軟體開發能力，擁有自己的程式設計人員，其優點在於可以隨時支援各種不同的需求，滿足組織的變化，增加組織內員工的參與和滿意程度，而且對於系統的開發時程容易掌握，以降低系統開發落後與應用的延遲，並且掌握產業的競爭知識。

缺點在於系統開發需要擁有相當的人力，會造成人事成本及管理成本的增加，其次因為自行開發容易造成自我封閉而無法吸取同業經驗，在現今資訊交流，瞬息萬變的商業行為中，恐怕會因為資訊的不足，會增加資訊系統對外串

接的複雜性及困難度。所以管理者應提供資訊系統使用者適當的訓練及支援工具，並與使用者相互討論，吸取專家意見，避免自行開發的系統產生多餘的運用，造成系統的負擔，並能促成資料分享，減少資訊系統整合的問題。

4.4　委外設計（外包）

將資訊系統委外設計，分為二種型態，一是直接購買現成的套裝軟體，二是委由外部的資訊公司設計規劃。不管是購買套裝軟體，或委外設計，其優點為減少內部發展軟體程式的人力需求，減少設計、撰寫、安裝及維護等工作。而且使用者可以在最短的時間完成測試上線，系統服務公司可以提供即時不間斷的維護及支援。當然為使系統符合使用者的需求，所以必須將產業競爭知識毫不保留的告訴設計公司，有可能造成競爭知識的外流而喪失競爭優勢。

而且套裝軟體可能無法滿足組織的獨特需求，或是特殊的商業功能，因此造成許多商業功能無法發揮。當然許多的套裝軟體提供了「客製化」的服務，但「客製化」的彈性可能破壞軟體的整體性，因此得花費更多的時間、成本與研發費用作修改。所以管理者在決定將資訊系統設計外包時，資訊系統必須事先通過完整的評估與測試，才不會事倍功半。最後，將自行開發或外包的優缺點，整理如表 8.2 所示。

▶ 表 8.2　系統自製／外包比較表

優缺點	自行開發	外包設計
優點	具彈性需求更貼近組織需要	減少資訊人力需求，降低成本
	系統開發速度易於掌握	短時間上線，提高工作效率
	可發展獨特的需求，保持產業競爭優勢	提供即時的支援服務
缺點	資訊人力增加成本	大眾化的規格，無法滿足獨特需求
	與上下游資訊連結困難度增加	客製化可能破壞系統整體性，造成費用時效增加
	資訊整合不易	產業競爭知識外洩

大數據的發展與應用

一、大數據的運用

　　大數據（Big Data），或稱巨量資料、海量資料，指的是所涉及的資料量規模巨大到無法透過人工，在合理時間內達到擷取、管理、處理、並整理成為人類所能解讀的形式資訊。在一份 2001 年的研究與相關演講中，麥塔集團（META Group，現為高德納）分析員道格·萊尼（Doug Laney）指出資料增長的挑戰和機遇有三個方向：量（Volume，資料大小）、速（Velocity，資料輸入輸出的速度）與多變（Variety，多樣性），合稱「3V」或「3Vs」，但也有人另外加上 Veracity（真實性）和 Value（價值）兩個 V。大數據的資料特質和傳統資料最大的不同是，資料來源多元、種類繁多，大多是非結構化資料，而且更新速度非常快，導致資料量大增。而要用大數據創造價值，不得不注意數據的真實性。

　　大數據可用來察覺商業趨勢、判定研究品質、避免疾病擴散、打擊犯罪或測定即時交通路況等，在商業、經濟及其他領域中，決策將日益基於資料和分析而作出，而並非基於經驗和直覺。

　　大數據的應用概念有三個：第一，大數據的主要目的是在找「模式」，也就是變數之間的關聯，例如會在網路下單的屬於哪一種年齡層的人，不同年齡層都在買些甚麼東西…等；常有人將一般的資訊也說成了大數據，例如某樣食品的完整生產履歷資料，這並不能直接說是大數據，因為，食品履歷的目的是讓消費者完整了解該食品整個供應鏈環節是否符合消費者期待，就算同樣都是可樂，A 批號的可樂與 B 批號的可樂生產履歷可能不同，只要清楚揭露、符合法規即可，如果硬將二個批號的生產履歷說成是大數據，其實是沒有意義的。

　　其次，大數據分析可以精準告訴我們「結論」，但是大數據分析不見得能告訴我們「原因」。舉例來說，根據電商訂單的大數據分析，或許我們可以知道「最近幾個月，賣得最好的是 A 這款衣服，而且是年齡層介於 20~30 歲的人買的比例最高」，然而，究竟是甚麼「原因」，使得 20~30 歲的人會願意去買 A 款衣服，大數據分析不見得會有結論。

因此，電商系統對於任何的大數據分析，應該了解這個數據分析結論，有一定的有效期！以剛剛「20~30 歲的人偏好買 A 款衣服」為例，如果電商系統誤認為這是「長期趨勢」，而針對 A 款衣服大量備貨，很可能到最後變成一場災難。

最後，大數據的應用其實是一個不斷的測試與模式歸納的過程，就算是同一個年齡層，去年喜好的顏色，和今年喜好的顏色不見得相同；去年得到的結論，今年也未必適用。經營者必須做不同的假設，然後透過大數據去驗證這些假設是否正確。

二、大數據的處理過程

1. 採集

    大數據的採集是指利用多個資料庫來接收發自客戶端（Web、App 或者感測器形式等）的數據，並且用戶可以通過這些資料庫來進行簡單的查詢或交易處理，如火車售票系統、電子商務網站。在數據採集過程中，需要特別注意資料採集的格式（Data Format）。以電子商務交易為例，地址欄中的「郵遞區號」是相當重要的欄位，可協助後端的系統辨識該由哪一個路線的配送車隊負責配送，因此該欄位必須設定為必填欄位，且要能避免使用者輸入錯誤的郵遞區號值。

2. 資料合併、預處理

    要針對前端蒐集來的巨量進行有效分析，必須先做資料合併，以及剔除一些垃圾資料。以電子商務交易為例，如果要分析趨勢資料，就應該先將「周年慶」、「促銷」期間的交易資料先剔除，否則整體資料容易受到極端資料的影響（例如有人可能在促銷期間訂購了 100 包衛生紙）；其次，由於原始數據可能高達上千萬筆，將這些資料直接載入統計分析軟體，可能導致資料分析速度變得更慢，以統計分析軟體 Minitab 為例，當超過 200 萬筆原始資料時，分析速度將明顯變慢，因此，原始資料最好先使用程式剔除異常資料，並且進行簡易的合併〔例如將每筆電商交易資料，合併成單日或是單月的資料，或是根據商品（SKU）別合併其累計的銷售量〕，再將整理後的資料送入統計分析軟體。

3. 統計分析與預測

    大數據分析的核心科學還是要回歸至統計學，才能從數據中萃取出真正有意義的資訊。一般商業軟體如 SAS、SPSS、Minitab 等都已經可滿足絕大部分

的分析需求，如果無法滿足，則是需要額外寫程式處理。以電子商務交易資料為例，透過大數據分析可了解每張訂單的屬性，例如平均訂購量、訂購金額、還可推估出每張訂單所需要的商品材積（以便了解包裝箱的設計尺寸），以及物流中心每日需揀貨趟次、需派車趟次等。如果是更進階的分析，可做跨季度、跨年度的比較，了解訂單屬性是否有改變，進而調整物流中心的運作。最後，透過歷年累積的數據，則可用來推估最近七日的營運需求。例如物流中心可分析未來七天將會需要多少人力、多少車輛數，即可做預先規劃。

5 倉儲管理系統的其他輔助工具

所謂「輔助工具」，是協助倉儲管理系統完成倉儲作業的輔助，而這些輔助工具有些可直接與倉儲管理系統結合，有些則是協助倉儲保管作業的方便性及管理，現分述如下。

5.1 直接與系統結合

1. 影像處理技術

將倉儲管理系統結合影像處理，對配送方而言，可降低重要文件的遺失或誤植的機會，並取得客戶的信賴。對客戶而言，可快速取得相關文件並可以快速得到貨品運輸的回應。而對整體供應鏈而言，可以提高時效，並漸少紙張文件的整理工作。

2. 無線射頻辨識系統

在商品，貨物箱或實體物件上，嵌入一張可發射無線訊號的「智慧型電子標籤（Tag）」，在這些物品通過無線電波讀取器（Reader）的附近時，讀取器便會自動讀取電子標籤的內容，並自動將辨識碼傳回系統，如此一來物流中心就能正確有效的瞭解庫存數量與商品移動的狀況。

3. 手持終端機

具有小型螢幕，可以顯示適當的資訊，作為倉儲作業時的補助工具，並為揀貨人員揀貨的操作依據。

4. 條碼

利用倉儲管理系統與條碼的結合，作為自動儲存與各種存取作業的應用，是自動化倉儲管理系統的基礎，利用掃描條碼作為自動化聯繫的工具，可以簡化整個倉儲的程序，達到商品有效掌握及商品資訊精準之目的。有效的條碼運用，可以提供上中下游的供應鏈體系，作為產能控制、原料物管理、製造控制、庫存管理、進出貨管制以及運輸配送等作業的連繫，成為提昇競爭優勢的工具。

▶ 圖 8.17　為倉儲管理系統結合手持終端機與條碼能有效掌握商品

5.2　協助倉儲作業的工具

協助倉儲作業的工具有很多，從進貨作業開始，有棧板、堆高機、拖板車；儲存作業有料架、儲位及自動化（AS/RS）倉儲。揀貨作業有置貨箱、電子揀貨機；出貨作業有自動分貨機、物流箱、籠車等不同的工具。當然這些工具的使用，必須依倉儲作業的空間大小、商品特性、產業特色及作業習慣等不同的因素，加以考量運用，才不至於產生大而不當或浪費資源的現象。圖 8.18 為物流中心針對客戶所屬區域來自動分貨，以利配送。圖 8.19 為日本某低溫物流中心利用機械手臂為工具來協助倉儲作業的搬運。

▶ 圖 8.18　協助倉儲作業的工具必須依倉儲作業不同加以考量運用

▶ 圖 8.19　利用機械手臂為工具來協助倉儲作業的搬運

 **臺灣典範**

運籌網通：專注於全球運籌協同商務平台的專家

運籌網通股份有限公司（Toplogis Inc.）成立於 2004 年，由陳五福先生所領導的橡子園集團、施振榮先生所領導的智融集團以及和利投資集團、長榮海運所共同投資設立。運籌網通專注於全球運籌之協同商務平台，以全球運籌管理專家自許，深耕臺灣、大陸及香港市場，是亞太地區的 Logistics Software as a Service（SaaS）領導品牌之一。

豐富的物流產業經驗

運籌網通的研發團隊來自於傳統實體物流產業，以豐富的物流產業經驗開發出令人驚豔的協同作業（Collaborative Operation）互動模式的網路作業平台，協助製造業與物流業者同步地在運籌網通的平台上面，進行全球運籌協同作業，建構一個作業接軌（Operation Link）、資訊接軌（Information Link）、平台接軌（Portal Link）的全球運籌管理體系，經由掌握及整合所有供應鏈體系的即時資訊，提供企業更完備的解決方案及專業服務，進而強化競爭優勢及培養洞燭先機的透視能力，提供企業經營運籌帷幄，決勝千里之外之平台利器！

成功建置全球供應鏈和物流管理協同作業平台

運籌網通目前已開發並成功建置了全球供應鏈和物流管理協同作業平台 e-GLORY。從 2004 年至今，e-GLORY 已被許多國際公司成功應用於全球供應鏈與物流協同作業管理。e-GLORY 不但完美地整合客戶 ERP 系統以及與上千家物流服務供應商的操作系統的連結，並透過平台上定義完善的作業流程，包括進貨與出貨作業流程之最佳化，所有貿易文件的自動化等，可有效縮短每個階段的處理時間與成本，以提高供應鏈間的貨物交運及資訊傳遞效率。

e-GLORY 提供客戶與其合作第三方，如：供應商、製造業者、運輸業者、報關業者、配銷商（DC）、集散倉 / 中心（Hub）、轉運地、倉庫等各角色在供應鏈中即時並協同作業。由於 e-GLORY 連結全球網路資訊，提高能見度與物流運籌的優化程序，客戶可在預先計劃供應鏈的管理並有效掌握貨物狀況，以低成本達到最高品質的服務。

全球資訊透明化

　　傳統的物流往往肇因於「不斷重複電話聯繫」、「無數往來的 E-Mail」與「不斷重複傳真文件」等傳統作業模式易造成「沉默成本」提高,更牽引出包括跨國外包溝通成本高、無法掌握到料時間暨數量、無法精算運籌成本、無法掌握生產數量、無法掌握出貨時間暨數量、貨況不透明、客戶滿意度差、耗時準備不同格式的客戶文件等一缸子夢魘,終至演變成為複雜難解的「Daily Touble」,透過 e-GLORY 平台,即可將收關出貨的所有資訊予以透明化,從而發揮協同運作綜效,據以扭轉過去繁複的登錄作業型態,如此一來,舉凡提貨、報關、訂艙、進倉、併倉、放行、起飛等各個必要運籌作業之間,原本冗長的處理時程就可大幅縮短、整體縮減幅度至少 30%,終至撙節運籌管理成本,同時致使後續相關稽核、查帳作業進程更形順暢。

全球庫存透明化

　　由於目前企業營運的全球化佈局,使得分公司、經銷商、及第三方物流夥伴散佈全球各地,庫存資訊可能採周結甚至月結,導致庫存量掌握不精準。因此必須提高庫存量以因應客戶的即時需求。運籌網通透過將各地之 WMS 系統之進出倉資訊,以電子資料交換(EDI)方式取回,整合運籌物流平台上,將可達到日結甚至即時庫存的透明度,如下圖所示。

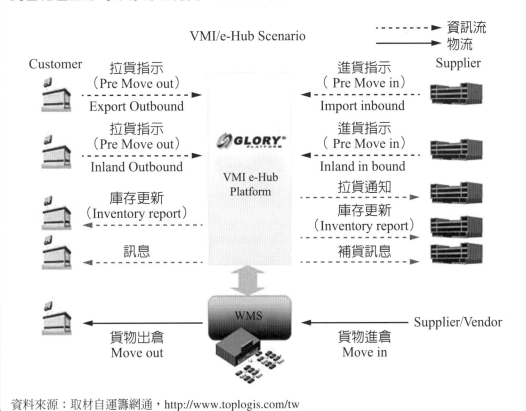

資料來源:取材自運籌網通,http://www.toplogis.com/tw

　　最後，本章雖然是講述物流資訊系統，但仍必須提醒大家，好的物流資訊系統並不是全面自動化的系統，好的物流資訊系統是「最適化」的系統。因為物流作業並無法完全以資訊系統取代人工，例如：包裝是否有瑕疵？流通加工作業是否可以全部自動化？當然由於現代資訊科技的發達，全面自動化的物流資訊系統並非無法做到，只不過在自動化的過程中，有些自動化的作業，除了提高成本外並無法真正的提升效益，所以在規劃設計物流資訊系統時，必須具備有成本／效益（成本／服務）的權衡（Trade-off）觀念。

參考文獻

1. 行政院經濟建設委員會 (2010)，國際物流服務業發展綱要計畫。

2. 呂錦山、王翊和、楊清喬、林繼昌 (2019)，國際物流與供應鏈管理，4 版，滄海書局。

3. 美國 SOLE 國際物流協會 台灣分會 (2016)，物流與運籌管理，6 版，前程文化。

4. 孫仁中 (2007)，日本發展現代物流業的經驗及啟示，現代日本經濟第 3 期。

5. 吳仁和 (2018)，資訊管理 - 企業創新與價值，7 版，智勝文化事業有限公司。

6. 林東清 (2018)，資訊管理，7 版，智勝文化事業有限公司。

7. 廖建榮 (2007)，物流中心的規劃技術，初版 4 刷，中國生產力中心出版。

8. 日通快遞網站 (2020)，http://www.jtexp.com.tw。

9. 國家發展委員會網站 (2020)，http://www.ndc.gov.tw。

10. 行政院農委會網站 (2020)，http://www.coa.gov.tw。

11. 美國國際物流協會 (2020)，http://www.sole.org。

12. 臺灣全球運籌發展協會網站 (2020)，http://www.glct.org.tw。

13. 財經知識庫網站 (2020)，http://www.moneydj.com。

14. 運籌網通網站 (2020)，http://www.toplogis.com/tw。

15. Alan E. Branch, Global Supply Chain Management and International Logistics, Routledge, (2008).

16. Donald Bowersox, David Closs, M. Bixby Cooper, Supply Chain Logistics Management, McGraw-Hill, 4 edition (2012).

17. Douglas Long, International Logistics: Global Supply Chain Management, KLUWER, (2003).

18. Edward H. Frazelle, Logistics and Supply Chain Management, McGraw-Hill, (2006).

19. James Jones, Integrated Logistics Support Handbook, McGraw-Hill Professional, 3edition (2006).

20. John Gattorna, Dynamic Supply Chains: Delivering value through people, Prentice Hall, 2 edition, (2010).

21. James Martin, Lean Six Sigma for Supply Chain Management, McGraw-Hill Professional, 1 edition (2006).

22. John W. Langford, Logistics: Principles and Applications, McGraw-Hill, (2007).

23. C. John Langley, Management of Business Logistics: A Supply Chain Perspective, South-Western College Pub, 7 edition (2002).

24. James Jones, Integrated Logistics Support Handbook, McGraw-Hill; 3 edition (2006).

25. James H. Henderson, Military Logistics Made Easy: Concept, Theory, and Execution, Author House (2008).

26. John J. Coyle, Robert A. Novak, Brian Gibson, Edward J. Bardi, Transportation: A Supply Chain Perspective, South-Western College Pub; 7 edition (2010).

27. John J. Coyle, C. John Langley, Brian Gibson, Robert A. Novack, Edward J. Bardi,Supply Chain Management: A Logistics Perspective, South-Western College Pub, 8 edition (2008).

28. Paul R. Murphy Jr., Donald Wood, Contemporary Logistics, Prentice Hall, 10 edition(2010).

29. Pierre A. David, Richard D. Stewart, International Logistics: The Management of

30.International Trade Operations, 3 edition (2010).

31. Rohit Verma, Kenneth K. Boyer, Operations and Supply Chain Management: World Class Theory and Practice, South-Western, International Edition (2009).

32. Mark S. Sanders, Ernest J. McCormick, Human Factors in Engineering and Design, McGraw-Hill, 7 edition (1993).

33. McKinnon Alan, Browne Michael, Whiteing Anthony, Green Logistics: Improving the Environmental Sustainability of Logistics, Kogan Page, 2 edition (2012).

CHAPTER 09

物流職場倫理與溝通應對態度
Logistics Enterprise Ethics & Communication

學 習 目 標

1. 瞭解物流職場倫理
2. 物流群我關係與人際溝通
3. 物流應對態度
4. 工作激勵理論
5. 物流團隊領導風格
6. 物流企業文化建立與運用

⊞ 臺灣典範

金車公司：危機處理，主動誠信，民眾肯定

⊞ 物流故事

某物流公司：客戶的感覺永遠是對的

⊞ 趨勢雷達

物流管理的四呆

物流決策系統（Logistics Decision－Making System）

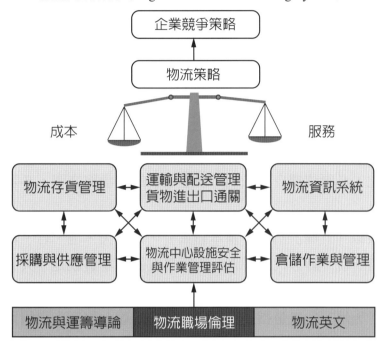

　　各產業始終相信「工作態度的重要性絕不低於工作能力」、「態度決定一切」。「物流職場倫理」為「物流決策系統」最重要的基礎之一，也是企盼有志於物流與運籌的讀者們，能培養負責任的做事態度與涵養及忠誠的團隊精神，這也是現今各產業對於物流與運籌人才最企盼的特質。

　　因為物流產業是與「人」高度接觸的行業，「沒有滿意的內部客戶」，也很難擁有「滿意的外部客戶」。另外，彼得・杜拉克曾說：「在劇變的時代中，領導者最主要的責任，就是要為組織創造不一樣的明天」。故企業領導者的領導風格與企業文化扮演著關鍵性的角色，期待透過本章的引領，讓物流從業人員能夠從物流職場倫理與溝通應對態度出發，讓自己擁有完備的管理與領導統御的技能，相信在工作職場上更能得心應手。

　　團隊的成員都是不同的個體，無論是價值觀念、成長背景、處理事情態度等皆不同，雖然物流團隊是由不同的成員所組成，但是在任務執行與運作的時候，仍然是要靠整體「分工合心」的精神，才能發揮綜效。所以應該要透過不斷的溝通協調，讓成員的「心」與「行動」趨於一致。面對訊息萬變的環境與競爭下，唯有不斷的強化團隊競爭力，期望員工能夠更具「向心力」、「敬業」與「樂業」，強化職場倫理與溝通應對態度來建立有效的管理，才能確實培育出優質的物流團隊，建立優質的物流企業文化。

1 瞭解物流職場倫理

物流工作職場的基本態度中，應注意工作的「倫理」。就字義解釋「倫理」二字，「倫」就是：常理、條理之意；「理」係指：辦事、處置、順序、通達之意。「職場倫理」即：「規範工作職場上，人與人之間相處的常理，使工作團隊秩序合宜、和諧互動與通暢」之意。

易經記載：「觀乎天文以察時變，觀乎人文以化成天下」，意指：瞭解時序節令的變化，必須依據自然法則；增進社會的進步與文明，必須遵守倫理教化。

中華民族以「五倫」為體（基本體系），稱「天、地、君、親、師」為五倫，其中「君、親、師」代表「人」，所以五倫的本質就是「天、地、人」，合稱為「三才」，就是指著倫理的兩個主要範圍，一是指人與大自然、與整個宇宙的關係（天地），二是指人與人所組成的群體，包括人與國家、家庭、以及學校的關係（君、親、師）。

人與工作組織之間的關係，就是職場倫理，也可以說是在職場中的人際關係。職場倫理既然側重職場上的人際關係，廣義的職場倫理就包含三個部分：

1. 與客戶的互動關係。

2. 與出資者（股東）之間的互動關係。

3. 與同事的互動關係。包括與主管之間的互動關係，也包括與部屬之間的互動關係，更包括與其他同事之間的互動關係。

職場倫理的本質：

1. 職場倫理是超越法律的高道德標準。

2. 職場倫理並非空談，而是實踐的哲學。

3. 職場倫理必須隨時檢驗與改進。

故職場中的成員，不論職位高低大小，都應以平等的心態來服務及奉獻。職場倫理的範圍，涵蓋軍、公、教、士、農、工、商、非營利機構等，各種公私營事業單位的工作場所，凡是有人際互動的工作環境，彼此均應守分盡責，熱心為工作、為同事、為上級、為下屬，以及為社會奉獻自己而成全他人。例

如：企業的倫理，主要是勞資雙方、企業與合作夥伴，以及企業及消費者之間的互動關係，均應各守其本分，各盡其義務。

聖嚴法師：「企業界人士大都感慨現在的企業主難為，企業的負責人付出創意、智慧、資本、資源，但是員工不領情，反而把企業主當成敵視的一方，什麼都爭取，什麼都要求。但是員工的立場又不同了，員工認為，老闆不斷壓榨員工的時間、資源甚至生命，員工付出那麼多時間和心力，卻得不到相稱的酬勞，兩者根本不成正比。這是企業職場中普遍存在的問題，勞資雙方對立，而彼此都要求獲得更多的權利、享受，這不是健康的企業倫理。」

除了勞資關係，企業也會面臨與上下游廠商和消費者之間的互動關係，如果企業僅僅考慮在商言商，甚至為了謀利而不惜謊詐欺騙，這就不是正確的企業倫理。

一個健全的企業經營，應該把股東、勞工、客戶、消費者，當成是生命的共同體，大家彼此成就，互相照顧。成功企業家對事業的想法不是只為了自己，而是抱著一種奉獻的心態，提供智慧、創意和資源，來為整體的社會服務，同時也提供更多的就業機會及社會福利，這是一種願心。因為企業主有這樣的願心，所以他們的員工很穩定，企業因此發展更順利。而當公司獲利的時候，企業主也會相對把福利回饋給員工及客戶身上。這個認知是說，企業主並不等於獨裁的皇帝，企業的財產也不是由老闆一人創造，而是由團隊共同締造的。創造的福利也該分享給企業相關的人員，企業主及員工都應各自扮演好自己的角色，各盡其責，當成是自己的事來看。

以此類推，任何職場中的成員，不論職位高低大小，都應以平等的心態來服務及奉獻。把職場當作自己的家，把人員當作自己的家人來對待。

 臺灣典範

金車公司：危機處理，主動誠信，民眾肯定

「Mr. Brown」咖啡起家的金車（King Car）公司，在面對大陸毒奶粉事件的危機處理，相對於其他品牌在面對危機的反應和做法，堪稱業界典範。

2008 年 9 月 21 日早上，各媒體陸續收到金車傳來的簡訊：下午 3 點開臨時記者會。記者會主要在說明金車已捲入「毒奶風暴」中！金車高層主管向鏡

頭道歉，並表明金車會負起所有社會責任，12 萬箱相關產品一星期內要回收完畢，相關產品都原價退貨。

在 2008 年 9 月中旬大陸爆發毒奶事件時，金車就主動送驗旗下產品，金車在毒奶事件中處理相當明快，在事件發生後，從 1 萬 1 千家店家回收 12 萬箱商品，5 天之內回收達 99%，不僅如此，金車更迅速推出一款伯朗咖啡藍山口味三合一的新包裝。金車在包裝上貼上貼紙，標明日期，並強調奶精來源是韓國及泰國。

企業危機處理有「黃金 24 小時」，也就是反應要即時，並不斷與媒體和消費者坦誠溝通。金車在發生危機時，處理的重點如下：

統一發言窗口

如果企業不肯面對問題，只會讓消費者對企業更反感。而金車在此事件中，讓受過危機訓練的企劃部主管來擔任發言人，並主動說明事情始末、誠懇道歉。也找來食品相關具公信力機構的主管和律師來見證，這些準備，都能有效控制後來的新聞發展。

人人保持危機意識

客服人員是面對消費者的第一線人員，更是代表企業形象的門戶。如果對於客戶的偶發客訴，客服人員處理不當，就很有可能釀成大糾紛。此次事件，在接獲消費者投訴後，金車馬上將產品送檢，並將結果迅速告知大眾，都歸功金車人人保持危機意識的內部訓練。

以消費者健康更勝於盈餘的積極態度，誠懇溝通

金車董事長李添財「消費者健康更勝於盈餘」的理念，讓金車有主動面對的企業文化，並持續與消費者誠懇溝通，並一肩擔起消費者所有的損失，讓大眾對企業產生信心。

金車全面接受有問題產品的退貨，並迅速設計新標籤，讓大眾能與有問題的產品作出區隔。

2 物流群我關係與人際溝通

2.1　群我關係的意涵

　　群我關係指團隊組織與成員之間的關係。團隊組織由「個人」所組成，所以群我關係也可以稱之為「人際關係」。然而，有組織就有人事，有「人」就會有「事」情，所以「人事」就是處理人與人之間的問題。處理人與人之間的問題，不要怕麻煩，因為凡有組織必有問題，沒有問題的組織才是真的有問題。身為物流服務業的重要幹部或從業人員，務必要有耐心與誠意，方能真正處理人、事、群我之間的問題。

2.2　群我關係與團隊

　　「團隊」係指：由兩人以上所組成的單位，彼此溝通（觀念一致）、協調（行動一致）與互動，凝聚共識與價值觀，達成組織的任務與目標。用一句簡單的話來形容優質的團隊領導，係指讓他人願意全力以赴，與自己一起去完成共同的願景，營造「共榮雙贏」的氛圍。

2.3　物流職場人際關係溝通

　　職場倫理特別強調群我關係中的共榮生命體，物流經營者期盼得到員工的忠誠度與向心力，但忠誠度與向心力的凝聚，並非依靠資方單向要求，而是必須經過中長期革命情感的時間培養，最重要是要把員工當成是企業共同成長的夥伴，才能達到共體共榮的境界。

2.4　人際溝通技巧

　　如果在物流服務業中擁有「人際溝通」的要領，未來在「物流行銷管理」或「客戶的抱怨處理」、「顧客關係管理」、「員工領導管理」、「單位協調與整合」、「客戶訪談業務開拓」等諸多領域上，都已學習到入門之要領，所以務必用心學習，且要能確實奉行與實際應用，方能收到實質的效益。

　　人際溝通係指：人與人之間藉由各種方法增進彼此的互動與了解，達到觀念與行動一致的目的。人與人之間產生的許多磨擦與誤會，常常是因為溝通不

良所造成的。即使國家社會或者族群群眾之間，也常因爲溝通協調不良，產生敵對與衝突。許多歷史的悲劇、企業內部的派系爭執，其肇因也常是因爲缺乏溝通而產生對立。因此物流職場首重「人際溝通」，方能減少不必要的作業失誤與作業品質偏差。溝通其實是很佔用時間的，但是物流團隊內部如果不去溝通的話，所耗用的成本更高，作業難標準化，品質疏失將更加嚴重。有時候人與人之間的「溝」是很深的，需要很有耐心才能疏「通」。至於人際溝通的技巧說明如下：

2.4.1 歡喜服務心

意指喜歡您的客戶，喜歡您的長官、同仁與部屬。人可以勉強自己強顏歡笑，但是「眼神」與「態度」通常會宣洩出自我內心思考的世界。如果您無法接受與喜歡您的客戶、長官、同仁與部屬的話，從您的眼神與態度，會讓對方感受到您的心靈。所以，眞正要去做好人際溝通的工作，一定要先有「歡喜心」，切莫凡事以自己先入爲主或月暈效應、刻板印象來對待他人。這是人際溝通技巧的第一要步。

> **顧名思義【月暈效應（Halo Effect）】**
>
> 月暈效應（Halo Effect）與認知偏誤有關，心理學中解釋爲：當你第一眼見到一樣東西的時候，它給你留下的最初印象將影響到你對它各方面的判斷，也就是俗語中的以偏概全或刻板印象。一個人表現好時，大家對他的評價遠遠高於他實際的表現，就像我們看月亮的大小，不是實際月亮的大小，而是包含月亮的暈光。月暈效應是評量時最嚴重的誤差，克服這種誤差的最主要方法，是要消除個人的偏見，因此必須設定各種不同的著眼點，對評量的各個向度要分別進行評估，而不只對個別向度做評量，這對消除月暈效應的誤差有一定的作用。

2.4.2 學習傾聽

孟子曰：「聽其言也，觀其眸子，人焉瘦哉！」。聽其言也（先傾聽他說的話），觀其眸子（觀察他的眼神），人焉瘦哉（這個人的心，又能夠藏去哪裡呢？）。想要與人溝通，必須先學習傾聽。在職場的溝通行爲中，百分之七十容易產生誤解，爲減少溝通上的誤解，先學習傾聽較能減少溝通的偏差。

傾聽有四個層級：

1. 左顧右盼，心不在焉。

2. 沒有聽懂，假裝尊重對方而傾聽。

3. 專挑自己有興趣的部分傾聽，也就是選擇性傾聽。

4. 專心傾聽並尊重對方。

完美傾聽應注意的四大要項：

1. 眼注

眼睛要注視著對方，千萬不要眼神左飄右飄，除了讓對方感到不受尊重以外，自己也顯得非常的不穩重。

2. 聲應

傾聽時，每當對方談話兩三句時，我們應要加上語助詞的回應，以讓對方知道我們在傾聽。如果對方需要我們回應時，我們再行回答或說話，不是一昧只有聽，適度回應也是人際交流一環。

3. 接納

傾聽時，我們要有表情的認同，傾聽的過程才能圓滿。例如：對方談的非常興奮快樂時，我們應該也要有快樂的表情，共同分享對方的快樂。如果對方談的非常憂傷時，我們也要有同理心的表情以對。記住，與他人分享快樂，快樂增加一倍，與他人分擔憂傷，則痛苦減少一半。傾聽他人的聲音，表情對上了，就比較不會產生「話不投機」的現象。但千萬不要有令人錯愕的表情，也就是當別人談話興奮高興的時候，您在旁卻繃著臉，當別人難過憂傷的時候，您卻是興奮喜悅的態度，容易造成對方二次傷害。

4. 動作

除了上述所提的三個傾聽步驟之外，最後一道工作就是動作的反射。什麼是動作的反射呢？就是每當對方談話時，給予對方點頭肯定的動作，會讓對方更加感受到我們傾聽的誠意。當然動作的反射也可以運用在上課、開會、交流等場合上，相信對方一定會感到您對他的尊重及認同。

但當一對一個別談話時，最好不要向對方問一句話，就動筆記錄一筆，這種動作會讓對方不自在，並且感到自己好像是被問口供做筆錄一般！正確做法，只要段落重點記錄一下就好了！另外在演講或受訓場合，此時就要避免使用聲音的回饋，以免造成演講者或授課老師的困擾。

2.4.3 EQ 管理

在工作職場溝通上,「人」與「行為」常常分不開,雖然事情有是非對錯之分,但人的情緒是沒有對錯,例如:人之所以哭泣,或許因為心難過,而「難過」是沒有對錯之分。因此我們在溝通協調上,所使用的言詞應該要針對「事情」而非把「人」全部混在一起。舉例說明:一位家中裝潢富麗堂皇的母親,某天她泡了一杯牛奶,放置在小茶几上,小孩子剛剛學走路,一見到牛奶興奮往前取物,一不小心將牛奶打翻了,牛奶把桌巾與地毯全都弄濕了。如果您是這位母親,生氣嗎?一般可能會是除了扶起小孩端看是否受傷外,恐怕就會開始責備小孩!責備小孩的時候,假設有下列三種責備假設法,您認為哪一種責備的方法比較好呢?

1. 我討厭你,你太差勁了!

2. 我討厭你打翻牛奶的這個行為!

3. 我討厭你打翻牛奶的這個行為,但我還是愛你的!

相信大多數人都會認為第 3 種責備法可能比較好,沒錯!「我討厭你打翻牛奶的這個行為」就是指「行為」,「但我還是愛你的」就是指「人」,第 1 種罵法完全是針對「人」的罵法,這是非常不理想的,明明是在生氣對方的行為,但卻老是往對方的人身方面責備。如果在工作中,常發生因為責備不當,導致員工離職或者主管與部屬結下深仇大恨的情況,屢見不鮮。若因工作之事,結下個人樑子,工作之際,演變成私人恩怨,實在是得不償失!所以對於工作,一定要能夠把「人」與「行為」分開來。

某物流公司:客戶的感覺永遠是對的

(某物流公司主管給物流司機的一封信)

當客戶指責你搬他的貨,是用「摔、丟」的,你服氣嗎?

日前某廠商給我一封抱怨 E-MAIL,內容談到我們公司的物流外部工程師送貨時,對他所買的貨品,在搬運時用「摔、丟」的!而且態度不佳。我除了

立即回 MAIL 道歉之外，心中備感疑惑。「物流外部工程師團隊」是我們公司在業界裡最受讚譽的核心組織，而今日客戶會有這種指責實在令我無法相信，因此決心查明清楚，一探究竟。

翌日，風和日麗南下訪查此案，更令我不敢置信的是，被抱怨者，竟是我昔日在南部任職時，非常敬業與優秀的兩位物流外部工程師。心中無名怒火與矛盾交織，頓時找來查問，兩位員工被我問的莫名其妙，並表示願意發誓，絕對沒有把客戶的東西用「摔、丟」的，更沒有態度不佳。並願與客戶對質，如果客戶可以提出實際證據，他們也可以無條件接受公司處分與自行離職！

依據我個人以往與該兩位司機的相處，我很相信該二名外部工程師的話。但我不想讓雙方還在情緒中，就立即找該二名幹部與客戶對質。回到總公司後，恰逢另一 3C 廠商高階主管來訪，為表示歡迎，我親自接待他們到現場巡查參觀該公司的貨品，為了更加表示我對該公司貨品的關心度，又親自表演流通加工技巧一番，經過我自認為精湛表演後，我高興的將該箱貨品隨手疊上棧板，外箱離地約 10 公分左右鬆手，「ㄎㄥ」一聲清脆聲音，讓該箱貨品不偏不倚瀟灑著棧板歸定位。當時我卻見廠商的高階主管突然面有難色，好像又不好意思說出來的感覺。

我猜想，對方必定「心疼」他的貨品，被我「摔」到了，卻又不好意思說。一時之間，我連同前日面對南部兩位外部工程師被指責「丟、摔」貨品的事情，我豁然頓悟其中道理了，因為這是一場彼此認知上的誤會！

到底什麼是「摔」「丟」貨品？是把貨品離地 30 公分鬆手放下叫做「摔、丟」？還是離地 20、10、5 公分鬆手都叫做「摔、丟」？或是要雙手等貨品完全密合著地輕輕鬆手，才不叫做「摔、丟」？這是一個有趣的問題！

其實「摔、丟」的判定標準，絕對不是我們自己用認知來推定的。每當在看到紙箱外部標示「小心搬運」、「小心輕放」等圖形，但到底搬運要「多輕」才算合格？每個人的認知可能不盡相同，公司也許極盡所能告知員工要小心輕放，但始終沒有給予一套「用度量衡量化（離地多少公分鬆手）」標準。因為，家電產品與 3C 產品、生活用品等的搬運方式，會因貨品的屬性與體積、包裝方式、置放的地面軟硬度、運用的搬運輔助工具（例如：兩輪手推車）等因素不相同而有差異。其形形色色千變萬化的狀況，很難樣樣都說出一套可以完全量化的規定。

專業的物流從業人員，無論是從事倉管工作或是外部工程師，對於廠商託付的貨品，都要仔細了解屬性與外箱的各種標示說明，對貨品的呵護更要無微不至。

搬運的過程中，物流主管實在無法時時刻刻跟在員工身邊，拿著尺來量一量離地面多少公分放下貨品。簡而言之，搬運貨品時，就是要極盡所能的「輕放」。

貨品的「輕放」標準，是與客戶對貨品的「心疼指數」成正相關。我們要用和顏悅色的禮貌態度，再加上客戶認可的作業標準，才是優質得服務。在服務不打折、滿意 100% 的活動中，強調「客戶的感覺永遠是對的」、「滿意品質就是符合客戶需求的標準」。

2.5 物流職場四種幹部角色扮演

一般企業的幹部可分為有四種，您是哪一種呢？

2.5.1 製造問題的幹部

這種幹部不但不能為物流工作解決問題，甚至是團隊中是非的滋生者，無法與企業文化融合成為一體，自己自創價值觀，無能、無力、無心領導一個團隊，工作的作業缺失錯誤百出，所領導的團隊士氣極為下滑，工作績效低落，企業工作倫理蕩然無存。幹部的上司一天到晚要為這種幹部所衍生出來的問題傷腦筋！物流產業若擁有這種幹部，實非企業之福。應該迅速教育訓練與個別溝通協調，當這些方法一一試過以後仍未見成效，應該要大刀闊斧清理門戶，請該人離開職場方為上策。

2.5.2 解決問題的幹部

又稱為「救火隊」的幹部，哪一邊著火了，他立刻前往撲火。解決問題的幹部有一個非常大的特色，看起來非常的忙碌，但他忙碌的工作竟然都是在處理及解決問題。我們不能期待工作或在組織環境裡不會產生問題，但如果一天到晚都是問題，而且相同的問題不斷且周而復始的發生。如此一來，試想這些問題可以在還沒有發生的時候，就一一想辦法避免預防，這樣企業就不用耗費這麼多的時間及人力成本來解決問題了。

2.5.3　預防問題的幹部

此一類型的幹部相當難得，在許多問題還沒有發生之前，他都已經想到相關的預防對策，避免讓災害或者問題發生，也就是解決問題於無形。不但減少企業人事的時間與成本，更減少聘用處理人員的成本。企業能夠擁有這樣的幹部是非常難。

2.5.4　開創商機的幹部

這種幹部不但能夠把問題事先做好預防之外，還可以為公司的營運管理帶來建設，讓公司不但沒有需處理問題的憂慮外，又可以為公司帶來相當大的商業機會，實為企業之福。

2.6　物流從業人員的時間管理

時間管理安排得當，工作也就成功一半以上。物流業乃是高度仰賴人力的行業，更是高度與客戶（廠商）接觸的行業。所以物流是高度與人接觸的服務業，其成功管理的條件就在於「時間管理」與「有效流程」二者。有效流程涉及層面較廣；時間管理對於物流業的對內管理及對外服務是相當重要的。對於時間管理的特質進行說明：

2.6.1　時間有兩大特質

1. 公平性

不論是何種身份、何種地位，公平的是每個人一天時間只有 24 小時。

2. 流逝性

時間一去不再回頭，沒有辦法重新再來一次，也沒有辦法讓時間停止禁止不動，沒辦法事先預留，或事先儲存，以後再來使用。時間讓人捉不住、看不到，但卻明顯感覺的到。時間讓人成長，也讓人衰老，時間是最好的悲傷治療器，也是憤怒的冷卻器，因此在有限的時間善加運用很重要。

2.6.2　時間的成本

舉例說明，假設五個人開三小時的會議，這場會議的成本有多少呢？假設每一個人每月領的薪水 22,000 元，若再加上勞健保與年終獎金、團保、退休

金、教育訓練費用，企業負擔的薪資預估每人每月有 38,000 元。而這場由五個人開了三個小時的會議成本為：

38,000（元／月／人）／ 23（工作天）／ 6.5 小時＝ 254.18 元

5 人 ×254 元 ×3 小時＝ 3810 元

　　如果這場會議有決議，有建設性的共識與答案，那或許有意義。如果是「會而不議、議而不決、決而不行、行而不力」的話，那就是真的白白浪費企業及個人 3 個小時的時間。

　　通常 10 元掉在地上，你可能會把它撿起來，但當我們的時間一直流逝時，卻少有人心疼。時間就是金錢、就是服務品質。

2.6.3　時間的運用法則

1. 勤做記錄。

2. 分析工作時效的得宜性。

3. 整理整頓：千萬不要把時間浪費在尋找東西上。

4. 分辨出事情之輕重緩急。如表 9.1 所示。

▶ 表 9.1　工作輕重緩急辨別表

項目	緊急的事情	不緊急的事情
重要的事情	全力以赴馬上辦理 （第一順位辦理）	全神貫注 （第二順位辦理）
不重要的事情	辦理或授權 （第三順位辦理）	有空再辦理 （第四順位辦理）

　　重要不緊急的事情，千萬不可以拖延，否則，很快就會變成「重要又緊急的事情」！

　　若遇到「不重要的事情」＋「緊急」，但尋找不到可以授權或代辦的人，則可以列為第二順位辦理之！

　　想想看，您一天到晚都在辦理重要又緊急的事情，還是一天到晚都在辦理不重要又不緊急的事情。一般而言第四順位的工作大都比較簡單容易，但也容易造成因為圖方便性，所以都會把自己手邊比較簡單或熟手的工作先完成，而常常忽略去考量重要性與緊急性。

2.6.4　使用柏拉圖 80：20 管理原則

　　1897 年義大利的 Viltredo Pareto 由所得曲線發現，80% 資源集中被少數 20% 有權力的人控制，亦即 80% 的財富集中在少數 20% 人的手中，因為少數人擁有社會大部分的財富。Pareto 認為只要控制那些 20% 的少數人，即可控制該社會的財富，此種重點控制的方法，稱為「柏拉圖原則」。就是利用重要的少數，來控制不重要的多數，亦即只要針對重點問題加以解決，則問題已解決一大半。

　　由此推理，企業 80% 的權力集中在 20% 人的手裡，公司 80% 的營業業績集中在 20% A 級客戶手中。以此類推，80% 的工作重要性與緊急性集中在少數 20% 的工作上；課本內 80% 的分數，只集中在 20% 的重點裡。所以，只要掌握住重要的 20% 的工作把它迅速的完成，就可以解決 80% 以上的工作了。

物流管理的四呆

　　臺灣諺語「人若呆，看臉就知」，雖然是一句略帶尖酸諷嘲語，若仔細想一想，也不無道理。每個人都不願意自己被冠上「呆」字。相同的，一個企業也最怕與「呆」字畫上等號。企業體檢，除呆行動也將要積極展開。除四呆將會是內部管理的重點之一。所謂的「四呆」係指「呆人、呆帳、呆料、呆流程」。只有除「呆」才能讓企業鮮活起來，生存下去，拋棄包袱，開創未來。

【第一呆：呆人】

　　什麼是企業的「呆人」？也就是「沒有」或「低」工作貢獻值的人，我們常用「人員貢獻值」與「薪資貢獻值」來作為評估的指標。一個人為公司創造多少營業收入或是多少的營業淨利，叫做「人員貢獻值」。一個人領一塊錢的薪水，可幫公司帶來多少的營業收入或是營業淨利，叫做「薪資貢獻值」，當自己對公司沒有什麼貢獻值的時候，大概可以被歸納屬於「呆人」的族群。呆人的族群若用十二生肖動物來比喻歸類，可分為三類：第一類：「豬」，特質是吃飽睡，睡飽吃，飽食終日，無所事事，終究難逃被屠宰的宿命，這類型的

呆人，恐難存於物流產業。第二類：「牛」，特質是「頭腦簡單、四肢發達、任勞任怨、忠誠度佳」，這類型的人，學習與成長的意願低，工作的籌碼憑藉在自己的體力與健康上，但隨著年紀與體力的消長，即使想要扮演好一個稱職的工作者，都會變的力不從心。第三類：「老鼠」，特質為「頂尖聰明、神通廣大、遊手好閒、獐頭鼠目、極盡破壞」，這種類型的人員，牢騷抱怨特別多，專門是在製造問題給公司的人。

如果您是一位老闆，您想任用上述的哪一種類型的員工？也許除了「牛」可能還會考慮外，其他兩種類型的員工，應該是敬而遠之。一樣的，營運策略乃以客戶滿意與工作績效為導向，所以不能容許有「呆人」存在。評估「非呆人」參考效標計有「人員貢獻值（營收／人數）目標〇〇〇以上」「薪資貢獻值（營收／薪資）目標〇〇以上」。另外，更要針對「被客戶抱怨」、「製造問題」、「混水摸魚（查勤翹班）」、「工作出差錯」、「讓公司發生賠償費」、「工作進度落後」等指標項目進行「除呆行動」。提及除「呆人」的正面意義是「讓每一個人找出自己價值的所在」，也唯有如此，團隊才會有競爭力與戰鬥力，進而對客戶提供高品質的服務。

【第二呆：呆帳】

呆帳就是「收不回來的應收帳款」，又稱為「壞帳」，或「倒帳」。物流服務業是微利，尤其主要的成本費用支出科目為「倉租」、「油料」、「薪工資」等都是要以現金立即支付的。如果我們辛苦提供服務，卻向廠商請不到款時，公司的營運就會受到威脅，而影響企業經營。景氣蕭條的時機，我們也要擔心「客戶」營運狀況的危機意識。其具體做法：(1) 業務成交前，先瞭解或徵信客戶的營運與財務狀況，不可抱有「只要有業務成交就好」的心態；(2) 隨時查閱客戶的付款情形，一有延遲，馬上婉轉催款，隨時瞭解客戶的營運狀況；(3) 發現客戶有異常大量出貨或其他異常行為時，要立即反應或思考因應之道，將損失降至最低。

【第三呆：呆料】

呆料是企業財務包袱的無形殺手。有一則故事提到：一位企業老闆積欠債務三千萬，公司宣告倒閉，老闆一時想不開要自殺，深夜獨自從公司大樓十樓窗口，雙眼一閉縱身一跳，結果竟然沒死。原因是公司廠內呆料堆積到九樓高度，意外地救了老闆一命！卻也讓老闆深深發現他破產的原因。

　　從事物流經營管理的經驗顯示，發現許多廠商對於倉庫貨品的稽核盤點相當重視，幾乎固定實施日盤、月盤、季盤、半年度盤點、年盤等，嚴謹要求物流中心管控貨物品項與數量要做到帳料一致。但儘管業者管控的精確度百分百，貨品使用的倉儲空間，卻是越來越大，原因是廠商貨品堆積越來越多。

　　曾有某企業高階會議，討論物流成本時，歸咎內部龐大存貨「呆料」形成的原因，係因業務行銷單位對產品推廣銷售不利，但業務單位卻反擊產品設計單位與生產單位，認為其所製造的產品市場競爭力不夠，才讓貨品銷售失利堆積如山，甚至也抱怨公司銷售預測失準所致。反正，只要「呆料」一發生，造成單位之間互推皮球，搪塞責任。某些公司因為經常推出新產品上市，產品附帶的維修保固問題，也將造成企業擴編維修零組件存量，來因應龐大的維修保養及售後服務的市場，這也會造成倉儲成本節節升高的原因。

　　「呆料」定義為「無法帶給企業產值與貢獻值的產品或原物料、機器與設備」或者「產品、原物料、機器設備等相關成本費用大於應帶給企業的產值與貢獻值」。許多物流中心的設備（例如：車輛、堆高機、料架、拖板車等資材設備），常常閒置無用，即使設備破舊故障也荒廢擱置在一旁，徒增倉儲與設備折舊成本，這也可視為另類的呆料之一。但如何減少物流中心「呆料」的發生機率，茲提供下列方法參考：

1. 準確做好銷售預測與市場調查，經營者應親自主導銷售預測活動。精準的銷售預測才能提供正確的採購與生產控管，這是杜絕「呆料」發生的第一步。
2. 經常實施「貨品盤點」與「設備盤查」，並制定各項「貨品與設備防呆規範」防治與稽查呆料問題。
3. 萬一有「呆料」發生，應迅速處理，力求加速變現，避免造成企業的財務包袱。

【第四呆：呆流程】

　　流程乃是工作的作業藍圖與支撐工作的骨架，正確與有效率的流程不但使工作更加順利，更能減少不必要的成本浪費。管理箴言提到：「工作管理靠制度，制度靠流程，流程靠表單，表單靠資訊」，我們也都知道「系統＝流程＋表單」。

　　最怕的是經營者因不懂電腦，無從著手，力不從心，結果畏縮一旁完全交由資訊人員操盤整個公司的系統主導性。其實經營者千萬不要畏懼電腦系統，不懂電腦沒關係，其實電腦的資訊系統設計，不外乎就是「流程＋表單」，只要制定正確、有效率的流程、表單格式，再與資訊設計人員討論即可。

　　經營一個物流中心一定要徹底明瞭流程架構，否則「呆流程」將會讓企業提高營運及人事各項成本。（許多案例證明，同一個物流中心，交由 A 經理人負責時，營運虧損連連或績效不彰。但經由 B 專業經理人來負責營運時，卻能反敗為勝、轉虧為盈、績效彰顯。）因此企業對「流程改造」或「流程改善」的重視程度將會影響經營成敗的關鍵點之一。曾有人歸納日本經濟泡沫化的原因之一，乃是「懂資訊的人不懂實務，懂實務的人不懂資訊」，真的是這樣嗎？或許也是原因之一，但真正主因事涉一個國家的治理，恐怕只有該國的領導人才知情。

　　一套實用的流程，無論正常工作的作業或者異常狀況發生，只要 INPUT 進入流程，必定能夠有效率的尋找到 OUTPUT 的解決出口。如果一個突發異常作業狀況 INPUT 進入流程內，仍找不到出口處，這就不是一個好流程。一個好的流程具有「防弊」與「興利」的特色，也就是流程能夠替經營者做到「稽核」與「制衡」的功能，進而減少不必要的成本支出，且更能夠讓工作「標準化」，尤其是物流中心的內部管理，因為依靠人力比例吃重，必須更要讓工作標準化，所以流程管理落實後，才能進一步確保「標準化」流程。

　　目前發現許多物流中心，其流程普遍存在兩個問題：一者為流程過於簡化，二者為流程過於繁冗。太過於簡化的流程，造成流程「不耐用」，也就是流程無法應付繁雜的物流作業狀況，這種物流中心經常產生兩種狀況：「因人設事」與「系統失靈」，因為流程過於簡化，以致於必須常依賴執事者（CEO）的臨場主觀意識判定行事。但若主事者一不在場，整個物流中心如同「群龍無首」導致流程失效。

　　另一種是過於繁冗的流程，因為太過於講求「制度」與「監控」，造成整個流程系統過於冗長，耗時費力、事倍功半。缺乏「彈性」與「應變」的作業流程，只會徒增物流中心人力、成本及時效的負擔。

　　流程必須要整體工作人員都能看懂，絕非寫的繁複高深莫測，成為束之高閣的經典。而且流程也需要依據實際工作的變化，及時加以修正。

3　物流應對態度

有一首童謠：「三輪車跑的快，上面坐個老太太，要五毛給一塊，你說奇怪不奇怪？」這首童謠幾乎大家都能耳熟能詳，也非常成功詮釋物流的職場服務理念與客戶行為。「三輪車跑的快」代表著：物流作業與運輸具有時效性；「上面坐個老太太」代表著：物流企業所面對的廠商或客戶；「要五毛給一塊」代表著：客戶認為物流服務物超所值，所以願意以高出約定的價格付款，也就是有好的服務品質，廠商願意多支付費用給物流業者。

上述所提的例子可以說是「顧客關係管理最佳的詮釋」，客戶對於物流的服務滿意度可區分為四大區塊：(1) 感動區塊、(2) 期待區塊、(3) 容忍區塊、(4) 抱怨區塊。

期待區塊所代表的意義，係指每個客戶對於物流的服務作業都具有期待值，或許這個期待值，在每個客戶的心中認知的尺度不一，但應該差距不大。當物流作業實際的服務品質大於客戶期待值的時候，因為已超越過客戶的期待區塊，所以便進入了客戶的感動區塊，這個時候會讓客戶認為服務是物超所值，會讓客戶滿意度提升，容易形成永久夥伴關係。

當客戶的期待大於物流作業實際的服務品質表現時，客戶的期望開始產生遞減現象，當物流作業實際的服務品質表現一直下滑，低於客戶期待區塊後，便進入客戶的容忍區塊，也就是指客戶在此一區塊時，對於物流服務品質的心理將處於「不滿意但可以接受」的狀態中。

但是如果物流作業實際的服務仍繼續下滑，已低於客戶容忍區塊後，這時客戶已經進入「抱怨區塊」，此時客戶對於物流服務既不滿意又不能認同，客戶抱怨就開始啟動了，有可能會流失客戶。所以由以上可知，客戶的滿意度是建立在物流作業的服務品質上。

3.1　客戶與消費者的意涵

什麼是「客戶？消費者？」客戶：係指購買產品的人或組織。消費者：係指使用產品的人或組織。客戶＝消費者？不盡然，有時客戶不等於消費者。舉例來說：買嬰兒奶粉的客戶大都是父母親，但消費者卻是嬰兒，若以這種消費行為，客戶就不等於消費者。

　　例如：3PL 物流中心就是第一方物流供應商與第二方物流購買商的中間介面，經常要面對客戶（廠商）與消費者（收貨人）。或許會有人認為當消費者滿意時，客戶也就會滿意，所以以消費者的滿意為主，客戶滿意為輔。這個想法並非完全正確，有時候客戶有期望值，他的期望值與消費者不一定完全吻合。舉例來說：父母親購買嬰兒奶粉時，考慮的因素相當多，除了營養成分與品牌信賴度等之外，嬰兒的體質、奶粉的價格也都是考量的因素，但是消費者（嬰兒）可能無法考慮，因為不具主導性，所以身為物流產業的從業人員，在考慮客戶滿意度的時候，就要考慮到客戶與消費者皆能滿意為前提。

　　根據調查顯示，100 個抱怨的客戶當中，只有 4 個人會反映，剩下 96 個客戶會考慮不再使用被抱怨的服務，並且向週邊關係人說壞話，一個人能影響 29 人，所以總共會有 2,784 人會知道被抱怨的產品及服務。所以物流業的客戶溝通服務守則第一條就是：「客戶永遠是對的」。但是萬一遇到了故意或無理取鬧的客戶時，或是萬一客戶有不對的時候呢？還是要視實際狀況進行溝通，以降低彼此負面情緒。

3.2　職場禮貌具體作法

　　禮貌展現成熟的人格特質，不但是辦公室愉悅氣氛的潤滑劑，更有助於建立良好人際關係，獲得同事的幫助，得到主管或老闆的賞識與信賴，專業加職場禮貌，是立足職場、向上攀升的兩大法寶。

　　職場禮貌就是對人際互動中最基本的尊重，每個人都需要對職場禮貌有所認識，因為它常常發生在我們現實的生活中。對上班族來說，就算具備優秀的工作能力，但在待人處事方面，若缺乏合宜的禮貌表現，就會給人不好的形象，甚至會影響自己在職場上的發展。

　　從生活做起的職場禮貌，便是常把「請、謝謝、對不起」掛在嘴邊，事實上，這就是最基本的禮貌。「請」別人幫忙，「謝謝」同事的協助，或是對於自己的不小心感到「對不起」，職場人際關係就是要靠這六個字去做潤滑修飾。在對外業務洽談、對外的服務態度以及接待的應對禮儀，也會決定他人對於公司的形象評論，這些態度同時也決定了成功與否的關鍵因素。

3.2.1　微笑練習法

人類與其他動物有一個不同的地方，就是人類會「微笑」，所以職場禮貌的第一步就是「微笑」。「伸手不打笑臉人」再有多大的怒氣，見到微笑的服務人員，怒氣總會因為「見面三分情」而消除許多。所以我們要學習微笑，因為微笑運動說起來很容易，做起來也不會太困難，但是能夠持之以恆的人，就不太容易了。練習微笑的時候，可以借助鏡子的功能，例如：有一個企業的總裁，分發給電話接聽人員，每人一面小鏡子，在接聽電話時，隨時看看自己的表情是否保持微笑以對。微笑很簡單，只要願意，就可以做的很好，只要嘴裡唸著英文字母中的「C」，唸「C」就是微笑的表情，經常練習，讓微笑成為習慣。

3.2.2　電話禮貌

電話禮貌攸關公司的形象良窳，電話是公司與客戶之間重要的橋樑，電話隱藏無限商機，電話接聽與溝通是關鍵的時刻，也是牽動著客戶將抱怨轉為信任與滿意的關鍵工具。

3.2.3　客戶抱怨處理

客戶的抱怨行為是對產品或服務的不滿意而引起的具體行為反應。客戶對服務或產品的抱怨即意味著經營者提供的產品或服務沒達到他的期望、沒滿足他的需求。另一方面，也表示客戶仍舊對經營者懷有期待，希望能改善服務水準。

客戶抱怨可分為私人行為和公開行為。私人行為包括迴避、重新購買或再也不購買該品牌、不再到該商店消費、說該品牌或該商店的負面看法等；公開的行為包括向商店或製造企業、向政府有關機構投訴、要求賠償。因此客戶對於企業或產品有抱怨的反應時，表示對企業或產品仍有期待，所以企業要關心客戶與誠摯虛心接受。

抱怨處理的最高境界就是「不要讓抱怨發生」，當抱怨都已經發生了，即使想要彌補挽救，在顧客關係管理上已造成傷害，所以最好的顧客關係管理，也就是「不要讓抱怨發生」。預防客戶抱怨發生的要領，從心態上要有下列幾點做法：

1. 設身處地站在客戶的立場著想。

2. 凡事主動在客戶之前，就能知道客戶不便之處，事前提高貼心的服務。

3. 強化內部溝通協調，隨時演練作業流程或抽驗作業品質，以避免客戶抱怨物流服務品質。

4. 以 Plan, Do, Check, Action（PDCA）管理循環，來減少客戶抱怨。

3.2.4 實施歡迎客戶抱怨的方針

客戶最討厭聽到的話通常是：「這是公司的規定，很抱歉，我無能為力」。很多企業根本就沒有制定歡迎客戶抱怨的政策，或是儘管制定了書面政策，但沒有考慮到如何落實執行，而是只想減少企業麻煩就好。因此，企業必須制定相關的政策並落實，方能使客戶抱怨能迅速、及時地解決。企業實施歡迎客戶抱怨有以下方針：

1. 制定有利於客戶抱怨的政策

許多企業對客戶服務制定政策的前提，是先站在自身的立場來思考，例如：

(1) 對所購商品不滿意的客戶，不能退換貨。

(2) 要求客戶必須保留原始收據或原始包裝才能退換貨。

(3) 專為客戶所設的客服中心，該開放的時間不開放，例如：午餐時間客服中心都要關門休息。

(4) 讓客戶在家裡等候送貨員或維修人員，影響客戶作息。

(5) 儘管客戶對某些煩人的政策怨聲載道，企業卻依然如故。

由此可見，以企業為自我的政策，無疑是造成客戶流失和客戶抱怨因素之一。因此，企業在制定政策時，應先站在客戶的立場，尋求客戶的意見，方能制定出客戶樂於配合的政策。

2. 企業內部統一協調，執行對客戶抱怨一致的政策

常見的例子是，企業最初向客戶提供服務的是甲部門，但最後卻常常被推到乙、丙、丁部門去，而且每個部門講的或承諾的內容都不一樣。根據市調機構對企業進行調查發現，幾乎所有的企業內部活動 99% 都與客戶無關。例如：保險公司處理客戶的申請表平均要花 22 天，其實處理這些表格所需的時間，只要 17 分鐘就可完成，那麼另外多花的時間都耗費到哪裡去了？上簽呈、開會、簽字…如果企業能夠內部先統一協調，執行對客戶抱怨一致的政策，那麼企業、員工和客戶都會三贏。

3. 對第一線員工充分授權處理客戶抱怨

授權第一線員工不要重覆老套的回應，而是根據當時不同情景，立即且靈活地向客戶抱怨提供適當的回應，還可充分發揮員工的主動、積極性為客戶服務。

4. 獎勵受理客戶抱怨的最佳員工

客戶抱怨是天使的聲音，有些企業急功近利，只顧短期利益，讓客戶抱怨無法得到妥善地解決。企業要建立對鼓勵員工積極有效的處理客戶抱怨制度，對優秀的員工給予獎勵。

5. 及時準確向管理高層傳達客戶抱怨

第一線員工能最先接觸到客戶（如圖 9.1），企業要建立制度讓來自客戶的抱怨訊息傳達給上層主管，也讓第一線員工和主管之間能坦誠地交換意見，一起為提高服務品質而努力。另外，企業的主管也可以親身體會一下客戶的抱怨，以瞭解企業需要改進的地方。

▶ 圖 9.1　授權第一線員工可以向客戶抱怨提供適當回應

　　當今企業面臨的挑戰是市場的流通速度不斷加快，促使企業主管和員工更需要加快客戶抱怨的回應速度。美國著名沃爾瑪超市的創始人山姆 · 沃爾頓說：「我們最好的點子往往來自於倉管員和送貨員，因為企業改進的的靈感都是受客戶抱怨而啟發的」。

3.2.5　減少客戶抱怨要領

　　光有良好的政策方針並不能轉變客戶的不滿，積極並準確的行動才是關鍵。企業必須培養高專業素質和高道德素質的員工，使客戶由不滿到滿意，再到驚喜。減少客戶抱怨要領有：

1. 以良好的態度應對客戶的抱怨

處理客戶抱怨，首先要有良好的態度。然而要保持良好的態度，說起來容易做起來難，它要求企業員工不但要有堅強的意志，還要有犧牲自我的精神去迎合對方，只有這樣，才能平息客戶的抱怨。

2. 瞭解客戶抱怨的主因

對客戶抱怨，首先要做的是瞭解客戶抱怨背後的原因是什麼？這樣有助於按照客戶的期望值來處理，這是解決客戶抱怨的根本。

3. 行動化解客戶的抱怨情緒

客戶抱怨的目的主要是讓員工用實際行動來解決問題，而絕非口頭上的承諾，如果客戶知道企業會有所行動自然會降低抱怨的情緒。當然光嘴上說絕對不行，要拿出行動來。在行動時，動作一定要快，這樣一來可以讓客戶感覺到尊重，二來表示經營者解決問題的誠意，三來可以防止客戶的負面宣傳對公司造成重大損失。

4. 讓抱怨的客戶驚喜

三位來自亞洲的旅客住宿於美國某旅店。旅客們想在前往機場的晚上到旅店的游泳池輕鬆地游泳。但是，當來到游泳池時，被禮貌地告知游泳池已經關閉，原因是為了準備晚上的一個招待會。旅客們聽完旅店服務員解釋，就回房休息。旅店服務員聽完旅客需求後，讓旅客們休息一下後，旅店服務員來到旅客們身旁說，一輛豪華轎車正在大門外等著接待他們，他們的行李將被運到另一家旅店，那裡的游泳池正在開放，他們可以到哪裡游泳。至於轎車費用，全部由旅店承擔。旅客們感到非常驚喜，這家旅店給他們留下了非常深刻的印象，也使旅客們樂於到處傳頌這一段服務佳話。

圖 9.2 為大陸蘇州某物流中心因應每年 11 月 11 日的光棍節，處理爆量的網購商品訂單，仍要兼顧物流服務品質。該物流中心目前訂單揀錯率為萬分之八，希望能再進步，目標是萬分之四。希望藉由提升物流服務品質來減少客戶抱怨的機會。

▶ 圖 9.2 客戶抱怨處理最高境界就是不要讓客戶抱怨發生

4 工作激勵理論

4.1 馬斯洛人類需要五層次理論

亞伯拉罕・馬斯洛（Abraham Harold Maslow, 1908-1970）。美國社會心理學家、人格理論家和比較心理學家。馬斯洛在 1943 年發表的《A Theory of Human Motivation Psychological Review》（人類動機的理論）一書中提出了人類需要五層次理論（Maslow's Hierarchy of Needs），是研究組織激勵時應用最廣泛的理論，如圖 9.3 所示。

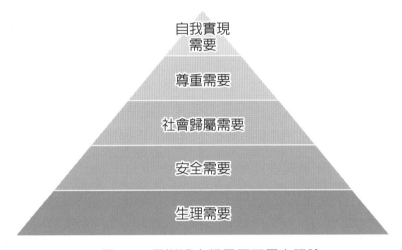

▶ 圖 9.3　馬斯洛人類需要五層次理論

此理論的構成，根據三個假設：

1. 人要生存，他的需要能夠影響他的行為。只有未滿足的需要能夠影響行為，需要滿足了，就不能再當為激勵工具。

2. 人的需要，按重要性和層次性排成一定的次序，從基本的需要（如：食衣住行）到複雜的需要（如：自我實現）。

3. 當人的某一層的需要，得到最低限度滿足後，才會追求高一級的需要，如此逐級上升，成為推動繼續努力的內在動力。

馬斯洛理論把需要分成生理需要、安全需要、社會歸屬需要、尊重需要和自我實現需要五類，依次由較低層次到較高層次，各層次需要的含義如下：

4.1.1 生理需要

　　這是人類維持自身生存的最基本需要，包括衣、住、食物、水、空氣、健康等的方面的需要。生理需要是推動人們行動最強大的動力，如果這些需要得不到滿足，人類的生存就成了問題，生理需要未滿足時的特徵，什麼都不想，只想讓自己活下去，思考能力、道德觀明顯變得脆弱。例如：當一個人極需要食物時，會不擇手段地搶奪食物。

　　馬斯洛認為，只有這些最基本的需要，獲得滿足後可維持生存所必需的條件後，其他的需要才能成為新的激勵因素，此時，這些已滿足的生理需要也就不再成為激勵因素了。物流管理者以生理需要來激勵員工時，激勵措施可以增加工資、改善勞動條件、給予更多的業餘時間和空間休息、提高福利待遇等。

4.1.2 安全需要

　　這是人類要求保障人身安全、擺脫喪失財產威脅、生活穩定以及免遭受痛苦、威脅或疾病等方面的需要。安全需要未滿足時的特徵，會感到身邊的事物對自己造成的威脅，認為一切事物都是危險的，而變得緊張、徬徨不安。

　　例如：一個孩子在學校被同學欺負、受到不公平的對待，會開始變得不相信社會，變得不敢表現自己，藉此來保護自身安全。一個成人，工作不順利，薪水微薄，養不起家人，而變得自暴自棄，利用喝酒，吸煙來尋找短暫的安全感等。

　　馬斯洛認為，整個人生是一個追求安全的過程，甚至可以把科學和人生觀都看成是滿足安全需要的一部分。當然，這種需要一旦相對滿足後，也就不再成為激勵因素了。物流管理者以安全需要來激勵員工時，可強調規章制度、職業保障、福利待遇、員工安全、醫療保險、失業保險和退休福利等。圖9.4為日本某物流中心員工正在揀貨，安全及舒適的物流職場環境可以滿足員工的安全需要。

▶ 圖9.4　安全的物流職場環境可以滿足員工的安全需要

4.1.3　社會歸屬需要

　　社會歸屬是一種社交上的需要，包括兩個方面的層次，一是友愛的需要，即人人都需要夥伴關係、同事間的融洽情誼，人人都希望得到愛情，希望愛別人，也渴望接受別人的愛；二是歸屬的需要，即人都有一種歸屬於一個群體的感情，希望成為群體中的一員，相互關心和照顧。社會歸屬需要比生理需要來的細緻，它和一個人的特性、經歷、教育、宗教信仰都有關係。缺乏社會歸屬需要的特徵，會因為沒有感受到身邊人的關懷，而認為自己在這世界上沒有價值。例如：一個沒有受到關懷的青少年，認為自己在家庭中沒有價值，所以在圖 9.4 安全的物流職場環境可以滿足員工的安全需要學校社交模式，便是以不理性地擴大尋找同儕，讓自己融入社交圈中。

　　物流管理者以社會歸屬需要來激勵員工時，可提供同事間社交往來的機會，支援與贊許員工尋找及建立和諧溫馨的人際關係，開展有組織的體育比賽和群體聚會活動等，都有助於工作環境和諧的氛圍、降低衝突，提高生產力。

4.1.4　尊重需要

　　屬於較高層次的需求，人人都希望自己有穩定的社會地位，要求個人的能力和成就得到社會的肯定。例如：成就、名聲、地位和晉升機會等。尊重需要既包括對成就或自我價值的個人感覺，也包括他人對自己的認可與尊重。缺乏尊重需要的特徵，會變的很愛面子，或是很積極地用行動來讓別人認同自己，也很容易被虛榮所吸引。例如：利用暴力來證明自己的強悍，富豪為了自己名利而賺錢或是捐款換取別人的認同等，來證明自己在這社會的存在和價值等。

　　馬斯洛認為，尊重需要得到滿足，能使人對自己充滿信心，對社會滿腔熱情，體會到自己活著的價值。物流管理者以尊重需要來激勵員工時，可採取公開獎勵和表揚，強調工作任務的艱巨性以及任務達成所需要的高超技巧，頒發榮譽獎章、在公司刊物發表文章表揚優秀的員工等，都是對員工付出的一種肯定。

4.1.5　自我實現需要

　　這是最高層次的需要，它是指實現個人理想、抱負，發揮個人的能力到最大程度，完成與自己能力相稱的一切事情的需要。也就是說，前面生理、心理、社會歸屬及尊重四項需要都被滿足後，最高層次的需要方能相繼滿足。（缺乏

自我實現需要的特徵：會覺得自己的生活被空虛感給推動著。自我實現需要例子，如一個真心為了幫助他人而捐款的人；一位武術家、運動家把自己的體能練到極致，讓自己成為世界一流；一位企業家，真心認為自己所經營的事業能為這社會帶來價值，而為了比昨天更好而努力工作。）馬斯洛提出，為滿足自我實現需要所採取的途徑是因人而異的。自我實現的需要是在努力實現自己的潛力，使自己越來越成為自己所期望的人物。

物流管理者以自我實現需要來激勵員工時，可採取在工作設計時，運用複雜情況的適應策略，給有特長的人委派特別任務；在設計工作和執行計畫時，將任務交付給適任員工，以利任務達到符合企業與客戶需求及滿意度。

物流管理者可運用馬斯洛五層次需要理論，瞭解員工的需要，並對員工進行激勵。在不同組織中、不同時期的員工需要充滿差異性，而且經常變化。因此，管理者應該經常地用各種方式進行瞭解，瞭解員工未得到滿足的需要的原因是什麼，然後有針對性地進行激勵，以讓員工獲得被需要的價值。

4.2　麥格利格的 X 與 Y 理論

X 理論和 Y 理論（Theory X and Theory Y），為人力資源管理、組織行為學和社會心理學中，關於工作激勵的理論，由美國心理學家道格拉斯‧麥格利格（Douglas McGregor）於 1960 年代於企業的人性面一書中所提出。該理論係假設人類許多行為類型有善良與自私，這種理論基礎與中國春秋戰國時代孟子的性善論、荀子的性惡論有異曲同工之處。

X 理論假設人性偏向性惡，例如：自私自利、不守規矩、好逸惡勞、逃避責任、無成就感、無企圖心、不規範自己行為、不關心團隊或組織目標與需求、盲從與接受領導、反應遲鈍、品行貪污近利等。X 理論是「胡蘿蔔加棒子」式的軟硬兼施思維，它建立在「群眾是平庸的」的假設基礎上，故持 X 理論的管理者會趨向於設定嚴格的規章制度，以減低員工對工作的消極性。

Y 理論假設基礎是「人想幹活，人需要工作」。Y 理論對人性的假設為：全力以赴、承擔責任、有成就感與榮譽心、自我規範行為、配合團隊與組織目標、善良守規矩，並非一昧盲從與跟隨，對承諾之事全力完成、反應靈敏、品行清廉等。故持 Y 理論的管理者主張用人性激發的管理，使個人目標和組織目標一致，會趨向於對員工授予更大的權力，讓員工有更大的發揮機會，以激發

員工對工作的積極性。值得一提的是 Y 理論不純粹是一種理論，麥格利格幫助寶潔公司設計在喬治亞的工廠，依靠 Y 理論，業績迅速超過了寶潔的其他工廠。

但根據實務應用，純 X 和純 Y 理論最大的缺點，乃是忽略了人類的可塑性與多樣性，不可單純用 X 或用 Y 理論來分析企業對人的管理方法，因為假設都過於片面，並不適用於目前複雜的社會型態。不同的人有不同的特點，有的人性善或性惡的。一個團體中良莠不齊，有人積極，有人消極，管理者若是先入為主地只認同某一理論，並不能解決所有成員的問題。因此，管理者必須視情況綜合運用，找出一種比較折衷合適的管理方案。

4.3　赫茲伯格的兩因子理論

美國的行為科學家弗雷德里克・赫茲伯格（Fredrick Herzberg）提出兩因子理論（Two Factor Theory），又叫激勵保健理論（Motivator-Hygiene Theory），也叫兩因子激勵理論，廣泛應用於員工的激勵。

20 世紀 50 年代末期，赫茲伯格在美國匹茲堡對二百名工程師、會計師進行調查訪問，訪問主要圍繞兩個問題：(1) 在工作中，哪些事項是讓受試者感到滿意？並估計這種積極情緒持續多長時間；(2) 又有哪些事項是讓受試者感到不滿意的？並估計這種消極情緒持續多長時間。赫茲伯格以對這些問題的回答為材料，著手去研究哪些事情使人們在工作中快樂和滿足？哪些事情造成不愉快和不滿足？結果發現，使員工感到滿意的都是屬於工作內容本身，他叫做激勵因子，激勵因子包括：成就感、獎金、器重、升遷、工作本身、成長、責任等；使員工感到不滿，都是屬於工作關係或環境方面，他叫做保健因子，保健因子包括：組織政策管理、人際關係、薪資、工作保障、工作環境、地位、工作技術、工作監督等。

根據赫茲伯格的理論，在員工的激勵方面，可以分別採用以下兩種基本做法：

1. 激勵因子（直接滿足）

透過工作內容本身所獲得的滿足員工透過工作所獲得的滿足，這種直接滿足是通過工作內容本身得到的，它能使員工學習到新的知識和技能，產生興趣和熱情，使員工具有光榮感、責任心和成就感，因而可以使員工受到激勵，產

生極大的工作積極性。對於這種激勵方法，管理者應該予以重視，員工的積極性一經激勵起來，不僅可以提高生產效率，而且能夠持久，所以管理者應該充分注意運用這種方法來激勵員工。

2. 保健因子（間接滿足）

透過工作內容本身以外（工作關係或環境）所獲得的滿足這種滿足不是從工作內容本身獲得的，而是在工作以後獲得的，例如：嘉獎、物質報酬和福利等。其中福利方面，諸如薪資、三餐、托兒服務、進修、社團等，都屬於間接的滿足，因而在員工積極性上往往有一定的局限性，常常會使員工感到與工作本身關係不大而不在乎。有研究者認為，這種間接滿足雖然也能夠顯著地提高工作效率，但不容易持久。

兩因子理論具有一定的科學性。在實務工作中，物流管理者可利用這種理論來激勵員工，不僅要充分注意間接滿足的保健因子，使員工不致於產生不滿情緒；更要注意利用直接滿足的激勵因子去激發員工的工作熱情，來激勵員工努力工作。

4.4 蘑菇管理定律

蘑菇管理定律（Mushroom Management）係指組織或個人對待新進人員的一種管理心態。因為新進人員常常被置於不受重視的部門，只是做一些打雜跑腿的工作，得不到必要的指導和提攜，這種情況與蘑菇生長於陰暗的角落極為相似。

無論是多麼優秀的人才，在剛開始的時候，都只能從最簡單的「蘑菇」開始歷練，蘑菇經歷對於成長中的年輕人來說，猶如破繭成蝶，如果承受不起這些磨難，就永遠不會成為展翅的蝴蝶，所以高效率地走過這一段，並儘可能汲取經驗，樹立良好、值得信賴的個人形象，是每個剛入社會的年輕人必須面對的課題。

「天將降大任於斯人，必先苦其心志，勞其筋骨、餓其體膚」、「吃得苦中苦，方為人上人」。吃苦受難並非是壞事，特別是剛走向社會的新進人員，先期許自己當「蘑菇」，能夠消除很多不切實際的幻想，也能夠對形形色色的人與事物有更深的瞭解，為日後的發展打下堅實的基礎。

　　社會新鮮人如果明白蘑菇管理定律的道理，就能從最簡單、最單調的事情中學習，努力做好每一件小事，多幹活少抱怨，能更快進入社會角色，贏得前輩們的認同和信任，從而較早地結束蘑菇時期，進入真正能發揮才幹的領域（如圖 9.5 物流中心的員工正在搬運物流箱）。要落實這個定律，可從兩方面著手：

1. 企業

(1) 避免過早曝光：新進人員有理論難免會紙上談兵，過早對年輕人委以重任，等於揠苗助長。

(2) 養分必須足夠：培訓、工作輪調等工作豐富化的手段，是幫助人力資源轉為人力資本的工具。

2. 個人

(1) 新進人員初出茅廬不要抱太大希望：當上幾天蘑菇，能夠消除很多不切實際的幻想，能更加接近現實，看問題也更加實際。

(2) 耐心等待出頭機會：千萬別期望環境來適應你，做好單調的工作，才有機會幹一番真正的事業。

(3) 爭取養分，茁壯成長：要有效地從做蘑菇的日子中吸取經驗，令心智成熟。

▶ 圖 9.5　物流新進人員要努力做好每一件小事來贏得敬重

5 物流團隊領導風格

　　領導風格與員工激勵有密切的關係，物流從業人員的工作績效也與團隊的領導風格有緊密的關聯。適當的激勵措施可以提升員工的滿意度，進而讓組織與團隊的工作績效隨之提升。

5.1 領導風格的三要素

5.1.1 學習力

　　學習力就是競爭力。當今世界是一個充滿競爭的時代，在上個世紀 60 年代，被《財富》雜誌列為世界 500 強的大公司，堪稱全球競爭力最強的企業。然而，1970 年的 500 強在 80 年代有三分之一已經銷聲匿跡，到上世紀末更是所剩無幾了。這反映出這些大企業如果不能與時俱進，就會被時代所淘汰。所以領導者學習力的成功在於：

1. 能以最快速度，最短時間學到新知識，獲得新資訊。

2. 能以最快速度、最短時間把學習到的新知識、新資訊用於企業變革與創新，來適應市場和客戶的需要。

3. 能協助並加強「組織學習」，形成具有特色的組織文化，集思廣益，獲得最大成效。

5.1.2 影響力

　　在現代的企業中，領導者承擔著越來越多的角色：

1. **觀察家**：瞭解環境變化和趨勢，洞察組織文化、結構、運作、成員的細微變化，形成理念，加以引導。

2. **外交家**：協調企業與其他組織的關係，平衡外界環境，爭取獲得最大資源和支持。

3. **宗教家**：宣傳企業文化、理念和目標，解釋組織的目的，做什麼？為什麼要這樣做？

4. **教育家**：教育和訓練組織成員遵照組織目標、規則，並不斷提高成員的能力，以適應組織發展的需求。

5. **調解者**：統一組織成員不同的意見，來化解組織衝突。

這些角色都需要領導者與組織成員產生互動。同時,領導者的人格和價值觀還會潛移默化地影響組織成員,成為組織的行為標準,公正、信念、毅力、進取精神等優秀的人格特質,也會提升領導者的個人魅力,擴大追隨的成員。

5.1.3　包容心

「明君兼聽,暗君偏信」,這句出自唐朝宰相魏徵的歷史名言,簡潔有力地道出英明與昏庸領導者的差別,這樣一個看似簡單的道理,卻是知易行難。

領導者應廣納諫言,以一顆「寬闊的心」,接納不同意見,包容相異的想法。喜歡聽好話、樂於聽到與自己一致的見解,是人性中的弱點,會使人容易迷失方向。英明的領導者,懂得克服這一自我弱點,即使聽到他人說出不利於自己期待的想法,也願意專注傾聽,先瞭解對方的想法,就算最後還是不同意,也並不會因此怪罪對方。相反地,昏庸的領導者聽到不樂於聽的話,便從負面的角度對待,此後便沒有人願意再表示意見。圖 9.6 為大陸蘇州工業職業技術學院的系領導探望正在物流中心服務的實習生同學,來激勵士氣,提升工作績效。

▶ 圖 9.6　物流從業人員的工作績效與團隊的領導風格有緊密關聯

5.2　領導風格的類型

領導風格類型,有包括以下幾種類型:

5.2.1　命令型

命令型的領導者需要別人的立即服從。

➡ **適用情形:**在採用命令型領導風格時必須謹慎,只有在絕對需要的情況下才可以使用,諸如一個組織正處於轉型期或者企業面臨危急時。

➡ **不適用的情形:**如果一個領導者在危機已經過去之後,還繼續使用這種風格,就會導致對員工士氣的打擊以及員工感受的漠視,而這帶來的長期影響將是毀滅性的。

5.2.2 示範型

　　示範型領導者會樹立極高的績效標準，並且自己會帶頭做榜樣。這種領導者在做事情時，總是強迫自己又快又好，而且他們還要求周圍的每一個人也能夠像他一樣。

➡ **適用情形**：當一個組織所有員工都能夠進行自我激勵並且具有很強的能力，而且幾乎不需要任何指導或者協調時，這種領導方式往往能夠發揮極大的功效。

➡ **不適用的情形**：像其他領導風格一樣，不應單獨使用。示範型領導者對完美的過度要求，會使很多員工有被壓迫的感覺。

5.2.3 遠見型

　　遠見型領導者會動員大家為了一個共同的理想而努力。同時，對每個個體採用什麼手段來實現該目標，往往會保留充分的空間。

➡ **適用情形**：所有的商業情形。

➡ **不適用情形**：與一個領導者在一起工作時，是一個由各種專家組成的團隊，或者是一些比領導者更有經驗的同事時，容易產生互斥效果。

5.2.4 關係型

　　這種領導風格是以人為中心，關係型領導者努力在員工之間營造一種和諧的氛圍。

➡ **適用情形**：須要努力建立和諧的團隊氛圍、增強團隊士氣、改善員工之間的交流，以及恢復大家之間的信任等。

➡ **不適用的情形**：它不宜單獨使用。由於這種領導風格千篇一律地對員工進行表揚，所以它可能會給那些績效較差的員工提供錯誤的導向，可能會感覺到在這個組織之中，平凡是可以容忍的，它應該與遠見型風格結合使用。

5.2.5 民主型

　　這種領導方式通過大家的參與而達成一致意見。

➡ **適用情形**：當一個領導者對組織最佳的發展方向不明確，且須要聽取一些員工的意見時。即使已經有很好的願景，運用民主型領導風格，可以從員工意見中得到一些新的思想來幫助實現願景。

➡ **不適用的情形：**這種領導風格最讓人頭疼的問題是它會導致無數的會議，很難讓大家達成一致意見，所以在危機時刻不應使用。

5.2.6　教練型

　　教練型領導者會幫助員工們確定自身的優點和弱點，並且將這些與他們個人志向和職業上的進取心聯繫起來。教練型領導者非常擅長給大家分配任務，爲了給員工提供長期學習的機會，往往不惜忍受短期的失敗。

➡ **適用情形：**當人們做好準備時，這種領導風格最有效。例如：當員工已經知道自己的弱點並且希望提高自己的績效時，員工較能接受領導所派各項任務，以獲得指導及提高任務達成率。

➡ **不適用的情形：**當員工拒絕學習或者拒絕改變自己的工作方式時。

　　以上幾種類型闡述較具遠見型、關係型、民主型以及教練型的領導風格，往往會營造出組織或團隊最好的工作氛圍並取得最好的績效。

　　圖 9.7 爲參訪日本大福高 DAIFUKU 科技設備股份有限公司，高階主管展現領導風格率領幹部親自送客，令人印象深刻。該公司從事全世界物流設備的研究、設計、整合和實施。團隊的領導有哪些績效考核呢？茲提供下列參考法則：

▶ 圖 9.7　日本大福高 DAIFUKU 高階主管率領幹部親自送客

1. 績效考核以「行爲導向」（又稱爲：過程導向）爲主軸，以組織、團隊與個人完成任務的過程或方式，來判定績效標準。

2. 績效考核以「結果導向」爲主軸，以組織、團隊與個人完成任務的成敗或結果，來判定績效標準。

3. 相對績效導向：以排名或比賽等方式，來衡量績效高低。

4. 絕對績效導向：制定標準或基本門檻，來衡量績效良窳。

5. 效率績效導向：產出／投入＝效率，以量產與速度衡量績效。

6. 效能績效導向：（產出－不良產出）／投入＝效能，以品質、正確性與客戶滿意度衡量績效。

6 物流企業文化建立與運用

6.1 道、天、地、將、法

由孫子兵法的「道、天、地、將、法」來談企業文化。「道」就是「道路、方向」，係指一個企業的價值觀、方向、政策、使命、理念與願景等。

「天」就是「天時」，係指企業的外部環境、時機、時局、政令、法律、市場需求、消費者意識、流行脈動等。「地」就是「地利」，係指企業的內部環境、優勢與弱勢、管理與謀略等。「將」就是「將領」，係指人才與團隊、人力資源規劃等。「法」就是「法制」，係指一個企業的規章制度、執行力與落實度等。

為何孫子兵法開宗明義就以「道、天、地、將、法」來闡述？又將「道」放之為首呢？可見「道」之重要性。一個企業如果沒有「道」，那就等於沒有方向與理念，企業之路往何處走都不明確了，整個企業將會搖搖晃晃的，正如所謂：「沒有方向的船，是到達不了岸」，可見從先聖古賢的名訓，也一在強調「道」的重要性。簡單的說，「道」就是「企業文化」。

6.2 何謂企業文化

「企業文化」係指企業成員所奉行的價值觀、想法、行為模式，也是企業的價值、信仰、意識、思想的集合。其顯著象徵有：儀式、故事、標語、行為、穿著、物質、環境等。其潛在價值有信念、態度、感受等。

6.2.1 構成企業文化的因素

1. 全員的共識。

2. 主事者的價值觀。

3. 實行時，上下成員的互動關係。

4. 從評價到實行的過程。

5. 員工對組織的忠誠度。

6.2.2　企業文化的推動工具

推動企業文化的工具相當多，一般在物流產業常常使用的方法如下：

1. 企業識別系統（CIS）

2. 儀式：以舉辦各種活動、典禮等來進行有意義或價值性的事宜。

3. 制度：訂定公平、公開、公正與具有激勵性的規範、法規、規定等。

4. 故事：將發生於企業週遭或者企業本身的案例，以故事方式表達之。

5. 行為：對於某些事情或事件，以特別的處理方式為之，並具有影響力。

6. 標語：以簡潔有力，發人深省與提醒警惕的文字、對句，張貼於作業環境。

7. 穿著：以具有可以識別衣服，整體一致的造型，來展現企業文化特色。

8. 環境與設備：乃以工作環境與設備的添購、更新、整理等而言。

9. 獎酬：對於優越的工作績效或者行為等，加以物質或精神上的獎勵。

所謂 CIS 企業識別系統（Corporate Identity System），其內容涵蓋三大部分：

1. MI：Mind Identity 企業理念的確認。

2. BI：Behavior Identity 組織行為的確認。

3. VI：Vision Identity 視覺識別系統的確立。

6.3　儀式活動的運用

在企業文化的具體活動中，儀式佔有相當大的比重。例如：過去台塑企業每年都有運動大會，在運動大會上有一項相當特殊的競賽「扛米包賽跑」，其主要的意義，在於希望全體員工記取王永慶先生創業之前，經營米行生意的精神，這個精神就是「追根究底、點點滴滴」的經營哲學，也就是台塑企業期望透過儀式讓眾人瞭解這個文化理念傳承的重要性。

6.4　企業文化推動的步驟

企業文化推動有以下幾個步驟：

1. 瞭解市場與客戶需求

2. 確立企業經營理念

3. 凝聚全員共識

4. 運用推動工具與方法

5. 落實行動執行

6. 形成企業文化

7. 展現企業文化推動的成果

8. 檢視經營管理績效

參考文獻

1. 吳永猛、陳松柏、林長瑞 (2016)，企業倫理：精華理論及本土個案分析，6 版，五南圖書。

2. 美國 SOLE 國際物流協會 台灣分會 (2016)，物流與運籌管理，6 版，前程文化。

3. 美國國際物流協會網站 (2020)：http://www.sole.org

4. 陳鏞竹，物流之團隊多元化與團隊工作滿意度對團隊績效之影響—以個案 S 公司為例，國立中央大學人力資源研究所未出版碩士論文，2003 年。

5. 陳勁甫、許金田 (2016) 企業倫理：內外部管理觀點與個案，前程文化事業有限公司。

6. 李宥慈 (2018)，成為傑出的領導者，沒有 SOP！4 個問題，認識你的領導風格，經理人網站：https://www.managertoday.com.tw/articles/view/55893。

7. 夏士嵐 (2010)，大學生入職初期面對蘑菇管理定律的思考，教育教學論壇，2010 年。

CHAPTER 10

物流英文
Logistics English

學 習 目 標

1. 瞭解常用專業物流英文術語
2. 瞭解專業物流英文與供應鏈術語之應用
3. 瞭解物流英文在實務上的重要

⊞ 趨勢雷達

日本樂天集團英語化成功的祕訣：將員工英語能力列入 KPI，兩年內消弭溝通障礙

⊞ 趨勢雷達

三星吸納全球人才，儼然聯合國

物流決策系統（Logistics Decision－Making System）

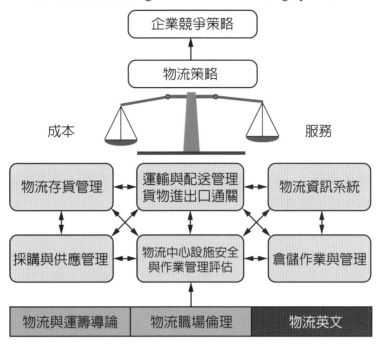

「物流決策系統」架構的基礎，係以「物流與運籌導論」、「物流職場倫理」與「物流英文」為最重要的基礎，也就是企盼有志於物流與運籌的讀者們，除需具備物流與運籌專業與物流英文能力外，仍需培養負責任的做事態度與涵養忠誠的團隊精神，這也是呼應現今各產業對於物流與運籌人才最最企盼的特質。

從香港現代物流業對人力資源的要求中，可知物流業是服務業的一種，而客戶主要是在海外的買家或貿易商。如果不能好好的掌握有關語文能力，及對客戶的文化、歷史、政治、社會情況有深刻的認識，又怎能取得客戶的信任？

所以讀者們可以先從 181 個物流英文開始學起，多看幾遍、多讀幾遍，不用擔心，這些都是平時物流從業人員常用的物流字彙。希讀者們以此為基礎，再逐步往上構築自己的物流英文能力。

與讀者們共同勉勵！

日本樂天集團英語化成功的祕訣：將員工英語能力列入 KPI，兩年內消弭溝通障礙

日本樂天集團社長三木谷浩史說，「如果不是經過英語化政策，樂天無法進行如此快速的擴張」。將英語植入企業的 DNA，不是以英語為尊，而是要讓樂天穩當邁開全球化的腳步。

英語是樂天成為真正全球化企業的必經過程。樂天 2005 年買下美國聯盟行銷廣告公司 LinkShare，2008 年合資開設臺灣樂天，2009 年收購泰國最大電子商務平台 TARAD.com。但歷經這些購併，三木谷觀察到，整合效果不彰。樂天想對海外子公司傳授樂天的 Know-How，要透過翻譯；樂天想與日本員工分享國外新知，也得把國外的資料先翻譯成日文，員工彼此間資訊傳達不同步，隔閡無法消減，根本談不上綜效。

多益未達標準，無法升遷

所以，三木谷於 2010 年宣布，樂天集團的官方語言是英語。

三木谷要求英語化計畫全面啟動，所有董事會議、資深管理階層會議、和每週例會皆以英語進行，內部文件以漸進式的方式改為英文：第一週，幹部會議的資料與提案以英文書寫，第三週，連會議時的討論和會議記錄也使用英語。

樂天英語化計畫經理余繼光（Kyle Yee）表示，英語化計畫部門隸屬於人力資源部門，樂天將員工的英語能力與考核、升遷連結在一起。將多益（TOEIC）成績納入 KPI，依職位不同訂定目標成績，高階主管為 750 分（滿分 990），一般員工為 600 分。然後將員工依據目前多益成績與目標成績的差距，區分為紅、黃、橘和綠燈區，綠燈才表示通過。

緊接著，人力資源部門宣布，多益成績未達標準者將無法升遷，這個消息引起許多員工不滿，也有人認為上層只是說說而已。等到人事升遷案，確實有人不能升遷，甚至也有人因此被降級，員工才知道三木谷是玩真的，也只好卯足了勁念書。

升遷受影響的員工，可加入樂天每天上課的「升遷候補訓練計畫」，因上課而無法執行的工作則由部門其他同仁填補人力缺口。

　　新進員工若就職時多益測驗成績未到標準，將暫時不分發工作單位，以上班時間學英文。三木谷要讓員工知道，英語不是額外的訓練，而是重要的工作。三木谷的嚴明為激進的英語化政策設下起跑點，可是員工若不能打從心裡接受，變革多半以失敗作收。管理大師麥可‧漢默（Michael Hammer）說，要讓員工了解、關心及認可組織變革的方法，就在於溝通。

　　趨勢余繼光指出，三木谷非常重視員工的反應與回饋，每個星期在會議上反覆提醒英語化政策的重要性，盡可能不要產生「不會英語的員工就是差勁的員工」的氣氛，英語成績進步的同事也會公開表揚，在公司中形成積極的上進氣氛。

　　畫開始的時候不到三成的人在綠燈區，迄今不過兩年，87% 的員工都進入了綠燈區，英語化計畫成效卓著。

英語化六大目標，接軌全球

　　樂天明定英語化政策目標如下：

1. 分享全世界的最佳實踐（Best Practices）。
2. 以全球企業為標竿。
3. 為樂天賣家開拓新市場。
4. 吸引全球人才。
5. 實施全球人力資源管理與發展系統。
6. 加速購併與整合，推廣樂天商業模式。

　　有時候，企業領導人看來大膽的嘗試，其實是企業發展中必然的選擇。

　　《富比士》（Forbes）雜誌的世界創新企業排名中，樂天以其多元化、大膽的購併策略名列前茅。樂天所有服務與業務已拓展至 23 個國家，創造千億營收，目前非日籍的員工占全體員工的 70% 以上。

　　英語化政策不只是樂天整合全球事業的接著劑，說英文的樂天更有機會以獨特的「B2B2C」，打造電子商務王國。

資料來源：取材修改自經理人月刊，張玉琦、郭明琪。

1. ABC 分析：存貨按價值和百分比來分類，是一種重點管理的方法

2. Activity-based costing 作業基礎成本法：以作業活動為單元的成本計算方法

3. Advanced travel information system（ATIS）先進交通資訊系統

4. Air cargo 空運貨物

5. Air carrier 空運業：如航空公司

6. Air container 空運貨櫃

7. Air express 航空快遞：如 UPS、DHL、FedEx、TNT

8. Air freight forwarder 航空貨運承攬業：介於貨主與航空公司之間的業者

9. Airline 航空公司

10. Airport freight terminal 機場貨運站

11. Assemble to order（ATO）接單後組裝

12. Assembly 組裝

13. Assorting 分類

14. Automated warehouse 自動倉庫

15. Automatic identification system 自動識別系統：如利用 RFID 辨識物品

16. Automatic replenishment 自動補貨

17. Automatic vehicle location（AVL）自動車輛定位：如利用 GPS 知道車輛位置

18. Available inventory 可用的存貨

19. Back haul 回程

20. Bar code scanner 條碼掃描機

21. Belly cargo 腹部貨

22. Benchmarking 標竿

23. Bill of Lading（B/L）託運單：託運人寄貨時之單據，為託運人與運送人間權利義務之合約

24. Bill of materials（BOM）物料清單：生產時所需的原料、零件、組裝品等的名稱與數量之明細

25. Bonded warehouse 保稅倉庫：進口貨在此倉庫暫不需繳關稅

26. Box pallets 箱形棧板

27. Break even point 損益平衡點：收益等於成本的點，不賺不賠的點

28. Built-to-order（BTO）接單生產：先接單再生產

29. Bulk cargo 散裝貨

30. Bullwhip effect 長鞭效應：需求端的小變動，卻造成上游廠商訂貨與存貨的大變動

31. Business model 商業模式

32. Business strategy 企業策略：例如：企業透過 SWOT 分析，找尋方向與定位

33. Cargo handling 貨物處理：貨物搬運或儲存等處理作業

34. Cargo tracking 貨物追蹤：貨物去向的查詢

35. Carrier 運送人：送貨的公司或人，例如：經營卡車、火車、貨櫃船及飛機之公司

36. Cash flow 現金流量

37. Certificate of Origin 原產地證明

38. Certified Professional Logistician（CPL）專業物流師

39. Collaborative logistics 協同物流：不同公司合作分享資訊或設施

40. Collaborative planning, forecasting, and replenishment（CPFR）協同規劃預測與補貨：供應鏈中不同公司藉由資訊互享與程序合作之方式來協同合作

41. Competitiveness 競爭力

42. Consignee 收貨人

43. Consignor 託運人：又稱 shipper

44. Container yard（CY）貨櫃存放場

45. Convenience store 便利商店

46. Contingency plan 應變計畫

47. Core business 核心業務

48. Core competency 核心能力

49. Cross docking 越庫：貨物沒有入庫、儲存等作業，直接由進貨月台至出貨月台並至配送貨車上

50. Customization 客製化

51. Customer relationship management（CRM）顧客關係管理

52. Customer segmentation 顧客區隔

53. Customs clearance 清關：海關人員檢查貨物、查核文件並核發許可

54. Deadweight（DWT）空重

物流與運籌管理

55. Delivery costs 配送成本

56. Delivery time window 配送時窗：運送業者在某段時間內將貨配送至收貨人

57. Demand chain 需求鏈：以顧客為主之供應鏈

58. Demand forecasting 需求預測

59. Distribution center（DC）物流中心、配送中心

60. Delivery time 配送時間

61. Economic order quantity（EOQ）經濟訂購量：使存貨成本（訂購成本＋持有成本）最低的訂購量

62. Economies of scale 規模經濟：單位成本隨著生產量而下降

63. Economies of scope 範圍經濟：同時生產兩種以上產品之總生產成本，比個別生產個別產品的總成本為低

64. Electronic commerce（e-commerce）電子商務：包括 Business to business（B2B）及 B2C（business to consumer）

65. Electronic Data Interchange（EDI）電子資料交換：公司間經過資訊的標準格式來傳遞文件

66. Enterprise Resource Planning（ERP）企業資源規劃：將訂單處理、採購、生產、存貨、銷售、財產、人事等部門整合在一起之管理系統

67. Error rate 錯誤率

68. Express delivery 快遞

69. Fill rate 訂單滿足率：出貨的數量／訂單的數量

70. Finished goods 成品

71. Fixed rack 固定式料架

72. Free Trade Zones（FTZ）自由貿易區

73. Forth party logistics（4PL）第四方物流

74. Franchise 加盟

75. Free port 自由港

76. Freight forwarder 貨物承攬業

77. Green logistics 綠色物流：與環保有關之物流活動，例如：減少空氣污染的貨車、物品的回收等

78. Freight transportation 貨物運輸

79. Global logistics 全球物流、全球運籌

80. Global positioning system（GPS）全球定位系統

81. Globalization 全球化

82. Home delivery 宅配

83. Hub-and-spoke 轉運中心（輻軸中心）

84. Inbound logistics 進貨物流：物品由供應商至工廠之作業過程

85. Integrated logistics 整合型物流

86. Intermediate carrier 中間運送人

87. Intermodal transportation 複合運輸：兩種運具以上的轉運與合作

88. Inventory management 存貨管理：確保最佳存貨量，以降低存貨成本與滿足客戶要求之服務品質

89. Inventory control 存貨控制

90. Inventory cost 存貨成本

91. Inventory turnover 存貨周轉率：存貨周轉率高，表示存貨流動快

92. Just in time（JIT）及時交貨：可降低存貨，沒有延滯，沒有浪費

93. Key performance indicators 關鍵績效指標

94. Labeling 貼標籤

95. Lead time 前置時間：對訂購人而言，下訂單後至收到貨的時間

96. Lean logistics 精實物流：除去不必要浪費後的物流

97. Less than Truckload（LTL）零擔貨運：按車輛所載貨物之件數及每件重量計算運費者，散貨之意

98. Load factor 裝載率

99. Loading area 裝載區

100. Logistics 物流、運籌

101. Logistics management 物流管理

102. Logistics outsourcing 物流委外

103. Logistics provider 物流提供者：常指 3PL

104. Management Information System（MIS）管理資訊系統

105. Manufacturer 製造者

106. Market segmentation 市場區隔

107. Market positioning 市場定位

108. Market share 市場占有率

109. Market structure 市場結構：如完全競爭、寡占、獨占市場等

110. Marketing 行銷學

111. Materials management 物料管理：物料的採購、運送、儲存等管理

112. Multinational company（MNC）跨國公司

113. Obsolete stock 報廢存貨

114. Ocean carrier 海上運送人：例如長榮、陽明海運公司

115. Off season 淡季

116. On season 旺季

117. On-time delivery 準時配送

118. Operation Management 作業管理

119. Optimum stock level 最佳存貨水準

120. Order picking 訂單揀貨：按訂單在倉儲區揀貨

121. Order processing 訂單處理：物流中心收到訂單後，進行輸入訂單、揀貨、出貨、送貨等處理作業

122. Order quantity 訂單數量

123. Origin and destination 起迄點

124. Outbound logistics 出貨物流：成品製成後之物流作業

125. Out-of-stock costs 缺貨成本

126. Packaging 包裝

127. Pallet 棧板

128. Parcel delivery 包裹配送

129. Peak season 旺季

130. Physical distribution 實體配送：成品由工廠經由倉庫到顧客手中之倉儲與運送的作業

131. Pick and pack 揀貨及包裝

132. Pick up and delivery 集貨和送貨

133. Point of Sales（POS）銷售時點情報系統：電腦在銷售時之物品資訊，傳送至物流中心，物流中心可即時補貨

134. Postponement 推遲、延遲：上游製造商不會立即組裝好成品，而是將半成品的組裝作業接近消費者端，也就是接到消費者訂單後，上游製造商才立即將半成品組裝，這樣可以很快交給消費者

135. Procurement 採購

136. Product differentiation 產品差別化

137. Product diversification 產品多樣化

138. Product life cycle 產品生命週期

139. Pull strategy 拉式策略：下游消費者有需求時，上游零售商或製造商才開始生產的策略，關鍵在消費者有「拉」，上游才生產

140. Push strategy 推式策略：由製造商端向下游推的策略，也就是製造商要求零售商向下游消費者促銷並購買某類商品，關鍵在製造商的往下游「推」

141. Quality control 品質管制

142. Quick response 快速回應

143. Rack 料架

144. Radio Frequency Identification（RFID）無線射頻辨識

145. Recycling 回收

146. Re-order point 再訂購點：當存貨數量下降至此點時，即訂購貨品

147. Replenishment 補貨

148. Request for proposal（RFP）招標書、競標請求、徵求建議書

149. Retailer 零售商

150. Return goods 退貨品

151. Reverse logistics 逆向物流

152. Risk management 風險管理：辨識、衡量及減少風險之管理

153. Route 路徑

154. Safety stock 安全存量：避免缺貨之最小存貨量

155. Sales forecasting 銷售預測：預測顧客對產品之需求

156. Sales volume 銷售量

157. Shipper 託運人：又稱 Consignor

158. Shipping documents 運送文件

159. Sorting 分貨

160. Stock out 缺貨

161. Storage fee 保管費

162. Strategic planning 策略規劃：大方向的規劃，包括內外部環境分析、SWOT分析、情境分析、策略產生與評估等

163. Supply Chain Management（SCM）供應鏈管理：由供應商經由製造商、配送者至消費者一連串之物流、資訊流及資金流等的整合管理

164. Third Party Logistics（3PL）第三方物流公司

165. Tracking 追捗

166. Transportation 運輸

167. Transshipment 轉運

168. Truckload（TL）整車：貨品超過最低重量或裝滿一車，則以一車貨物計算運費，常直接運送至目的地

169. Unloading 卸貨

170. Value added service 附加價值服務

171. Value chain 價值鏈

172. Vehicle Kilometer Traveled（VKT）車輛每年行駛之總里程（簡稱車行里程）(km/year)

173. Vehicle Routing Problem（VRP）車輛路徑問題

174. Vehicle scheduling 車輛排程

175. Vender 供應商

176. Vender-Managed Inventory（VMI）供應商管理庫存：經由電腦資訊，供應商或製造商可以迅速得知下游銷售點的存貨，而即時補貨的策略

177. Warehouse 倉庫

178. Warehousing 倉儲

179. Waste logistics 廢棄物物流

180. Wholesalers 批發商

181. Zero stock 零庫存

三星吸納全球人才，儼然聯合國

　　全球科技巨擘三星電子（Samsung Electronics）公布，該公司聘雇的外籍員工數已超過韓籍員工。據英文韓國時報（Korea Times）報導，三星身為全球液晶電視、手機與電腦記憶體晶片製造大廠，在截至去年底，全球有員工 22 萬 1700 人，其中外籍員工所占比重達 54%，這是三星的外籍員工數首度凌駕韓籍員工。

　　隨著三星鞏固全球霸業、積極將經營觸角伸向世界各個角落，三星也不斷吸納全球頂尖人才。

　　三星位在京畿道水原的總部，充滿了來自印度、巴基斯坦、烏克蘭與俄羅斯的工程師與工作人員，飄著濃濃異國風情。

　　三星長久以來不斷向歐洲與北美等已開發國家的人才招手。歐洲與北美有望繼續成為消費電子與手機產品的主要市場。不過，隨著三星的經營版圖不斷擴大，如今也由南美、印度與前蘇聯加盟共和國引進愈來愈多的人才。

　　三星 2011 年營收 165 兆韓元（將近 1400 億美元），其中有近 84% 來自外國。

　　儘管目前要稱三星為新 Google 可能言之過早，三星主管透露，三星正向 Google 看齊，不斷吸引各國人才加入，儼然成了個聯合國。這名主管指出：「三星向國際化邁大步，不僅召募更多外籍員工，並調整企業文化，改變工作環境，以激發創意。網路搜尋龍頭 Google 在這些方面的表現令人刮目相看，三星將見賢思齊。」

　　趨勢三星發言人李承俊（Lee Seung-joon, 音譯）表示：「三星的外籍員工高速成長，未來還將繼續成長。」

　　李承俊表示：「經營版圖遍及全球的好處是能夠吸納依然被低估國家的眾多優秀人才，例如來自印度的科技人才。有眾多的人才希望為三星效力，三星如今已是國際性品牌。」

資料來源：取材修改自中央社，趙蔚蘭。

SOLE-DL 美國國際物流專業認證　物流管理師

考試辦法—大學／技專院校專用版

一、說明

1. 證照名稱：SOLE-DL 物流管理師（Demonstrated Logistician, DL）

2. 發證單位：美國 SOLE 國際物流協會（SOLE － The International Society of Logistics, www.sole.org）

3. 主辦單位：美國 SOLE 國際物流協會台灣分會

4. 執行單位：社團法人台灣全球商貿運籌發展協會

二、考試辦法

1. 考試方式：採筆試，考試日期及地點由主辦單位公告。

2. 考試題型：是非題、選擇題、簡答題。

3. 考試時間：共計兩小時（含 20 分鐘開放考生進場、10 分鐘考試規則宣達、90 分鐘筆試測驗）。

4. 合格標準：考試成績滿分 100 分，合格標準 75 分（含）以上；合格者具備認證申請資格，申請認證後由發證單位授予國際物流認證證書及國際徽章。

5. 報名方式：採線上報名或與主辦單位接洽，詳細報名方式及考試辦法說明請至 SOLE －台灣分會官綱查詢。各校報考人數每梯次達 30 人以上，即可申請在校就地考試，須於考前 30 天諮詢確認。

6. 考試費用：(1) 憑學生證報名，學生優惠價：每人 NT$1,500 元

   (2) 具備原住民身份者，每人 NT$900 元，於報名同時繳交證明文件

   (3) 具備特殊身份者（持有低收入戶證明或身心障礙手冊者），每人 NT$900 元，須於報名同時繳交證明文件

   (4) 因故需取消考試，請於考試日期前 10 天（不含考試當天）提出，否則不予退費

（註：辦理退費需備齊相關證明文件，費用將扣除行政處理費 500 元後退還）

7. 繳費方式：請將考試費用或證照費用匯款至指定帳戶。

　　　　戶名：美國 SOLE 國際物流協會台灣分會

　　　　銀行：華南商業銀行 信維分行（銀行代號 008，分行代號 1496)

　　　　帳號：149-10-009290 -4

8. 應考須知：考生座位表（含准考證號）貼於入口處，並於考生座位上黏貼座位標籤，請考生攜帶有照片之雙證件入場考試，置於座位右上方，以供監試人員備查。考生入座後，請詳細確認標籤資料與考生確認單上的資料是否正確且一致，若有疑問請馬上與監試人員反應並修正。

9. 監考作業：由執行單位指派監考官到場監考。

10. 成績公告：考試後二週內於主辦單位官網上查詢榜單。

11. 認證申請：成績合格通過者可申請國際物流認證證照一張及國際徽章一枚，同時須於成績公告後一週內繳交認證申請表件及認證申請費用每人 NT$3,500 元，收件完成後，於每季統一向美國發證單位申請，主辦單位將於申證後三個月內統一以掛號郵寄發證書及徽章給認證申請學校。

三、考試其他相關說明

1. 考試推薦用書：物流與運籌管理一適用於 SOLE-DL 物流助理管理師（Demonstrated Logist ician, DL）國際物流認證課程。

2. 本辦法適用大學／技專院校以上，不適用於社會人士及教師。

3. 成績複查：成績公告一週內可申請成績複查，複查工本費用每人每次 NT$200 元。

4. 補考辦法：每年 2 月及 8 月統一舉辦重考生補考場次，補考費用每人 NT1,000 元，特殊生另有優惠，詳細辦法請與主辦單位查詢。

5. 證照補發：證照遺失、損毀或修改英文姓名者，向主辦單位申請，程序同認證申請。

6. 最新考試辦法說明及相關訊息，請以 SOLE －台灣分會官網公告為主，或電洽主辦單位 02-25997287。

國家圖書館出版品預行編目資料

物流與運籌管理 / 美國 SOLE 國際物流協會台灣
分會, 台灣全球運籌發展協會編著. - - 七版. - -
　　新北市：全華圖書, 2020.01
　　　面 ； 公分
　　參考書目：面
　　ISBN 978-986-503-331-6(平裝)
　　1. 物流管理
496.8　　　　　　　　　　109000834

物流與運籌管理（第七版）

作者 / 美國 SOLE 國際物流協會台灣分會、社團法人台灣全球商貿運籌發展協會

發行人 / 陳本源

執行編輯 / 廖庭涵

封面設計 / 戴巧耘

出版者 / 全華圖書股份有限公司

郵政帳號 / 0100836-1 號

印刷者 / 宏懋打字印刷股份有限公司

圖書編號 / 08295

七版四刷 / 2023 年 09 月

定價 / 新台幣 480 元

ISBN / 978-986-503-331-6

全華圖書 / www.chwa.com.tw

全華網路書店 Open Tech / www.opentech.com.tw

若您對書籍內容、排版印刷有任何問題，歡迎來信指導 book@chwa.com.tw

臺北總公司(北區營業處)
地址：23671 新北市土城區忠義路 21 號
電話：(02) 2262-5666
傳真：(02) 6637-3695、6637-3696

南區營業處
地址：80769 高雄市三民區應安街 12 號
電話：(07) 381-1377
傳真：(07) 862-5562

中區營業處
地址：40256 臺中市南區樹義一巷 26 號
電話：(04) 2261-8485
傳真：(04) 3600-9806(高中職)
　　　(04) 3601-8600(大專)

讀者回函卡

（請由此線剪下）

掃 QRcode 線上填寫 ▶▶▶

姓名：

生日：西元　　　年　　　月　　　日　性別：□男 □女

電話：（　　）　　　　　　手機：

e-mail：（必填）

註：數字零，請用 Φ 表示，數字 1 與英文 L 請另註明並書寫端正，謝謝。

通訊處：□□□□□

學歷：□高中·職 □專科 □大學 □碩士 □博士

職業：□工程師 □教師 □學生 □軍·公 □其他

學校/公司：　　　　　　　科系/部門：

需求書類：

□A. 電子 □B. 電機 □C. 資訊 □D. 機械 □E. 汽車 □F. 工管 □G. 土木 □H. 化工 □I. 設計

□J. 商管 □K. 日文 □L. 美容 □M. 休閒 □N. 餐飲 □O. 其他

本次購買圖書為：　　　　　　　書號：

您對本書的評價：

封面設計：□非常滿意 □滿意 □尚可 □需改善，請說明

內容表達：□非常滿意 □滿意 □尚可 □需改善，請說明

版面編排：□非常滿意 □滿意 □尚可 □需改善，請說明

印刷品質：□非常滿意 □滿意 □尚可 □需改善，請說明

書籍定價：□非常滿意 □滿意 □尚可 □需改善，請說明

整體評價：請說明

您在何處購買本書？

□書局 □網路書店 □書展 □團購 □其他

您購買本書的原因？（可複選）

□個人需要 □公司採購 □親友推薦 □老師指定用書 □其他

您希望全華以何種方式提供出版訊息及特惠活動？

□電子報 □DM □廣告 （媒體名稱　　　　　　）

您是否上過全華網路書店？（www.opentech.com.tw）

□是 □否 您的建議

您希望全華出版哪方面書籍？

您希望全華加強哪些服務？

感謝您提供寶貴意見，全華將秉持服務的熱忱，出版更多好書，以饗讀者。

填寫日期：　　/　　/

2020.09 修訂

親愛的讀者：

感謝您對全華圖書的支持與愛護，雖然我們很慎重的處理每一本書，但恐仍有疏漏之處，若您發現本書有任何錯誤，請填寫於勘誤表內寄回，我們將於再版時修正，您的批評與指教是我們進步的原動力，謝謝！

全華圖書 敬上

勘 誤 表

書號		書名	作者
頁數	行數	錯誤或不當之詞句	建議修改之詞句

我有話要說：（其它之批評與建議，如封面、編排、內容、印刷品質等...）